昆虫生態学

藤崎憲治
大串隆之
宮竹貴久
松浦健二
松村正哉
［著］

朝倉書店

はしがき

　『昆虫生態学』という新たな教科書を刊行することになった．これまで，『応用昆虫学』，『応用昆虫学の基礎』，『昆虫生理生態学』といったタイトルの昆虫関連の教科書は出版されてきたが，いずれも広範な分野を扱っているために，生態学の記述はどうしても一部になりがちで，十分な説明ができずにいた．また，近年，化学分析機器や遺伝子解析の方法と機器の目覚しい進歩によって，昆虫を対象にした生理学や分子生物学，あるいは発生生物学が台頭し，従来の花形であった昆虫生態学の存在感がややもすると薄まるきらいがある．しかし，害虫防除や絶滅危惧種の保全といった場面では，相変わらず昆虫生態学の知見は不可欠である．例えば，化学や生理学の手法により新規殺虫剤が開発されても，害虫は薬剤抵抗性が発達しやすく，いかにしてそれを防ぐかは，昆虫生態学が構築する戦略に委ねなければならない．近年は，遺伝子組換えによる害虫抵抗性作物の作出に成功し，外国では実用化されているが，早くもそれらに抵抗性をもつ個体群も出現することが確かめられており，ここでも生態学的な対抗戦略の構築が求められている．絶滅危惧種の保全における絶滅閾値の推定においても昆虫生態学は不可欠である．

　本来，分子生物学のようなミクロ科学と生態学のようなマクロ科学は，車の両輪として害虫防除や生物多様性の保全の基礎となる，「社会のための科学」としてスクラムを組まなければならない．その一方で，昆虫生態学は，昆虫の行動や生態，あるいはそれらの進化を解明するための「科学のための科学」，すなわち「純粋科学」として，人類の知に貢献してきた．近代科学は要素還元的な色彩が強く，それはゲノム分析などの分子生物学の発達とともに助長されてきた．しかし，いくらその解析が進んでも個体群，生物群集，および生態系といった，自然の高次な階層システムの構造や挙動を解明することはできない．生態系は莫大な生物間相互作用の連鎖からなっているからである．生物と環境，あるいは生物間の関係を探る学問である生態学の必要性は，ここにあるといえる．

　本書は「昆虫生態学」という名を冠した，日本における初めての教科書である．しかし，初学者向けの教科書とはいえ，昆虫学や生態学関連の大学院生および研究者，害虫防除や種の保全などに携わる技術者，さらには昆虫学や生物学に興味をもたれている一般の方々にも，昆虫生態学の最新の知識が豊富に紹介されている書として，お

読みいただけることを期待している．単に学部学生向けの半期の講義内容に対応した平易なものというよりは，やや濃い内容にしたのは，そのためである．

　執筆は，最前線で活躍中の研究者にお願いした．それだけに多忙で執筆が遅れたり，かつ難解になりがちであったが，できるだけ平易な教科書になるよう心がけたつもりである．本書は共著であり，互いに各章を読み合い，問題点を指摘することで内容の改訂を重ねた．

　本書は2011年7月に企画され，2年以上も経って出版の運びとなった．原稿を辛抱強く待ち，企画から編集の過程全般にご協力いただいた朝倉書店編集部の皆様に厚くお礼申し上げる．

2014年2月

著者代表　藤　崎　憲　治

目　　次

1 章　序　　論 ……………………………………………………［藤崎憲治］ *1*
　1.1　昆虫と人類との関係性 …………………………………………………… *1*
　1.2　昆虫の起源と系統分類 …………………………………………………… *2*
　1.3　昆虫の適応放散と生態 …………………………………………………… *4*
　1.4　昆虫の種数 ………………………………………………………………… *5*
　1.5　昆虫の基本構造と行動 …………………………………………………… *5*
　1.6　社会性昆虫の進化と繁栄 ………………………………………………… *6*
　1.7　人類と昆虫との闘い ……………………………………………………… *7*
　1.8　おわりに …………………………………………………………………… *7*

2 章　昆虫の生活史戦略 …………………………………………［藤崎憲治］ *8*
　2.1　生活環と発生経過 ………………………………………………………… *9*
　2.2　有効積算温度の法則 ……………………………………………………… *10*
　2.3　休　眠 ……………………………………………………………………… *12*
　　2.3.1　休眠の基本様式　*12*　／2.3.2　休眠の誘起要因と打破要因　*13*　／
　　2.3.3　光周性と臨界日長　*14*　／2.3.4　季節適応としての休眠　*16*　／2.3.5
　　生活史の調整としての休眠　*18*　／2.3.6　休眠の内分泌機構　*19*
　2.4　移動と分散 ………………………………………………………………… *19*
　　2.4.1　移動と分散の定義　*19*　／2.4.2　移動の様式　*20*　／2.4.3　長距離移
　　動　*21*　／2.4.4　長距離移動のオリエンテーション　*25*　／2.4.5　分散多型
　　27　／2.4.6　移動と分散の進化理論　*29*
　2.5　生活史戦略の理論 ………………………………………………………… *30*
　　2.5.1　*r-K*選択説　*30*　／2.5.2　生息場所鋳型説　*32*　／2.5.3　両賭け戦略　*33*
　　／2.5.4　繁殖価とトレードオフ　*33*　／2.5.5　生活史形質と自然選択　*34*
　2.6　気候温暖化と生活史戦略 ………………………………………………… *39*
　　2.6.1　分布の拡大とその要因　*40*　／2.6.2　生活史形質への影響　*41*　／
　　2.6.3　気候温暖化と害虫　*43*　／2.6.4　気候温暖化と種の絶滅　*43*
　2.7　生活史戦略に関する研究の必要性 ……………………………………… *46*

3章　昆虫の個体群と群集 ……………………………………［大串隆之］49

3.1　個体群 ……………………………………………………………… 49
3.1.1　生物が暮らしていくための基本単位　49　／　3.1.2　個体群の成長　49　／　3.1.3　個体数の変動　53　／　3.1.4　密度依存性と個体群の調節　56　／　3.1.5　生命表　59　／　3.1.6　個体群動態の解析　60

3.2　種間関係と生物群集 ………………………………………………… 64
3.2.1　種間関係のタイプ　64　／　3.2.2　種間競争　64　／　3.2.3　相利共生　68　／　3.2.4　食う食われる関係　70　／　3.2.5　相互作用は変わる　78　／　3.2.6　昆虫に対する植物の防衛　79　／　3.2.7　生物群集の中での相互作用　81　／　3.2.8　間接効果　81　／　3.2.9　生物多様性を生み出す植物と昆虫の相互作用　87　／　3.2.10　群集の多様性と安定性　89

3.3　昆虫の生態系における役割 ………………………………………… 91
3.4　生物多様性の保全 …………………………………………………… 93
3.4.1　種の絶滅　93　／　3.4.2　種と相互作用ネットワークの保全　94

3.5　個体群生態学と群集生態学のこれから …………………………… 94

4章　昆虫の行動生態 …………………………………………［宮竹貴久］99

4.1　行動生態学の趨勢 …………………………………………………… 99
4.1.1　行動生態学の船出　99　／　4.1.2　行動生態学の勃興と隆盛　100

4.2　行動生態学の基盤 …………………………………………………… 101
4.2.1　進化の定義と自然選択の条件　101　／　4.2.2　自然選択　102　／　4.2.3　遺伝的浮動　102　／　4.2.4　戦略と戦術　103　／　4.2.5　戦略モデルという考え方　104　／　4.2.6　表現型可塑性　104

4.3　捕食と被食 …………………………………………………………… 105
4.3.1　食うものと食われるもの　105　／　4.3.2　採餌行動　105　／　4.3.3　対捕食者戦略　106

4.4　性の起源と性選択 …………………………………………………… 111
4.4.1　性の進化　112　／　4.4.2　なぜメスとオスが必要なのか？　112　／　4.4.3　同性内選択と異性間選択　113　／　4.4.4　オス間闘争と体サイズに依存したオスの戦略　113　／　4.4.5　精子競争　115　／　4.4.6　無核精子と有核精子　116　／　4.4.7　異性間選択　117　／　4.4.8　性的対立　118

4.5　繁殖戦略 ……………………………………………………………… 120
4.5.1　配偶システム　121　／　4.5.2　性比　122　／　4.5.3　繁殖干渉　123

4.6　寄　生 ………………………………………………………………… 124
4.6.1　寄生による宿主の行動変化　124　／　4.6.2　ボルバキア　124

4.7 個性の行動学 ··· 125
　4.7.1 個性　125 ／ 4.7.2 行動シンドローム　125
4.8 昆虫における行動生態研究の将来 ··· 126

5章　昆虫の社会性 ···[松浦健二] 129
5.1 血縁選択と社会性の進化 ··· 130
　5.1.1 血縁選択と包括適応度　131 ／ 5.1.2 血縁度　133 ／ 5.1.3 二倍体生物と半倍数性生物の家系図から求める血縁度　134 ／ 5.1.4 血縁選択と社会性の起源　135 ／ 5.1.5 昆虫の単為生殖　140 ／ 5.1.6 巣仲間認識と血縁認識　141 ／ 5.1.7 緑髭選択　146
5.2 繁殖分化制御と女王フェロモン ··· 146
　5.2.1 女王フェロモンは正直なシグナルか？　147 ／ 5.2.2 ミツバチの女王フェロモン　147 ／ 5.2.3 アリの女王フェロモン　148 ／ 5.2.4 シロアリの女王フェロモン　149
5.3 繁殖システムの進化 ··· 150
　5.3.1 血縁度と遺伝的多様性のトレードオフ　151 ／ 5.3.2 真社会性ハチ目の多回交尾と多女王制　151 ／ 5.3.3 シロアリの近親交配の回避　153 ／ 5.3.4 コロニーの遺伝的多様性と病気　154 ／ 5.3.5 遺伝的な役割分業　155 ／ 5.3.6 真社会性の進化とラチェットの原理　155 ／ 5.3.7 真社会性昆虫の産雌単為生殖と繁殖システムの多様化　156
5.4 コロニー内対立 ··· 160
　5.4.1 アリの性比をめぐる女王とワーカーの対立　161 ／ 5.4.2 オス卵の生産をめぐる対立　162 ／ 5.4.3 新女王の座をめぐる父系の対立　164
5.5 シロアリにおける血縁選択の検証 ··· 165
5.6 ゲノムインプリンティングと社会行動 ··································· 166
5.7 自己組織化 ··· 169
5.8 社会性昆虫学の展望 ··· 171

6章　害虫の生態と管理 ···[松村正哉] 174
6.1 害虫の生態 ··· 174
　6.1.1 害虫とは　174 ／ 6.1.2 害虫化とその要因　175 ／ 6.1.3 害虫の分布拡大とその要因　179 ／ 6.1.4 害虫の特性　181 ／ 6.1.5 地域による害虫の生態の違い　183
6.2 害虫管理 ··· 185
　6.2.1 害虫管理の考え方と手順　185 ／ 6.2.2 害虫防除手段　187 ／ 6.2.3

発生予察　*188*　／　6.2.4　経済的被害許容水準と要防除密度　*190*　／　6.2.5　化学的防除と殺虫剤抵抗性　*191*　／　6.2.6　抵抗性品種の利用とバイオタイプの発達　*196*　／　6.2.7　生物的防除における天敵の利用　*199*　／　6.2.8　プッシュ・プル法による害虫管理　*201*　／　6.2.9　不妊虫放飼法による根絶防除　*202*

6.3　これからの害虫管理に向けて ………………………………………… *203*
　　6.3.1　広域的な害虫管理　*203*　／　6.3.2　総合的生物多様性管理　*204*　／　6.3.3　エコロジカル・エンジニアリング　*204*　／　6.3.4　生態系サービスと生態リスクの順応的管理　*205*　／　6.3.5　応用科学としての昆虫生態学　*206*

索　引 ……………………………………………………………………… *209*

1 章
序　論

1.1　昆虫と人類との関係性

　昆虫と人類は古くは共通の祖先をもつ生物であるが，昆虫は節足動物（arthropod），人類は脊椎動物として袂を分かち，それぞれ系統進化の頂点に立つ，きわめて繁栄した存在となった．それだけに両者は接点が多く，感染症を引き起こす媒介者，農業生産に大きな影響を及ぼす害虫あるいは花粉媒介者（pollinator），蜂蜜や絹などの有用資源を提供する益虫，新たな工学技術の規範を提供するバイオミメティクス（biomimetics）のモデル，そして人類の文化や教育にかかわる文化的存在として，昆虫は人類の歴史に大きな影響を与えてきた（図 1.1）．しかしこれらの関係は，地球温暖化，環境汚染，土地開発，侵入生物といった，地球規模の環境問題により生態系が大きく変化し，生物多様性が急速に減少していく中で，大きく変遷しつつあるのが現状である．

図 1.1　変動環境下における昆虫と人類の基本的構図（文献[4]を改変）

1.2 昆虫の起源と系統分類

　節足動物は外骨格と呼ばれる硬い殻をもつ分類群で，昆虫類の他に，エビ，カニ，ミジンコ，フジツボなどの甲殻類，ムカデ，ヤスデ，ゲジゲジなどの多足類，クモ，ダニ，サソリなどの鋏角類，およびカンブリア紀に繁栄しその後絶滅した三葉虫類の，合わせて5つの亜門に分かれている．分節化した体（体節）をもち，それぞれに一対の付属肢が付いているので節足動物と呼ばれている．節足動物は動物の中でもっとも多様性が高い系統であり，これを可能にした発生生物学的な理由の1つに分節化がある．すなわち，分節化することで自然選択を通して各体節を新たな用途のために専門化させることができるようになり，種の多様性がもたらされた．

　現生の昆虫類は，大きく内顎綱と外顎綱とに分けられる（図1.2）．内顎綱は口器が頭蓋の中に包み込まれており，複眼もない昆虫である．外顎綱は口器が頭蓋の外にあるもので，狭義の昆虫類とされている．外顎綱はさらに頭蓋と大顎の関節の数から，

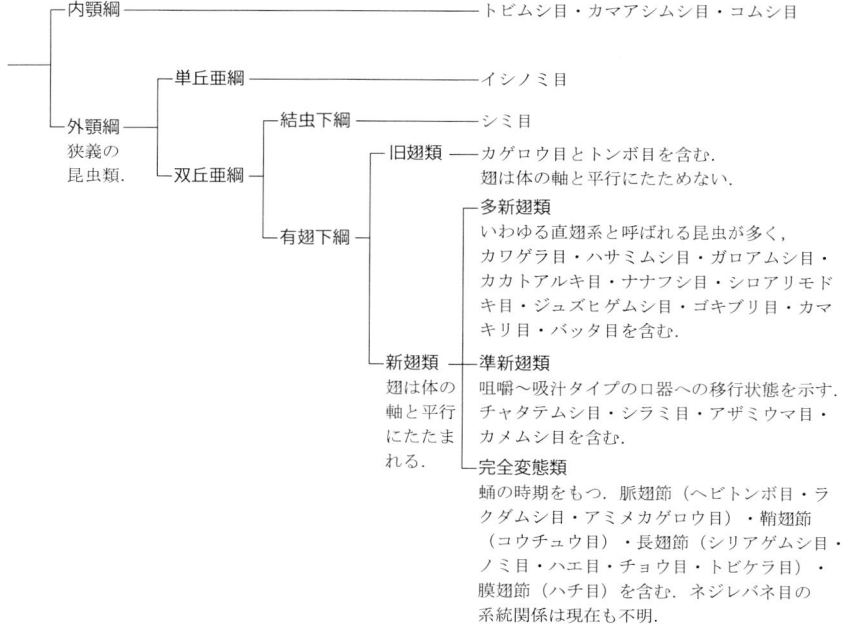

図 1.2　昆虫の系統（文献[7]を改変）
近年の分子データ（18SrDNA）に基づくもので，「目」間より上位の分類の関係に焦点を当てた例．

イシノミ目だけを含む単丘亜綱（関節が1ヶ所）とその他の双丘亜綱（関節が2ヶ所）とに分かれる．双丘亜綱はシミ目のみで翅のない結虫下綱とその他の翅のある有翅下綱とに分けられ，後者はさらに旧翅類と新翅類に分けられる．旧翅類は，翅を上下方向にしか動かせず体の軸と平行にたたむことができない．これに対して，新翅類は翅の基部が蝶番構造になっているために翅を後ろに折りたたむことができるもので，多新翅類，準新翅類，完全変態類にさらに分けられる．

　現在見つかっている昆虫類のもっとも古い化石は，デボン紀（約4億2000万〜3億6000万年前）の地層から出土した，トビムシやイシノミといった無翅の仲間のものである．ここから，昆虫類の歴史はシルル紀（約4億4000万〜4億1000万年前）にさかのぼると考えられている．シルル紀は維管束をもつ植物が陸上に出現した時代であり，昆虫類は植物やその遺骸を利用して陸上生活に適応していったと推測されている．

　従来，昆虫はムカデやヤスデなどの多足類の祖先から分化したと考えられていたが，近年の進化発生生物学の目覚ましい発展によって，系統的に昆虫にもっとも近い節足動物はエビやカニなどの甲殻類であることが明らかになってきている（図1.3）．つまり，甲殻類と昆虫の共通祖先が陸上に進出し，歩脚をもった体節を3つに減少させることで6脚になったものが昆虫である．甲殻類の次に昆虫に近いのが多足類で，クモやダニなどの鋏角類はむしろ絶滅した三葉虫に近いとされている．

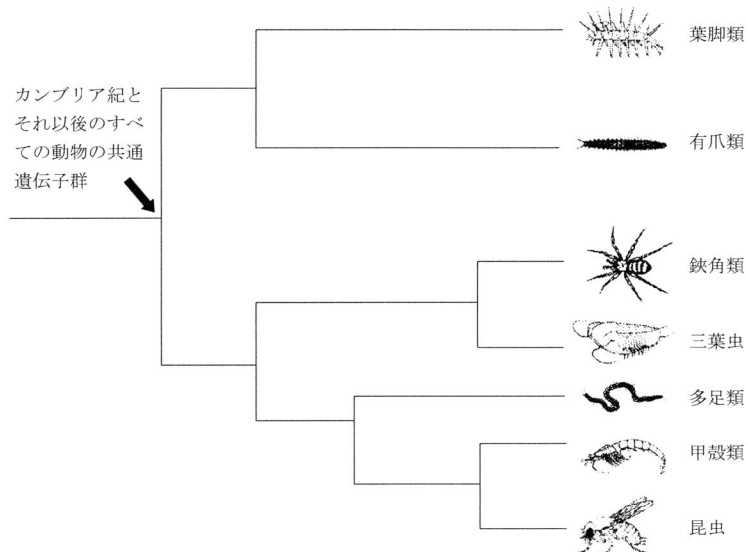

図1.3 節足動物と葉脚類の系統樹（文献[1]を改変）
現生するグループと絶滅したグループ（葉脚類・三葉虫）の関係を表している．

1.3 昆虫の適応放散と生態

　カンブリア紀から2億年ほど経った石炭紀（約3億6000万〜3億年前）になって，昆虫たちの適応放散が起こったと考えられている．石炭紀の地層からは当時の赤道に近い海岸部で大量の昆虫の化石が初めて発見されている．このことから，昆虫は赤道付近の高温多湿な環境で勢力を広げていったと推測されている．

　この時期に昆虫が栄えた理由として，まず考えられるのは翅を獲得し空中という三次元の世界に進出したことである．これは，石炭紀に大気中の酸素濃度が大きく上昇したことと深く関係している．飛ぶためには翅を激しく動かさなければならないが，飛翔筋の活発な代謝のためには酸素が不可欠である．昆虫のもつ開放血管系が酸素を取り込みやすいシステムであることも，飛翔にとって有利であった．

　その後石炭紀後期に，カゲロウ，トンボ，カワゲラ，ゴキブリ，バッタ類などの有翅昆虫類が現れ，ペルム紀（二畳紀，3億〜2億5000万年前）には現存の昆虫目の大部分が出現した．この時期に著しい適応放散が起こり，現在では熱帯のみならず，深海を除く地球上にあまねく分布するに至っている．温帯や亜寒帯のような高緯度地帯，あるいは高標高地帯への分布拡大において，休眠性や耐寒性の獲得が不可欠であり，乾燥地帯への進出においては耐乾性の獲得が必至であった．ここに昆虫の気候適応など，生活史戦略の進化に関する研究の重要性がある．この詳細は2章で述べる．

　現存する昆虫類の中でも繁栄を誇るハチ，ハエ，チョウ，コウチュウの仲間は，中生代（約2億5000万〜6500万年前）に入ってから多様に分化した．昆虫類のさらなる空中への大々的な進出は，白亜紀（約1億4000万〜6500万年前）に起こったのだが，この時期も大気中の酸素濃度が著しく高かった．

　白亜紀でもっとも重要な生物学上の出来事は被子植物が出現したことだが，昆虫の空中への進出と被子植物の出現の時期の一致は単なる偶然ではない．種子植物のうち，空中を飛び回る昆虫を利用して効率的に受粉できるようになったのが被子植物で，昆虫の方も植物の花蜜や花粉などの餌資源の恩恵に大いにあずかった．しかし昆虫は被子植物にとって，花粉媒介者として好ましい役割を果たしただけではなかった．一方では，植物を食物として利用する敵対的な存在になり，植物もこれに対抗して防衛の戦略と戦術を進化させていった．それは，一種の進化的軍拡競走（生物の進化においてある適応とそれに対抗する適応が競走するように発達する共進化過程）の歴史ともいえる．このような昆虫と植物との共進化は，彼らの種分化の進化的な原動力になった．昆虫と植物との共進化や相互作用系が昆虫生態学において重要なテーマになる理由の1つがここにある．昆虫は莫大な種からなっているが，種はもちろん単独個体では存在せず，複数の個体からなっている．そして，ある空間における同一種の個体の

集まりを個体群（あるいは集団）と呼ぶ．それは，実際には地域個体群を形成し，さらにそれらが移動分散により結ばれる，高次のメタ個体群を形成している．植物という一次生産者を餌資源とした昆虫個体群の動態や昆虫群集の構造は，個体群生態学や群集生態学の中心的なテーマとして古くから研究されてきた．また，そのような学問分野は種の保全や害虫管理においてきわめて重要な役割を果たしてきた．昆虫の個体群や群集に関しては，3章で述べる．

1.4　昆虫の種数

新世代第三紀（約6500万〜250万年前）には，現生昆虫の科のほとんどが分化していたと考えられている．昆虫の種数は現在わかっているだけでも100万種を数え，全生物の2/3を占める．しかも，毎年新種の昆虫が数千種も追加されており，将来は500万種，あるいは1000万種を超えるかもしれないと考えられている．

昆虫がもっとも多く生息しているのは，熱帯降雨林である．アリの研究者であり社会生物学の創始者として著名なE. O. Wilsonは，アマゾン川上流のペルーの熱帯降雨林で1本の樹木に殺虫剤を噴霧して林冠に生息するアリ類を採集し，それらは実に43種を数えた[9]．またT. L. Erwinは，パナマの熱帯降雨林で林冠部に生息するコウチュウ類をやはり噴霧法で採集し，熱帯降雨林に生息している昆虫の種数を推定した[3]．彼は，1本の樹木にいるコウチュウの寄主特異性（コウチュウはそれぞれいくつかの決まった木に寄生する）の程度と，熱帯降雨林全体での植物の種数などに基づいて，昆虫種数を3000万と推定した．これは「Erwinの3000万種仮説」として有名である．このおおざっぱな推定値には異論も多いが，熱帯降雨林に生息する昆虫やクモなどの節足動物はほとんどが未知なものであることを考えれば，全くありえない数とはいえない．また，昆虫のバイオマスにしても人類の15倍程度になると推定されている．昆虫は地球上でもっとも繁栄している分類群である．

1.5　昆虫の基本構造と行動

節足動物は体を分節化することで，さまざまな分類群に進化し，その結果として多様性をもつようになった．中でも昆虫は，多くの節を頭部・胸部・腹部の3つに統合し，それぞれで徹底した機能分化を図ることに成功した（図1.4）．口器にしても，触角にしても，翅にしても，もちろん肢にしても，それらはもともと祖先の節足動物の付属肢であったと考えられている．それは，手持ちの遺伝子セットを利用して，発生のプロセスを修正していった結果にほかならない．

このように昆虫は，優れた感覚能力と運動能力，そして高い生殖能力を発達させ，

採餌，移動，および交尾といったさまざまな行動を高度に進化させてきた．それらの行動はコスト（損失）とベネフィット（利益）を天秤にかけた，より効率的で合理的なものとして進化してきたし，またそれぞれの種が依拠する生態的バックグラウンドの下で多様化してきた．昆虫の交尾行動や配偶システムは多様で，それらに関する研究はC. Darwinが提唱した性選択の理論[2]の発展に寄与してきた．また，昆虫における捕食者と被食者との間の進化的軍拡競走は，さらに多様な形態と行動の進化をもたらした．このように，昆虫の行動生態に関する興味はつきない．それは動物における行動進化の基本原理を探る上でも，またフェロモンを使用した害虫防除などの応用的な場面でも，重要な分野となっている．これらの事柄に関しては4章で述べる．

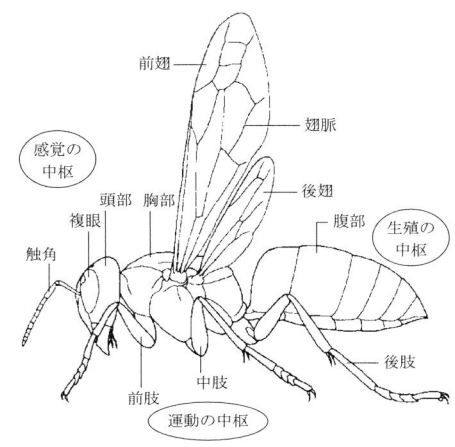

図1.4 昆虫の頭部・胸部・腹部の機能分化（文献[5]を改変）

1.6 社会性昆虫の進化と繁栄

莫大な種からなる昆虫類全体を見渡して，もっとも繁栄をきわめているのはアリ類やシロアリ類である．とりわけ熱帯では，種数とバイオマスともに圧倒的である．Wilson (1996) によれば，それは社会性を進化させたことによるところが大きく[8]，社会的な組織力をもつことで，生存競争において社会生活を営まない単独性昆虫に勝るというのがその理由である．親と子の関係を基盤にした亜社会性や，その高度な発展形態である真社会性に関する研究の重要性がここにある．それはまた，血縁選択や包括適応度といった原理をもたらしたことでわかるように，進化学の強力な原動力としての役割を果たしてきた．さらに，昆虫と共生微生物との共進化関係は近年注目されている研究テーマであるが，共生微生物と消化共生することが知られているシロアリ類における研究は，この分野の進展を大いにもたらすと考えられる．したがって，昆虫の社会性に関する研究は，見かけ上の特殊性を超えて，昆虫の生態進化の一般原理の解明に貢献するに違いない．昆虫の社会性とその進化については5章で述べる．

1.7 人類と昆虫との闘い

　地球上における成功者である昆虫は，もう一方の成功者である人類と熾烈な闘いを繰り広げてきた．昆虫は，マラリアなどの重篤な感染症をもたらす衛生害虫として，また農作物を食い荒らし，ときとして深刻な飢饉をもたらす農業害虫として，人類の脅威となってきた．害虫としての昆虫は，殺虫剤抵抗性の発達，作物の抵抗性品種を食害できるバイオタイプ（biotype）など，ここでも進化的能力を遺憾なく発揮している．新農薬の開発・散布や新しい抵抗性品種の栽培といった戦術的対応では，もはやいたちごっこの繰り返しになってしまうため，新たな解決法として害虫との共存を前提にした害虫防除の戦略を構築することが必要である．それは，総合的害虫管理（integrated pest management）から総合的生物多様性管理（integrated biodiversity management）への転換である[6]．生物多様性の維持を最大限に考慮した，害虫との新たな関係の構築が求められている．これらの問題については6章で述べる．

1.8 おわりに

　以上，昆虫の系統分類学的な位置づけと各章の位置づけの対応について述べてきたが，すべての章を通して織り込まれた縦糸は，自然選択（natural selection）という力学である．自然選択の定義は4章でなされるが，他章においても繰り返し登場する．

　昆虫生態学（insect ecology）は，昆虫という地球上でもっとも巨大で多様な分類群を対象とした単なる生態学ではない．それは，基礎科学として生物の進化や生態に関する知を人類に付与するのみならず，応用科学として総合的害虫管理や総合的生物多様性管理，あるいは種の保全に貢献する学問分野であるといえよう．また，人類活動による生態系の撹乱がもたらす生物多様性の急速な減少を防ぐ学問として，人類の将来への多大な貢献が求められている．昆虫生態学は未来に向けた学問でもあるのだ．

■ 引用文献

1) ショーン・B・キャロル（2007）シマウマの縞 蝶の模様：エボデボ革命が解き明かす生物デザインの起源（渡辺政隆・経塚淳子 訳），光文社．
2) Darwin, C. (1871) *The Descent of Man, and Selection in Relation to Sex*, Appleton.
3) Erwin, T. L. (1982) *Coleoptera Bull.*, **36**: 74-75.
4) 藤崎憲治（2010）昆虫未来学：「四億年の知恵」に学ぶ，新潮社．
5) 日高敏隆 監修（1996）日本動物大百科 8 昆虫Ⅰ，平凡社．
6) 桐谷圭治（2004）「ただの虫」を無視しない農業：生物多様性管理，築地書館．
7) 岡島秀治 監修（2009）徹底図解 昆虫の世界：昆虫のからだのしくみ，分類，生態から人間とのかかわりまで，新星出版社．
8) Wilson, E. O. (1996) *In Search of Nature*, Island Press.
9) Wilson, E. O. and Peter, F. M. (1988) *Biodiversity*, National Academy Press.

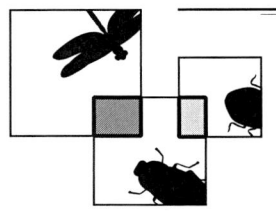

2 章
昆虫の生活史戦略

　昆虫が生息する地球上の地域生態系は，緯度や高度が異なり，それに伴い日長，気温，湿度などの物理的環境が異なり，また食物供給，天敵，競争者，生息密度など生物的環境も異なる．そのため，昆虫類はそれぞれが生息する地域生態系の季節的変化や空間的変化に対応して生活史上の適応を図ってきた．また，昆虫の生活史にかかわるさまざまな要因の間には複雑な相互作用が存在する（図 2.1）．このため，昆虫は 1 年を通じて活動し繁殖しているわけではなく，あるときは繁殖するが，別なときには休眠したり，移動したりする．このような環境の異質性に対応した生活史のありようを生活史戦略（life history strategy）という．生活史戦略は，休眠や移動などの生活史形質，初産齢，寿命，産卵数などの繁殖にかかわる諸形質が相互に関係しながら進化してきたことから，それらで 1 セットの形質群（syndrome）を形成する．休眠性や移動性はこのような形質群の典型である．

　本章ではこれらの形質群を中心に紹介することにより，昆虫の生活史戦略とその進

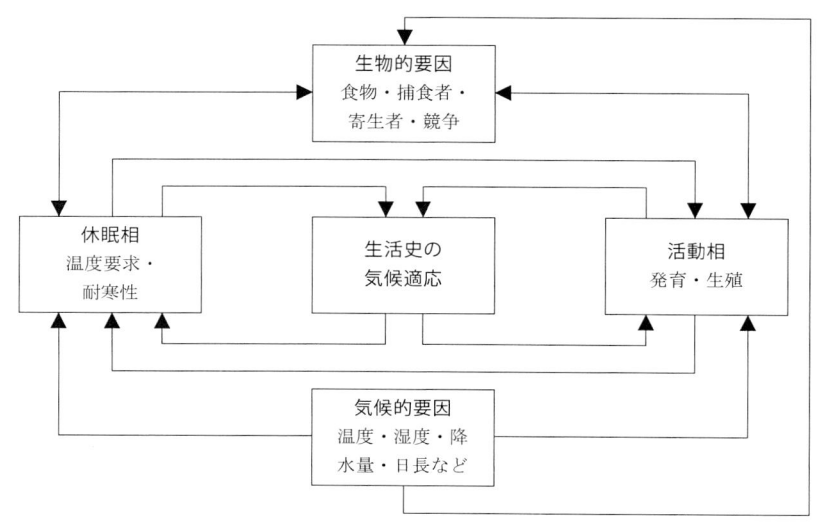

図 2.1　昆虫の生活史の気候適応にかかわるさまざまな要因の相互作用（文献[40]を改変）

化機構としての自然選択について概説する．また，最終節では，環境変動として近年話題となっている気候温暖化を取り上げ，昆虫の生活史戦略との関係について論じる．

2.1 生活環と発生経過

　生活環（life cycle）は，1年の中で季節の進行に伴い，卵から成虫までの各ステージのものがいつ頃出現し，植食性昆虫なら何を寄主植物としてどのような様式で存在するのかなどを図式化したものである（図2.2）．温帯圏のアブラムシは卵態（受精卵）で越冬するものが多く，越冬卵から孵化し発育した成虫を幹母（stem motherあるいはfundatrix）と呼ぶ．幹母は交尾せずに単為生殖（parthenogenesis）をして胎生で雌虫を産み，雌虫も胎生メスとして秋まで単為生殖を繰り返し世代を重ねる．ただし，種によってはこの間に寄主植物を転換したり（寄主転換），寄主植物の栄養条件，生息密度，日長，温度などのさまざまな生息条件によって飛翔能力のある有翅虫を生産する．このような多型現象（polymorphism）は，翅以外の形態や色彩，生理，生態にも見られる．秋になると初めて雌雄両方が出現し，交尾した後に受精卵が産まれ，越冬に入る．

　以上，アブラムシ類を例に昆虫の生活環について説明したが，通常の昆虫の生活環はもっと単純なことが多く，その場合には発生経過や周年経過を記号を使って記載す

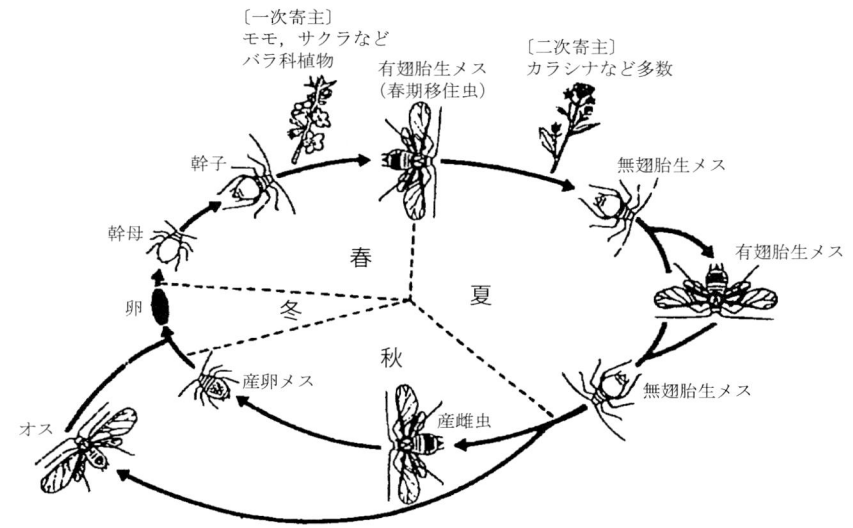

図2.2　モモアカアブラムシ *Myzus persicae* の生活環（文献[32]を改変）

る．昆虫にはカミキリムシ類やコガネムシ類，コメツキムシ類のように1世代に2年以上かかるものもあり，その場合には発生経過の記載にそれなりの工夫を要する．1年における発生回数を化性（voltinism）といい，1化性，2化性，あるいは多化性などと呼ばれる．

2.2　有効積算温度の法則

　昆虫は変温動物であるため，発育速度は外界の温度に依存し，特定の温度の範囲内では温度が高くなるほど発育が速まる傾向がある．昆虫の発育速度を記載するために，さまざまな数学モデルが考案されているが，もっとも古くから使用されている簡便な法則として積算温度の法則（有効積算温度の法則）がある．この法則は害虫の発生経過や年間世代数を推定する上で有効であるため，広く使われている．

　ある発育ステージを経過するのに要する時間（卵期間，幼虫期間など，通常は日数で表す）を D，その間の平均気温を t とすると，

$$D(t - t_0) = K \tag{2.1}$$

ここで，t_0 はそれ以下では発育が停止する発育限界温度（発育零点，developmental zero），K は有効温量あるいは有効積算温度（effective accumulative temperature）であり，通常，日度（day degree）の単位で表す．図2.3に示すように，D と t との関係は発育日数（D）が低温では急速に，高温ではゆるやかに短縮するという双曲線関係にある．

　D の逆数，すなわち発育速度を V とすると，(2.1)式から，

$$V = \frac{1}{D} = \frac{1}{K}(t - t_0) \tag{2.2}$$

となり，発育速度は発育有効温度 $(t - t_0)$ に比例し，比例定数は有効温量の逆数になる．つまり，発育速度は平均気温 t の一次関数である．発育限界温度 t_0 や有効温量 K を推定するには，何段階かの温度で昆虫を飼育し，各発育ステージを経過する期間 D を知る必要がある．

　次に(2.2)式より発育速度 V を求めてそれを飼育温度 t に対してプロットし，最小二乗法により直線回帰式，すなわち，

$$V = a + bt \tag{2.3}$$

を求める．ここで，a は回帰直線の切片，すなわち $V = 0$ となるときの t であり，発育限界温度を意味する．一方 b は回帰直線の傾きであり，$1/b$ が有効温量 K となる．

　ここで注意すべきことは，上記(2.3)式の V との直線関係はある温度範囲でのみ成立することである．この範囲を超えた高温域では高温障害により発育が阻害されるため，発育温度は直線関係から期待されるよりも低い値をとり，逆に発育限界付近の低温域

では期待されるより高い値をとることがある．図2.3の場合は，30℃以上では明らかに発育速度が回帰直線より低い値を示しているため，(2.3)式の計算はあらかじめグラフを描き，プロットが直線に乗っていると思われる範囲でのみ行うことになる（30℃以上の3点を除いた5点で計算されている）．

上述したように，有効積算温度の法則は地域ごとの平均気温の観測データをもとにした，年間世代数や発生時期の推定に有効である．また，発育限界温度を異種間や系統間で比較することは，比較生態学的な観点から

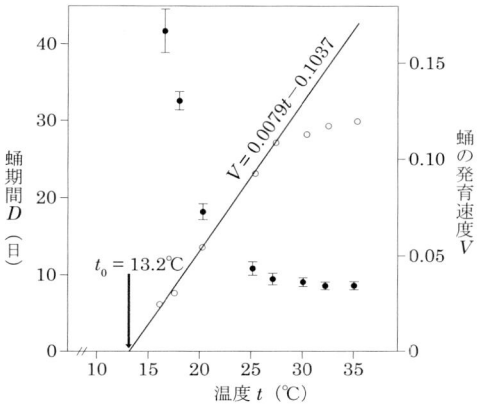

図2.3 モモノゴマダラノメイガ *Conogethes punctiferalis* 果樹型の蛹期間 D（●）および蛹の発育速度 V（○）と温度 t との関係（文献[54,56]より作成）
t_0 は発育限界温度．縦線は標準偏差．30℃以上のデータは計算から除外されている．

意義がある．一般に，高緯度に適応した昆虫の発育限界温度は低いことが知られている．また，園芸害虫として重要な微小害虫のアブラムシ類では発育限界温度が低く，有効温量も少ないことが多いため，短期間に爆発的に増えやすい．これに対して貯穀害虫の多くは熱帯起源であるため，発育限界温度が高い種が多い．

ここまで紹介してきた有効積算温度の法則は，通常の発育温度内での関係を単純明快に示した直線モデルである．しかし，通常の発育に適さない温度の範囲をも含めたもう少し実態に即した曲線モデルも存在する[26]．

生物の発育速度が極大になる温度は，発育最適温度あるいは至適温度と呼ばれており，酵素反応において反応速度が最大になる温度であると考えられている．しかし昆虫の発育速度を考えた場合，この温度を少しでも超えると高温障害が顕著になって発育速度が減少に転じる．したがって，このような温度の下で発育することが本当の意味で最適だとは考えられない．そのため，近縁種に共通な「共通の発育温度」を真の意味での最適温度であるとみなした，熱力学的な曲線モデル（SSIモデル）が提案されている[23]．モデルの詳細は除くが，モデル式の中で低温障害や高温障害の部分の値をもっとも小さくする温度は内的な発育最適温度（intrinsic optimum temperature for development）と名づけられている．つまり，気温などの環境温度がこの温度と等しくなったとき，低温障害と高温障害がもっとも少ない最適な温度であるということになる．図2.4にはミカンコミバエ *Bactrocera dorsalis*（以前は *Dacus* 属）の産卵から孵化

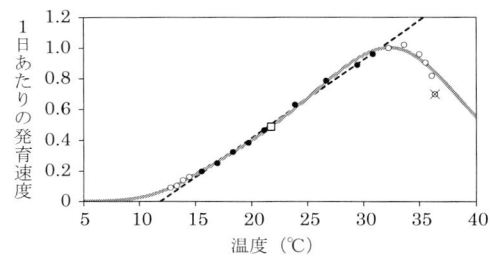

図 2.4 ミカンコミバエの産卵から孵化までの発育速度（文献[25]より作成）曲線が熱力学理論より導かれた SSI モデルであり，中央付近の□は推定された内的な発育最適温度（21.7℃）．破線は●のデータポイントのみを用いて推計した有効積算温度モデルを表す直線．×印のデータポイントは卵の生存率が1%以下と極端に低いので，直線や曲線のフィッティングから除外した．孵化に要する期間は時間単位で観察されており，1日あたり1を超える発育速度は，24時間以内に孵化したことを意味する．

までの発育速度曲線と内的な発育最適温度を示した．ミカンコミバエの内的な発育最適温度は21.7℃であり，熱帯性の昆虫であるにもかかわらず低いことがわかる．

2.3　休　　眠

休眠（diapause）とは，発育や繁殖に不適な季節を回避して，生き残るために進化してきた適応的方策である．生理学的観点から見た昆虫類の休眠の特徴は以下のようになる[65]．① 神経ホルモンを介する代謝活性が低下した状態である．② 休眠に入ると，形態形成は低下し，極端な環境条件に対する抵抗性が増し，行動的な活性が減少する．③ 休眠は遺伝的に決まった形態形成段階で見られるが，種ごとに異なった様式で，通常，不適な条件に先立ついくつかの環境刺激に反応することで誘起される．④ 休眠が始まると，発育に好適な条件であっても代謝活性は抑制される．

2.3.1　休眠の基本様式

休眠の様式は大きく2つに分けられる．1つは環境要因により誘起される休眠で，外因性休眠（facultative diapause）と呼ばれる．一般に多化性昆虫の休眠に相当するもので，環境条件の感受期は休眠ステージそのものか，その直前のステージのことが多い．もう1つは内因性休眠（obligatory diapause）と呼ばれ，遺伝的に決定された発育段階で環境条件にかかわらず必ず休眠に入る．1化性昆虫の休眠にあたるものである．ただし，この場合でも休眠覚醒には環境要因が関与している．例えば，ギフチョウ *Luehdorfia japonica* は初夏に蛹で休眠に入るが，秋にいったん短日に反応して休眠が覚醒

した後で，成虫分化をした状態で再び休眠に入り越冬する．この休眠は低温を経験することで打破されるので，早春に羽化が起こる．

2.3.2 休眠の誘起要因と打破要因

昆虫が冬などの厳しい季節が到来する前に休眠に入るためには，事前に何らかの環境シグナルを利用してその季節の到来を予測することが不可欠である．季節が規則正しく移り変わる温帯地方では，日や年により変動しやすい温度ではなく，日長の変化がもっとも信頼できる環境シグナルであるため，多くの昆虫も日長を手がかりにして休眠に入る．冬休眠（2.3.4 項参照）の場合は，秋の短日を感知して休眠に入るが，日長を感受するステージ（日長感受期）と実際に休眠に入るステージとは異なる場合も多い．表 2.1 に昆虫における休眠ステージ，および感受期と誘起要因の例を示した．休眠ステージは卵，幼虫，蛹，成虫とすべてのステージにわたり，感受期と誘起要因も多様であることがわかる．

一方で打破要因は，温帯や亜寒帯の冬休眠の場合は冬季の低温と長日であることが多く，これらは冬と春の環境要因を反映するものである．例えばカイコガ *Bombyx mori* の卵休眠，ニカメイガ *Chilo suppressalis* の幼虫休眠，モンシロチョウ *Pieris rapae* の蛹休眠は，数ヶ月に及ぶ低温処理により打破される．

低温に遭遇している間に進行する生理的な変化は，形態的な発育と対比して休眠発育（diapause development）と呼ばれる．ホソヘリカメムシ *Riptortus pedestris* やオオニジュウヤホシテントウ *Epilachna vigintioctomaculata* の成虫休眠は，長日（中温）に

表 2.1 昆虫類の光周制御（文献 [44] を改変）

休眠ステージ	種名	感受期	誘起要因
卵	カイコガ	母親の卵・若齢期	長日
	ヒメシロモンドクガ	母親の幼虫期	短日
	ヤブカの一種 *Aedes atropalpus*	母親の幼虫〜成虫期	短日
幼虫	ゴマダラチョウ	幼虫期	短日
老熟幼虫	ニカメイガ	幼虫期	短日
前蛹	アオムシコマユバチ	幼虫期	短日
	コマユバチの一種 *Coeloides burunneri*	母親の成虫期	短日
蛹	モンシロチョウ	幼虫期	短日
	ヤガの一種 *Heliothis zea*	母親の成虫期・卵期	長日
		幼虫期	短日
成虫	ナナホシテントウ	成虫期	短日
	アルファルファタコゾウムシ	成虫期	短日
	ホソヘリカメムシ	幼虫・成虫期	短日
	オオカバマダラ	幼虫期	短日

よりそれぞれ打破される．エゾスズ *Pteronemobius yezoensis* のように，日長の変化により休眠を消去する昆虫もいる．

これに対して亜熱帯の日和見休眠（2.3.4 項参照）では，打破要因は低温よりも高温であることが多い．すなわち，冬季でも起こりうる高い気温が一種の高温パルスになり，休眠が覚醒する．

2.3.3　光周性と臨界日長

日長の変化に対して生物が反応することを，光周性（photoperiodism）あるいは光周反応（photoperiodic reaction）と呼ぶ．光周性は一般に日長に対する反応とされるが，実際には夜の長さ，すなわち夜長が重要である．また，昆虫の歩行や飛翔といった運動活動，産卵や孵化，羽化などの活動の時刻を決定しているのが，明暗のサイクルに同調した概日時計（circadian clock）である．これは，ほとんどの生物はおおよそ 24 時間周期で変動する生理現象である概日リズム（circadian rhythm）をもっているからである．

休眠も光周性の典型であるが，これは長日型と短日型，および中日型に分けられる（図 2.5）．長日型は，アメリカシロヒトリ *Hyphantria cunea* やニカメイガといった夏に活動する多くの昆虫のように，長日によって発育が進行して繁殖活動を行うタイプである．短日型はその逆のケースであり，例えばカイコガは卵期の長日によって次世代の卵が休眠し，短日によって休眠が阻害されるので，短日型の典型である．

休眠を誘起する日長には一定の閾値があり，臨界日長（critical daylength）と呼ばれる．臨界日長は 1 日 24 時間のうちの明期（昼の長さ）と暗期（夜の長さ）を変えて昆虫を飼育し，休眠が誘起された個体の割合を調べることにより推定される．休眠率が急激に変化し，ちょうど 50 % になる日長を臨界日長という（図 2.6）．

臨界日長は基本的な生活史のプログラムを決定するため，普通は地域個体群内では安定している．一方で大きな地理的変異を示すことが多い．特に古くから定着し，かつ広域に分布しているような種では，臨界日長は北から南へ向かうにつれて短くなる地理的勾配（geocline）を示すことも多い．例えばニカメイガでは日本各地の個体群で臨界日長が詳しく調査されているが，高緯度地方ほど長くなることがわかっている（図 2.7）．このことは，高緯度地方ほど夏の明期が長く，冬の明期は短いことを反映した季節適応の所産であって，昆虫が自然選択の結果，それぞれの地域の気候的特性に適応したためである．しかし，比較的新しく侵入した昆虫ではまだ十分に自然選択が作用しておらず，臨界日長における明確な地理的勾配が形成されていないことも多い．近年，気候温暖化とともに急速に分布を拡大している南方性のミナミアオカメムシ *Nezara viridula* は，温帯適応性のカメムシ類に比べれば成虫の冬休眠の臨界日長は有意に短いし，明らかにまだ温帯には不適応（maladaptation）である[42]．一方，日本に

2.3 休　眠

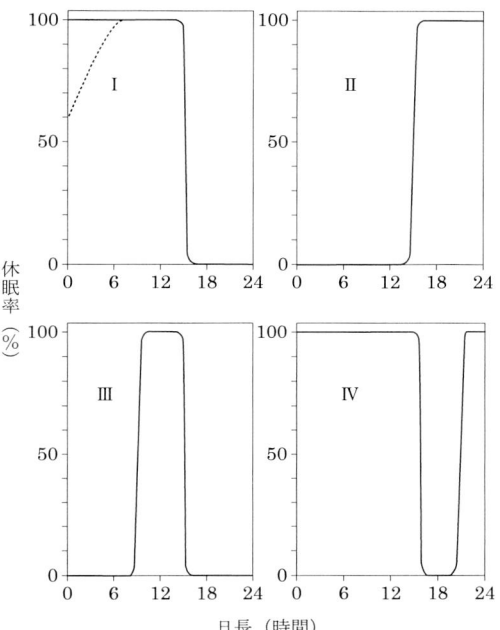

図 2.5 さまざまな光周反応曲線（文献[2]を改変）
Ⅰ：長日反応，Ⅱ：短日反応，Ⅲ：中日反応，Ⅳ：長日短日反応．

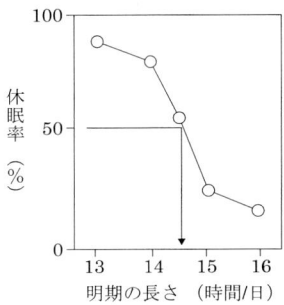

図 2.6 休眠に関する日長反応の概念図
休眠率 50％の日長の長さ（この場合は 14.5 時間あたり）が臨界日長である．

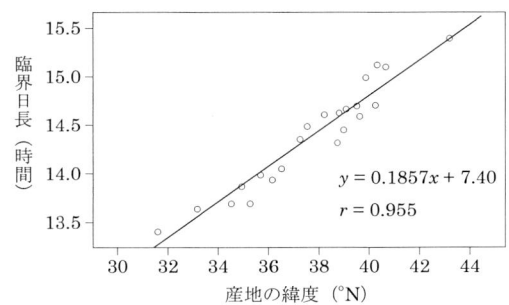

図 2.7 ニカメイガにおける産地の緯度と休眠に関する臨界日長との関係（文献[36]を改変）

侵入して 60 年以上が経過したアメリカシロヒトリは，高緯度の個体群ではやや臨界日長が長い傾向があり，適応の途上にあるものと考えられる．

2.3.4　季節適応としての休眠

地球上の気候帯は寒帯から熱帯まで多様であり，1 年を通じての季節性もさまざまである．このような季節変化に対する適応を季節適応（seasonal adaptation）と呼ぶ．

a.　温帯や亜寒帯における休眠

休眠は，冬季という生存や繁殖の上で厳しい季節に曝される温帯や亜寒帯などの高緯度地帯に生息する昆虫に広く認められる．これは冬休眠（winter diapause）と呼ばれ，上述したように打破要因は低温であることが多い．したがって，もっとも休眠深度が深いのは低温にさらされる前の秋季であり，そのことで不時の休眠覚醒を防いでいる．冬が到来する前に休眠から覚醒することはもっとも危険なことだからである．

越冬において，休眠による代謝低下だけでなく，耐寒性（cold tolerance）を増大することも重要である．昆虫の耐寒性には，凍結しても耐えられる耐凍型と凍結すれば死亡する非耐凍型がある[67]．耐凍型昆虫も細胞の中まで凍結（細胞内凍結）すると死亡するため，不凍化物質（グリセロール，トレハロースなど）の生成（脂肪体で生成）や蓄積（体液に蓄積）が必要となる．次に，細胞内凍結を防止するためには細胞外（体液）よりも細胞内の溶質の濃度を高める必要がある．そのためには，細胞膜を通して細胞内の水を細胞外に溶出させると同時に，細胞外に蓄積された凍結保護物質を細胞内に取り込む必要がある．秋季に低温になると，細胞膜に生成されたアクアポリンという水分子のみを選択的に通過させる物質を介して，特異的に凍結保護物質が細胞内に取り込まれる[30]．このことで細胞内の溶質の濃度を高め，細胞内凍結を防止することができる．

非耐凍型昆虫は凍結温度をできるだけ低下させることで凍結を回避する．熱帯性の多くの昆虫がこの型である．温帯の昆虫では休眠に入る前に，まず凍結の核となる腸内の内容物を排泄し凍結温度を低下させる．さらに耐凍型昆虫と同様に，不凍化物質であるグリセロールやトレハロースなどを体内に蓄積させ，凍結温度を低下させることで耐寒性を強めている．また，休眠昆虫は秋の低温にさらされると不凍化物質を蓄積する．

ある種の昆虫にとっては，温帯の暑い夏も高温障害や餌資源の枯渇のために不適な季節であり，休眠に入ることがある．これは夏休眠（aestivation）と呼ばれ，サクラの害虫のウスバツバメ *Elcysma westwoodii* がその例である．ミナミアオカメムシの同属近縁種であるアオクサカメムシ *Nezara antennata* は温帯性のカメムシであるが，成虫は冬休眠だけでなく夏休眠も行う[45]．

b. 亜熱帯における休眠

温帯と熱帯の狭間にある亜熱帯の昆虫の休眠はどのような特色をもっているのだろうか．亜熱帯のミナミマダラスズ *Dianemobius fascipes* は冬季に休眠卵を産むが，卵の休眠深度には大きな変異があり，休眠卵は高温に反応して覚醒しやすい[39]．同様に亜熱帯性のサトウキビ害虫のカンシャコバネナガカメムシ *Cavelerius saccharivorus* は秋冬季に休眠卵を産むが，休眠は25℃以上の高温により打破されやすい．また休眠深度には，母親の異なる卵塊間だけでなく，同一卵塊内においても大きな変異がある上[13, 14]，休眠卵は秋冬季に不時の高温に反応して発育を開始する[15]．亜熱帯性の昆虫におけるこのような休眠は，発育可能な状況を日和見的にうかがっていることから日和見休眠（opportunistic diapause）と呼ばれる．こういった日和見性は発育限界温度付近で気温が不規則に変動する亜熱帯の冬に適応したものであり，休眠深度に大きな変異性があれば，冬の寒さにかかわらずうまく対応できる卵が存在するため，予測しにくい環境に対する一種の両賭け戦略（2.5.3項参照）として作用する．

オオタバコガ *Helicoverpa armigera* は，1994年頃から日本で発生が増えている亜熱帯性の世界的大害虫であるが，蛹休眠の誘導要因は独特である．幼虫を20℃で飼育すると明期が12時間以下のときに休眠が誘導されるが，25℃以上では12時間以下であっても休眠しない．逆に15℃以下にすると，明期が16時間でも休眠が誘導される．つまり，本種の休眠誘導には日長と温度が独立に作用している[51]．低温条件下のみで光周反応が起きることは，熱帯から温帯にかけてのマダラスズ種群でも亜熱帯個体群でのみ確認されており，亜熱帯性の昆虫の特徴であるといえる．

オオタバコガの蛹休眠の臨界日長は同属近縁種のタバコガ *Helicoverpa assulta* よりも短く，そのため同じ地域でもタバコガに比べて休眠の誘導は遅い（図2.8）．これも亜熱帯性昆虫の特徴である．一方，亜熱帯のキチャバネゴキブリ *Symploce japonica* の冬休眠の場合は，温暖な冬においてエネルギーの消耗を防ぎ，生存率を上げるための方策である[63]．

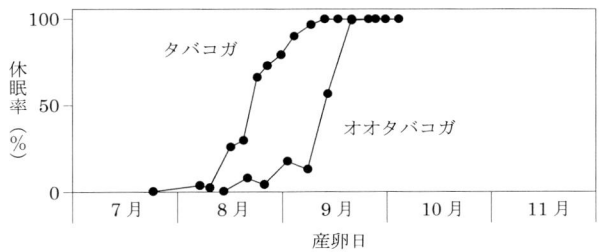

図 2.8 千葉におけるオオタバコガとタバコガの蛹休眠の誘起の時期的違い（文献[55]を改変）

c. 熱帯における休眠

熱帯性の昆虫は一般に休眠性をもたないとされてきたが，休眠性をもつ種が知られている．例えば，貯穀害虫は熱帯起源のものが多く，1930年頃までは冬に休眠しないと考えられていたが，現在では少なくとも30種以上の種で休眠が確認されている．熱帯でも雨季と乾季といった季節性が存在する地域があり，乾季は生存や繁殖に不適な季節なので，休眠性が進化しても不思議ではない．事実，熱帯に位置するパナマのバロコロラド島に生息しているテントウムシダマシの一種 Stenotarsus subtilis の成虫は，乾季に大きな集団を形成して休眠する[61]．

乾季における究極の乾燥耐性は，ナイジェリアの半乾燥地帯に生息しているネムリユスリカ Polypedilum vanderplanki で見られる乾眠（anhydrobiosis）である[48]．このユスリカは岩のくぼみにできた水たまりに産卵し，幼虫はそこで育つ．ところが乾燥地であるので，水たまりは干上がりやすく，その場合，ユスリカはカラカラに乾燥してクリプトビオシス（cryptobiosis）という半永久的な休眠に入り，仮死状態となる．これは無代謝状態での活動休止の現象であり，低代謝状態での休眠とは別のものである．その後，仮死状態となったユスリカは降雨があると体が膨らみ，再び発育を始めるようになる．乾燥が始まると，幼虫はトレハロース（trehalose）という糖の一種を急激に合成するようになり，このトレハロースの特性が乾眠の維持に貢献していると考えられている．

2.3.5 生活史の調整としての休眠

休眠は，第一義的には不適な季節からの逃避としての季節適応であるが，生活史の調整という，もう1つの重要な意義がある．気温が好適であっても餌資源が枯渇していれば発育や繁殖ができないし，植食性昆虫では食草の利用する部位が出現する時期に繁殖期を同調させなければならない．したがって，食物資源が利用できる時期に合わせるための休眠を行う昆虫も多い．

また，発育が個体ごとにばらついたとしても，ある決まった時期に休眠することにより，休眠後は発育ステージがそろう．成虫休眠であれば，出現が斉一化されることになる．例えばサトウキビの害虫であるケブカアカチャコガネ Dasylepida ishigakiensis は，亜熱帯性の昆虫であるにもかかわらず，終齢幼虫の夏休眠と越冬時の成虫休眠の2つの休眠様式をもっている[62]．このような休眠は暑すぎる夏を生き延びるためでも越冬のためでもなく，個体群内で発育の同調性を高め，一斉に交尾するための方策なのである．

生活史を調節して一斉に羽化するための休眠は，たとえ個体群が低密度であっても交尾チャンスを高めるので，繁殖の上で大変適応的である．それは個体群密度がある

程度高い場合に増殖率が上がるという，いわゆる Allee 効果（Allee effect）である（3.1.4 項参照）．休眠ではないが，北アメリカの周期ゼミ（cyclic cicada）は，13 年もしくは 17 年といった長い周期で地上に出現するという，発生の周期性をもっている．そのような性質が進化したのも，かつて彼らが経験した氷河期における個体群密度の著しい低下の中で，同じ年に一斉に羽化するという性質が雌雄の出会いのチャンスを高める上で有利であったからだと考えられている[72]．

2.3.6 休眠の内分泌機構

昆虫の発育と変態においては，いくつかの重要なホルモンが介在している．エクジステロイド（ecdysteroid）は前胸腺から分泌され，脱皮や変態を最終的に制御するホルモンであり，エクダイソン（ecdyson，脱皮ホルモン）とその類縁化合物のことを指す．前胸腺刺激ホルモン（prothoracicotropic hormone）は前胸腺を刺激しエクジステロイドの分泌を促すホルモンであり，脳の側方神経分泌細胞で合成され，アラタ体（corpora allatum）から体液中に分泌される．幼若ホルモン（juvenile hormone, JH）はアラタ体で合成・分泌され，エクジステロイドの作用を修飾するホルモンである．エクジステロイドが作用するときに，同時に JH が存在すると幼虫は次齢幼虫へ脱皮する．JH がほとんどないと，幼虫は蛹へ変態する．JH が全くなくエクジステロイドのみが作用すれば，蛹は成虫へと変態する．このようにエクジステロイドと JH の 2 種のホルモンの相互作用により，昆虫の発育や変態が制御されている．

JH の関与の程度によって昆虫の休眠制御機構は 2 つに大別される．1 つは，ヨーロッパアワノメイガ Ostrinia nubilalis やコドリンガ Cydia pomonella のように，休眠の初期に JH の血中濃度が高く休眠の誘導に JH が必要であるが，その後は血中濃度が低下して，休眠の維持には JH が積極的に関与しないタイプである．もう 1 つは，ニカメイガやメイガの一種 Diatraea grandiosella のように，休眠期間中の JH の濃度が高く保たれ，休眠誘導のみならず休眠維持にも JH が必要とされるものである．

2.4　移動と分散

休眠の主たる意義が不適な生息場所からの時間的エスケープであるなら，移動（migration）は空間的エスケープである．移動という行動の適応的意義について触れる前に，生態学でのその位置づけや定義を明らかにしておく必要がある．

2.4.1 移動と分散の定義

これまで，移動を生態学的に定義するさまざまな試みがなされてきたが，この試みの難しさは行動とその結果を混同することにある．移動と類似した言葉に分散（dispersal）があり，しばしば片道移動（one-way migration）を記述する際に用い，「移動分散」のように移動と全く同義的に使われたりする．しかし本来，移動と分散は生態学的に異なる概念である．Dingle（1996）によれば，移動に対応するのは採餌（foraging）（4.3.2 項参照）のような日常活動で，分散に対応するのは集合（aggregation）である（図2.9）．ここでいう採餌とは，ある生息場所の中で餌を探して動き回る行動であり，移動は今いる生息場所を離れて他の生息場所に移出する行動である．一方，集合と分散は，個体間の平均距離の変化に対応する用語であり，例えば互いに誘引し合えば集合が促進される

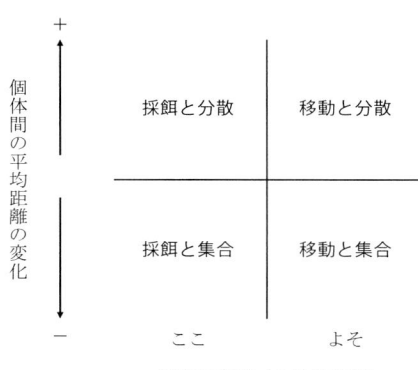

図 2.9 採餌と移動という 2 つの行動の関係および分散と集合の個体群過程（文献[9]を改変）

ここでは，採餌は日常的な活動を代表するものとして移動と対比されている．

し，逆になわばり性など何らかの反発があれば分散が促進される．この定義からすれば，分散を移動の同義語として使うのには問題がある．

分散は個体群の構成要素である個体が散らばっていくこと，すなわち個体間の距離の増大を示す用語である．これは個体群レベルの現象であり，個体の属性ではない．例えば個体群密度が増大すると，その密度に依存して分散が起こる．これは密度依存的分散（density dependent dispersal）と呼ばれるが，個体群の混み合いが緩和されるので個体群レベルの現象である．

これに対して，移動は個体の特性である．Kennedy（1985）は，「移動は動物自身の運動あるいは積極的にある媒体を利用することによってなされる持続的で一途な運動である．それは，ある場所に留まる反応を一時的に抑制することによりなされるが，結果としてその抑制を解き，もとの状態に戻ることを促進する」と定義した[33]が，これは移動行動の生理的特質をよく示している．すなわち，移動は定着とは逆の行動でありながら，結果として生理的には移動後の定着行動を促進させる．事実，昆虫は移動飛翔することで，定着後の卵巣発達が促進されることが知られている．一方，Dingle（1996）は移動を「個体の空間的な置き換わりのために進化した特別な行動」と定義した[9]が，これは個体の移動行動を自然選択という概念に結びつけたものである．

2.4.2 移動の様式

動物の移動様式は，乗り物の券になぞらえて，多数回往復券型，1 回往復券型，片道

券型の 3 つに分類される．

寿命が短い昆虫では，多数回往復券型は通常ありえない．1 回往復券型はチョウ，ガ，ハエ，カワゲラ，トンボなどでよく見られる．例えばアキアカネ *Sympetrum frequens* は，平地の水田で羽化した個体は夏に高山に移動するが，秋になると水田に戻ってくる．片道券型の移動は昆虫で普通に見られる．多くの昆虫は生息場所が悪化すると他の生息場所に移動するが，それは片道の移動であることが多い．季節によって生息場所を変える移動は季節移動と呼ばれる．

2.4.3 長距離移動

昆虫は移動の手段として飛翔を用いることで，長距離を移動することが可能となった．長距離にわたる移動のことを，長距離移動（long distance migration）と呼ぶ．長距離移動は，大気の粘性が高く空気抵抗を受けやすい境界層（boundary layer）を越えた，一定方向への気流に乗る飛行であることが多い．以下にいくつかの具体例を示す．

a. トビイロウンカの海を越えた移動

日本における長距離移動の研究は，トビイロウンカ *Nilaparvata lugens* のような水稲害虫を中心に展開されてきた．この種は毎年，梅雨前線が日本列島にかかる 6 〜 7 月に，中国大陸から下層ジェット気流に乗って渡ってくる．

近年の後退流跡線解析の結果，中国福建省と台湾の沿岸部あたりが主な飛来源であると推定されている（図 6.8 参照）．ただし，フィリピンに生息するトビイロウンカが福建省や台湾を経由して日本へ飛来する場合や，あるいは直接フィリピンから少なくとも沖縄には飛来することもある．トビイロウンカでは密度が低いときには主に短翅型が出現するが，イネが成熟期を迎えるころに高密度になると，移動に適した長翅型が出現する．しかし，唯一の寄主植物であるイネが冬季にはなく，また耐寒性もないため日本では越冬できずに死亡するし，中国大陸への戻り移動（return migration）もないとみなされている．それでもトビイロウンカが移動性を失わないのは，日本に渡ってくるのは個体群全体のごく一部で，多くの個体はアジア大陸の中で移動しながら生活しているからである（図 2.10）．例えば，越冬地であるベトナム北部から北上してきたトビイロウンカは福建省の沿岸などで繁殖し，その分流が日本に移動してくるにすぎない．実際，中国国内では秋に南への移動，すなわち戻り移動が観察されている．

b. サバクトビバッタの群飛と相変異

トビバッタあるいはワタリバッタと呼ばれるバッタ類（locust）は，群飛（群れで飛翔すること）を行うことで知られている．例えばサバクトビバッタ *Schistocerca gregaria* は，モロッコやチュニジアなどの北アフリカで越冬した後，春になると南下し，サハラ砂漠南限のサヘル地帯で繁殖を行う．この地域では夏に降雨があり草が生い茂るため，そこで大繁殖した成虫は移動に適した群生相（後述）という形態に変身し，

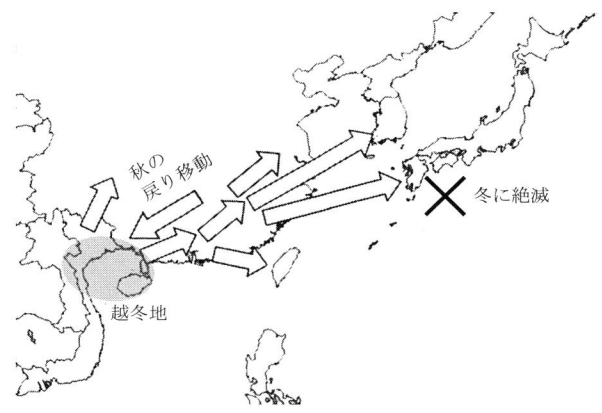

図 2.10 トビイロウンカの移動経路（文献[47]を改変）
東アジア個体群の越冬地はベトナム北部や海南島である（灰色の地域）．矢印は移動経路を示す．

巨大な群れをつくって大移動を始める（図 2.11）．
　彼らが季節的なシグナルを利用しないのは，降雨の時期や場所が一定しないために食物資源の有無を予測できないからである．サバクトビバッタの移動という習性は，熱帯の赤道収束域あるいは熱帯収束帯（intertropical convergence zone）と呼ばれる帯状の地帯に生息していることと関係している．地球をほぼ一周しているこの地帯は南北からの風の吹きだまりで，上昇気流が生じやすく雨が比較的よく降る．しかし，季節や年によってその地域が不規則に変動するため，同じ場所に降雨があるとは限らない．そのため「待ちの戦略」である休眠ではなく，群れが混み合ってきたという直接的シグナルによって移動型に変化するという，臨機応変な進化が起こったのであろう．これは，不規則で予測不能な環境（unpredictable environment）で進化した移動形質群（migration syndrome）である．同様の習性は日本のトノサマバッタ Locusta migratoria ももっており，低密度下では緑色だが，高密度になると体色が黒化し，相対的に翅が長くなって代謝も活発になり，明らかに移動に適した形態的，生理的性質をもつようになる．このような多型現象は，相変異（phase variation）あるいは相多型（phase polymorphism）と呼ばれている．
　相変異はトノサマバッタで最初に発見された現象で，「同一種の個体の形態・色彩・生理・行動などの諸特徴にわたる著しい変化が，個体群密度に応じて引き起こされる現象」と定義される．トビバッタ類やヨトウガ類に普通に見られる現象で，個体群密度が低いときには定住生活に適した孤独相（phase *solitaria*）が，逆に高密度では移住に適した群生相（phase *gregaria*）が，また中間密度では転移相（phase *transiens*）が生

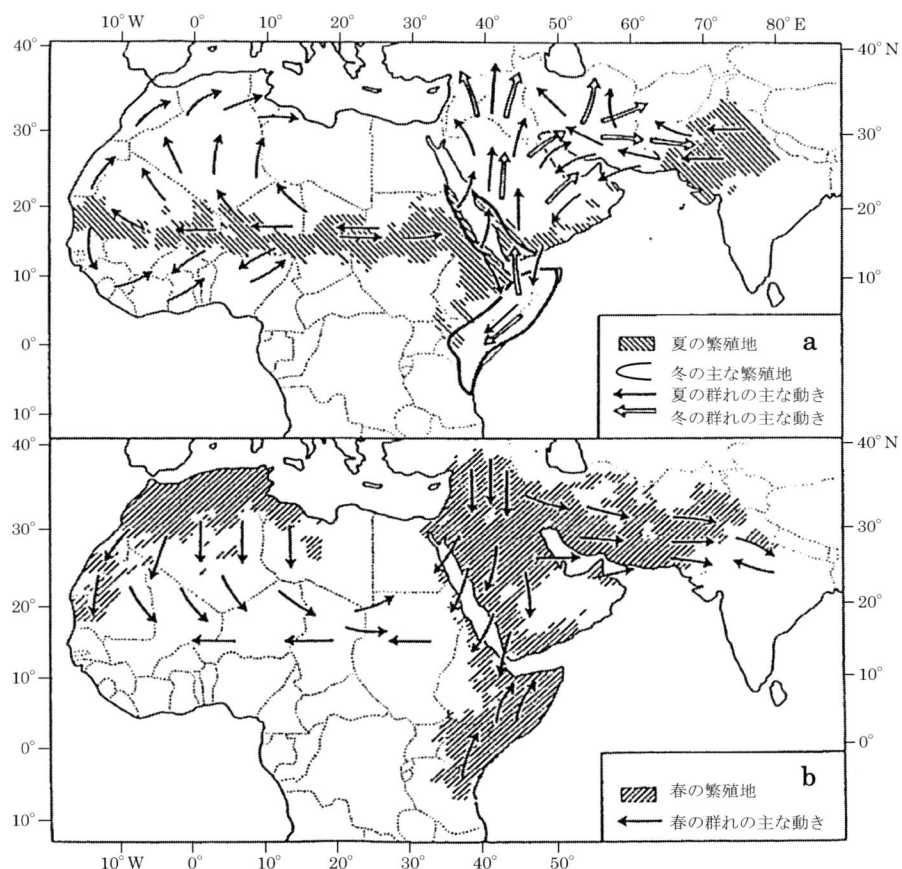

図 2.11 サバクトビバッタにおける主要繁殖地と群飛の主要経路（文献[70]を改変）
a：夏と冬の繁殖地，b：春の繁殖地.

じる．これは連続的な現象であり，完全な群生相に至るには数世代を要する．また孤独相が祖先型，群生相が移動に適応した型として二次的に進化したものとみなされており，後述する翅多型の場合とは進化的な道筋が逆である．

　孤独相と群生相では形態や体色が異なるだけでなく，行動や繁殖習性において顕著な違いがある（表 2.2）．群生相は集合性があり，幼虫は行列をつくって行進するマーチング行動を行い，成虫は群れをなして飛翔する．また孤独相が小卵多産であるのに対して群生相は大卵少産であり，卵サイズと産卵数はトレードオフの関係（一方が増えれば他方が減るという拮抗的関係）にあると考えられている．群生相の子どもは個体群が高密度のために餌が少ない状況で育たねばならず，大きな卵から孵化した幼虫

表 2.2 トビバッタ類の相変異（文献[29]を改変）

	形 質	低密度型 （孤独相：ph. *solitaria*）	高密度型 （群生相：ph. *gregaria*）
幼虫	体色	緑色，褐色	黒色，黄色（または橙色）
	齢数*	多い	少ない
	活動性	不活発	活動的
	集合性	ない	強い
	行進行動	発達しない	よく発達
	草のにおいに対する反応	無反応	においの方向に向かう
	呼吸量	少ない	多い
	脂肪含有率	低い	高い
	水分含有率	高い	低い
成虫	形態	後腿節の相対長が大	前翅の相対長が大
	性による大きさの差	メス＞オス	メス≒オス
	性的成熟の斉一性**	ばらつく	斉一
	性成熟に伴うオスの体色変化**	ない	黄色化
	飛翔行動	夜間	昼間も飛ぶ
	集合性*	発達しない	集合する
	産卵数*	多い	少ない
卵・孵化幼虫	卵・孵化幼虫の大きさ**	小さい	大きい
	卵期間**	長い	やや短い
	孵化幼虫の卵巣小管数**	多い	少ない
	孵化幼虫の体色**	淡色	暗色
	脂肪・水分量**	少ない	多い
	絶食に対する抵抗力**	弱い	強い

*：一部分成虫期の密度によって影響される形質．**：主に成虫期の密度によって影響される形質．なお，多くの形質（体色，形態，行進行動など）については，2世代以上の密度の累積的影響があることが解明されている．

が飢餓に対する耐性が強いことはたいへん適応的である．しかし近年の詳細な研究では，サバクトビバッタの群生相の大きなメス成虫はより大きな卵を数多く産むという，これまでの単純なトレードオフの関係では必ずしも説明できない事実も明らかになりつつある[64]．

近年，サバクトビバッタの群生相では，体表と糞に存在する集合フェロモンが複数見つかっている[22]．これらの集合フェロモンは，直接的に集合化に関与するだけでなく，発育を早めたり，逆に遅らせることが報告されている．また体色の変異には，幼若ホルモンだけでなく，ペプチドホルモンの一種であるH-コラゾニンという物質が関与していることが明らかにされている[63]．

c. オオカバマダラの季節移動

北米大陸に生息するオオカバマダラ *Danaus plexippus* は，移動ルートによっては3000 kmにも及ぶ大移動を行う．例えば秋に生殖休眠に入った成虫が，五大湖付近か

2.4 移動と分散

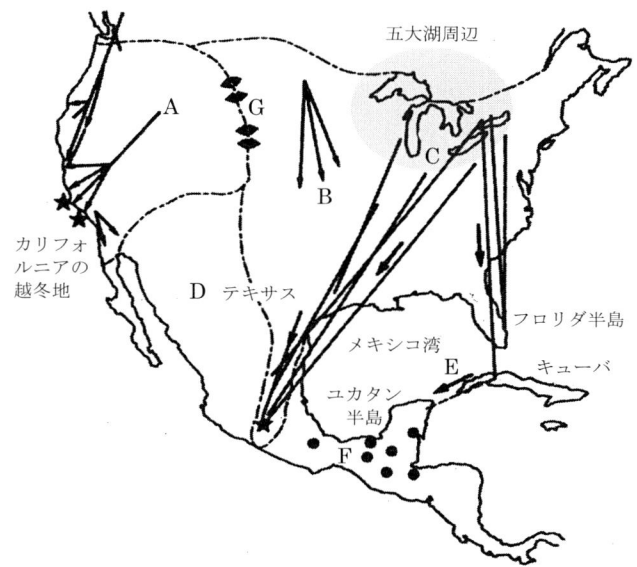

図 2.12 マーキング調査により明らかになったオオカバマダラの秋の移動経路（文献[69]を改変）

西部個体群（A）はカリフォルニア南部へ，東部個体群（B）はフロリダ半島あるいはメキシコへ移動して越冬．C：生息密度が高い地域，D：採集記録のない地域，E：キューバからユカタン半島へ飛ぶ仮想的経路，F：メキシコ南部個体群の生息地，G：東西個体群の接点．

らメキシコの山中まで1ヶ月以上もかけて飛んでいき，そこで数千万匹にも達する巨大な越冬集団を形成する（図2.12）．寒さの厳しい北アメリカ大陸の北部では越冬ができないため，南方への季節移動が進化したのであろう．メキシコの山中で越冬したチョウは，3月の末か4月の初めごろに今度は北方へ移動する．彼らはメキシコ湾岸地帯のトウワタという食草に産卵して死滅するものの，その子世代が親になり，さらに繁殖を繰り返しながらその子孫が北へ向かって親たちの生まれた故郷に移動する．食草であるトウワタが，温帯や亜寒帯の方ではるかに豊富だからである．このような長距離移動は，鳥類や哺乳類などにおける季節的な渡りとよく似ている．

2.4.4 長距離移動のオリエンテーション

長距離移動のオリエンテーション（定位）の機構は，上で述べたオオカバマダラの研究で明らかにされている．Mouritsen and Frost（2002）は，秋の南西方向への移動と春の北方への移動のオリエンテーションの機構に関する研究で，円筒形の容器の中に吊るした糸の先にチョウを宙吊りにして自由に飛翔させ，ビデオカメラで記録する装

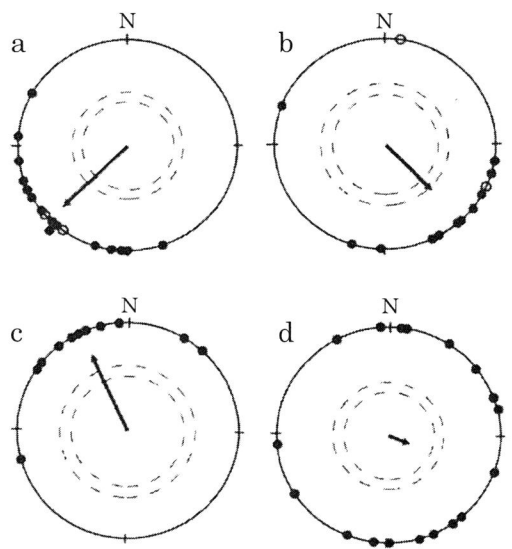

図 2.13 オオカバマダラ成虫を異なった光周期下で5日間飼育した後に測定したときの飛翔方向（文献[41]を改変）
a：カナダ，オンタリオで，9～10月の自然日長で飼育（飛翔は晴天下の野外），b：光周期を6時間進めて飼育（飛翔は晴天下の野外），c：光周期を6時間遅らせて飼育（飛翔は晴天下の野外），d：aの自然日長下で飼育した成虫を曇天下で測定した結果．
aでは225°，bでは136°，cでは335°の方向に有意にオリエンテーションしたが，dでは有意な方向性は見られなかった．

置を用いた巧妙な操作実験を行った[41]．野外から採集した成虫を異なる光周期下で飼育し，それぞれを晴天の下で飛翔させたところ，自然日長で飼育した個体は南西方向へ向かい，明期開始を6時間早めた個体は南東方向へ，6時間遅らせた個体は北西方向へと向かった（図2.13）．このことは，幼虫期に経験した光周期に依存した体内時計が渡りの方向性の決定に関与していることを示している．しかし曇天の日に飛翔させると，いずれの個体も方向性を示さなかったことから，オオカバマダラは太陽コンパス（動物がある時点の太陽の位置を基準に，体内の生物時計に基づく時刻感覚により太陽の動きを補正して一定の方位を知ること）を用いて飛翔する方向を決めていると結論されている．また，それに関与する時計遺伝子（*per*遺伝子）も突き止められている[12]．

オオカバマダラのように明確な能動的オリエンテーションを行う昆虫が存在する一方，季節風などの気流に乗る受動的な飛行を行う昆虫も多い．それは潮流に乗って移動する海水中のプランクトンにちなんで，エアープランクトンと呼ばれることもある．

2.4.5 分散多型

昆虫の種内では，個体により飛翔能力に著しい違いがあることが知られており，この飛翔能力に影響する多型は分散多型（dispersal polymorphism）と呼ばれている．こうした昆虫の研究は，移動性の進化を解明する上できわめて重要である．

昆虫が移住飛翔を行い他の生息場所で繁殖するためには，① 翅の発達，② 飛翔筋の発達，③ 飛翔行動の発達，という少なくとも3段階をクリアしなければならない[16]．興味深いことに，この3つのいずれにも種内で多型が存在する．翅の発達度合の多型は翅多型（wing polymorphism），飛翔筋の発達度合の多型が飛翔筋多型（flight muscle polymorphism），そして飛翔行動レベルの多型が飛翔行動多型（flight behavior polymorphism）である．またこの分類には必ずしも該当しないが，すでに述べた相変異も広義の分散多型の中に入れることがある．

a. 翅多型

翅多型は，少なくともコウチュウ目，ハエ目，カメムシ目，ハチ目，バッタ目，チョウ目，アザミウマ目，チャタテムシ目およびハサミムシ目で独立に進化した．かなり普遍的な形質である．例えば，アブラムシ類には有翅型（alata）と無翅型（aptera）が，ウンカ類やカメムシ類には長翅型（macropter）と短翅型（brachypter）が存在する．それぞれの翅型が完全に不連続である場合は，特に翅二型（wing dimorphism）と呼ばれる（図2.14）．翅多型には遺伝的基礎があり，短翅が優性の1遺伝子座2対立遺伝子に支配されている場合（メンデル遺伝）と複数の遺伝子座の対立遺伝子に支配されている場合（ポリジーン支配）がある．いずれの場合もホルモン濃度に対する閾値反応（threshold response）の結果，翅型が決定されるとみなされている（図2.15）．すなわち，ホルモンレベルがある閾値を越える遺伝子型が短翅型となる．メンデル遺伝の場合は劣性ホモ（bb）の遺伝子型のみが長翅型になることがわかる．また，翅二型種の祖先は長翅のみを出現する種であり，生息場所の安定化とともに翅二型種が派生したものと考えられている．

一般に短翅型は繁殖開始が早く，産卵数も多いため，メスは短翅化することで繁殖能力を増大させられるという適応度上の利点がある．したがって，移動する必要が少ない安定した生息環境では，メスは短翅化する方が有利とな

図2.14　ニッポンコバネナガカメムシ *Dimorphopterus japonicus* の長翅型と短翅型（写真提供：佐々木力也）

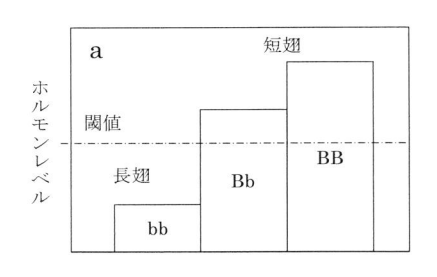

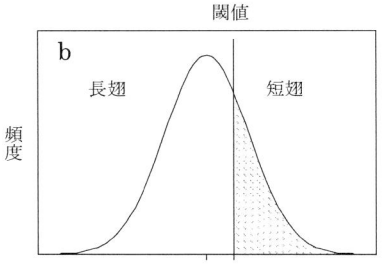

図 2.15 翅型の決定に関する閾値モデルの模式図（文献[52]より作成）
a：1遺伝子座2対立遺伝子システムの場合で，短翅が優性（B），長翅が劣性（b）である．
b：ポリジーンシステム．

る．オスでも，短翅化は交尾開始の早期化（カメムシ類やウンカ類），メスをめぐる闘争のための武器の発達（アザミウマ類），鳴く時間の延長（コオロギ類）などの適応度上の利点がある[16]．移動と繁殖とはトレードオフの関係にあり，卵形成−飛翔形質群（oogenesis-flight syndrome）と呼ばれている．

b．飛翔筋多型

飛翔筋多型は，正常な翅をもっているが飛翔筋の発達度合いにおいて顕著な違いがあることで，水生昆虫のミズムシ科（Corixidae）に属する昆虫のグループで古くから知られている．また，ナガチャコガネ *Heptophylla picea* のようなコガネムシ類のメス成虫でも有筋型と無筋型の飛翔筋二型の存在が確認されている．その遺伝システムは，無筋型が優性の単純なメンデル遺伝であって，さらに無筋型の方が卵巣成熟が早いこともわかっている．

c．飛翔行動多型

飛翔行動多型は形態的には容易には判別できない行動レベルの多型であり，飛翔行動の観察によってしか判別できない．例えば，ヨツモンマメゾウムシ *Callosobruchus maculatus* の飛ぶ型と飛ばない型がこれに該当する．しかし体サイズや翅長など形態的に若干の相違があることも事実であり，純粋に行動レベルだけの違いとはいえない．

d．分散多型の決定機構

昆虫の発育過程において，翅を形成するか否か，飛翔筋を形成するか否か，飛翔行動を解発するか否かといった異なるレベルにおける決定が，何らかのホルモンに対する閾値反応の結果で，分散多型が生じるものと考えられている（図2.16）．このホルモンは幼若ホルモンである可能性が高く，その濃度が閾値よりも高いと短翅型や無翅型になる．短翅型は成虫でありながら翅が未発達なので，幼体の形態を維持したまま成体になるという，さまざまな動物で見られる幼形成熟（neoteny）の一種であるといえ

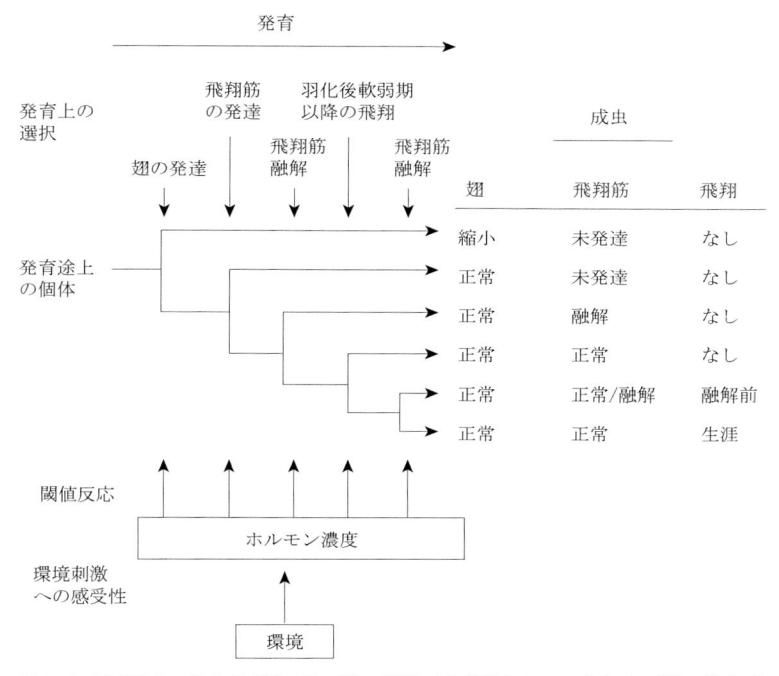

図 2.16 発育途上の昆虫が直面する一連の「選択」と結果としての成虫の形態と飛翔行動（文献[20]より作成）

る．幼若ホルモンの血中濃度を決定する要因は種により異なるが，日長や温度などの季節的要因や個体群の混み合いといった環境要因が関与していることが多い．一方で遺伝的な要素もあり，一般にポリジーンシステム（複数の遺伝子座の対立遺伝子）である場合が多いものの，翅多型や飛翔筋二型では，単純な1遺伝子座2対立遺伝子システム（メンデル遺伝）であることも知られている．

2.4.6 移動と分散の進化理論

Hamilton and May（1977）は，移動分散こそが進化的に安定な戦略（evolutionarily stable strategy，ESS：その戦略が集団全体を占めた場合に，他のいかなる変異型が少数侵入したとしても頑健である戦略のこと）であることを数理的に明らかにしている[18]．突然変異で出現した分散遺伝子型は，他の生息場所に移動しそこで繁殖できるチャンスを得るが，非分散遺伝子型にはそのチャンスが全くないからである．このことは，定住遺伝子型によって占有されている生息場所がいずれ分散遺伝子型の侵入を許し，やがては分散遺伝子型によって占有されてしまうことを意味している．

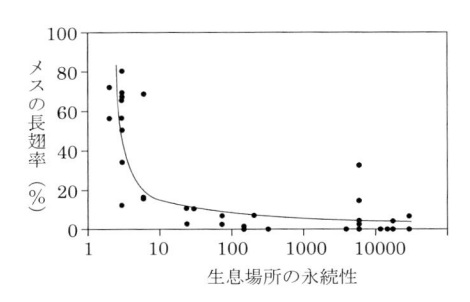

図 2.17 35 種（41 個体群）のウンカ類についての野外での長翅率と生息場所の永続性との関係（文献[5]を改変）
生息場所の永続性は，生息場所の持続年数と，それぞれの種が年あたり・生息場所あたりで到達できる世代数を乗じることにより推定された．

　この理論では，生息場所が均質であっても移動分散性が進化することになるが，生息場所が異質であると移動分散性の進化がさらに起こりやすい．質の悪い生息場所で移動性を放棄してしまうことは，絶滅を意味するからである．Southwood (1962) は，昆虫類を含む陸生の節足動物について，移動性と生息場所の永続性との間に負の相関があることから，非永続的な環境において移動性が進化するものと主張した[57]．移動性の進化に関するこのような理論は，アメンボ類，バッタ目昆虫，ウンカ類などにおける実証的研究によっても支持されている（図 2.17）．
　以上のように，生息場所の異質性が移動や分散の進化の第一義的な要因であるという理論は広く認められている．しかし，生息場所の空間的な断片化（habitat fragmentation）の方が異質性よりも重要であるとの異論もある[10]．

2.5　生活史戦略の理論

　休眠や移動などの生活史戦略が，どのような生態的要因により進化してきたのかに関して，これまで数多くの理論が提起されてきた．その主なものについて概説する．

2.5.1　*r-K* 選択説

　r-K 選択説は，MacArthur and Wilson (1967) によって提唱された説である[38]．*r* と *K* は生活に必要な資源が有限である場合の個体群成長式のパラメータで，それぞれ内的自然増加率（intrinsic rate of natural increase）と環境収容力（carrying capacity）である（3.1.2 項参照）．個体群密度に依存しない死亡が強くかかる環境，あるいは新たにできた島など，先住者が少なく個体群が環境収容力よりはるかに低い密度の場合には高い *r* 値をもつ遺伝子型が選択され，逆に多くの競争種が存在し，資源をめぐる競

争が強く密度に依存した死亡が強くかかる環境では，高い K 値をもち少数の子孫を確実に残すような遺伝子型が選択される．

この r-K 選択理論は拡張され，気候の急激な変動などで予期せぬ死亡が起こるような環境では，r 選択の結果，早い発育，早い繁殖，小卵多産などの形質が進化し，逆に気候が安定あるいは規則的に変化する環境では，個体群が飽和状態になり，K 選択の結果，遅い発育，遅い繁殖，大卵少産などの形質が進化するとされた[50]．そして，r 選択の結果として形成される形質群は r 戦略（r-strategy），K 選択の結果として形成される形質群は K 戦略（K-strategy）と呼ばれている．さらに，実際の生物種は r 戦略者から K 戦略者に至る連続的な系列の中に位置づけられるとされ，それは r-K 連続体説と名づけられた．

Southwood (1977) は，r 戦略をとる種を r 種（r-species），K 戦略をとる種を K 種（K-species）とし，両者の生活史形質を比較した（表 2.3）．それによると，r 種は一時的な生息場所に生息する種（生息場所が繁殖に適した状態で存続する時間 H に対する世代時間 τ の比 H/τ が小さい種）であり，短い世代時間，小さな体サイズ，高い産卵能力，および高い分散能力といった形質群をもっている．農耕地など撹乱の大きい一時的な環境を利用するような多くの害虫は r 害虫（r-pest）と呼ばれ，確かにこのような形質をもっている．r 害虫は高い増殖能力をもち，平衡密度レベルを超えた個体群の行き過ぎ現象（overshooting）を生じやすく，しばしば深刻な農業被害を与える．これに対して，K 種は永続的な生息場所を利用する種（H/τ が大きい種）である．長い世代時間，大きな体サイズ，低い産卵能力，および低い分散能力といった形質群をもっている．果樹園など，より永続的な生息場所を利用しているような害虫は K 害虫（K-pest）と呼ばれる．

しかし，r-K 選択に基づく種の類型化では説明できないような現象もある．例えば，

表 2.3　r 種と K 種の生活史形質と個体群特性（文献[58]を改変）

	r 種	K 種
世代時間	短い	長い
体サイズ	小さい	大きい
分散	高レベル	低レベル
死亡の様相	密度非依存的死亡が多い	生存率が高い（特に繁殖期）
産卵（子）数	多い	少なく，親の投資が大
種内競争	しばしば共倒れ型	しばしばコンテスト型
効率	時間効率的	資源効率的（食物と空間）
個体群の様相	しばしば行き過ぎる	めったに行き過ぎない
個体群密度	変化が大きい	世代間で相対的に一定
H/τ	小さい	大きい

H：生息場所の存続時間，τ：世代時間．

翅多型をもつ種の長翅型と短翅型を比較した場合，分散型である長翅型の方が繁殖開始が遅く産卵数も少ないが，これは r-K 選択説とは明らかに矛盾する．また同系統の種間比較では，移動性が高い種は移動性の低い種より体サイズが大きい傾向にあることも矛盾の1つである．r-K 選択説は確かに魅力的な生活史戦略の理論ではあるが，r と K はもともと対比されるようなパラメータではないだろうし，個々の種を r 種と K 種に区分するよりも，どのような環境条件においてこれらの生活史戦略が有利になるかを，具体的に検証することが重要である．

2.5.2　生息場所鋳型説

　生息場所鋳型説（habitat templet hypothesis）は，「生息場所が生活史のパタンを形づくる鋳型になる」という考えのもとに，複数（通常2つ）の重要なパラメータを組み合わせた条件をもつ生息場所ではどのような生活史が進化するかを予測するものである．この説を提唱した Southwood（1977）は，休眠と移動が生息場所の時間的・空間的変動に対応する代替戦略となっていることを，時間軸と空間軸のマトリックスとして理論的に示した（図 2.18）．すなわち，繁殖場所と繁殖時期の良し悪しの組み合わせで，繁殖，休眠して繁殖，移動して繁殖，移動と休眠をして繁殖の4つの生活史パタンが進化する．そのわかりやすさもあって，この説は広く受け入れられている．

　今いる生息場所が餌が豊富で季節もよければ，すぐに繁殖を行うべきである．場所はよいが季節が悪いのなら，よい季節が到来するまで休眠して待つべきである．温帯で秋になると同じ生息場所で冬休眠に入る昆虫が多いのは，生息場所が冬の到来とともに悪化するが，春になると生息場所が回復する保証があるからである．このような環境のことを，予測可能な環境（predictable environmennt）という．

　季節がよくても餌資源の枯渇などで生息場所が悪化すれば，昆虫は他の生息場所に移動する．しかし，資源の枯渇は昆虫自らがもたらすこともある．例えば，多くのアブラムシ類は高い増殖能力をもつので過密になりやすく，そのため食草の悪化をもたらしやすい．このような場合，季節的な餌資源の枯渇ではないので，利用できる生息場所を探すために有翅型となり移動を行う．またエンドウヒゲナガアブラムシ *Acyrthosiphon pisum* は，集団の中にホソヒラタアブ *Episyrphus balteatus* とヤマトクサカゲロウ *Chrysoperla carnea* といった捕食者がいると有翅虫が出現する[37]．

空間＼時間	今がよい	いずれよくなる
ここがよい	繁殖	休眠して繁殖
よそがよい	移動して繁殖	移動・休眠して繁殖

図 2.18　生息場所鋳型説による生息場所の類型化（文献[58]より作成）

ここでは天敵の存在が生息場所の悪化のシグナルになっており，アブラムシは天敵から逃避するために有翅型となって移動していく．

2.4.3項で述べたオオカバマダラの成虫は，秋季に生殖休眠が誘導されると同時に南方への長距離移動も行う．これは，移動と休眠を同時的に行うケースである．

2.5.3 両賭け戦略

両賭け戦略（bet-hedging）とは，環境が不規則に変動する場合に適応度もそれにつれて変動するが，そのばらつきをできるだけ小さくすることで適応度の期待値を高める方策のことである．一種の危険分散の方策であり，同一個体群で異なる型を出現させるという，分散多型のような多型現象の説明にもよく使われる．例えば，移動して繁殖するかそこに留まって繁殖するかの有利さが状況により異なり，かつそれが予測できないなら，親は移動型と非移動型の両方を同時に生産するであろう．そうすることで，状況にかかわらず，いずれかの型が繁殖を成功させ絶滅は防げるからである．

高山や乾燥地帯のような不安定な環境に生息する昆虫や，供給が不安定な食物に依存する昆虫では，1年以上にわたる休眠がしばしば知られている．例えば，ササの芽にタケノコ状のゴール（虫えい）を形成するササウオタマバエ *Hasegawaia sasacola* は，前蛹（蛹化する直前の状態）になる直前の状態で1〜5年にわたる長期休眠を行う[59]．このタマバエの寄主であるササは地域的に一斉開花して枯れてしまうので，年1化のみの個体群では絶滅の危機がある．また一斉開花の翌年は新芽数が少ないため，タマバエが産卵した芽もチョウ目の幼虫によりほとんどが食べられてしまう．一方，クリシギゾウムシ *Curculio sikkimensis* の幼虫は温度や日長に影響されない内因性休眠を行うが，長期休眠するものもおり，それらは数年にわたって順次休眠を覚醒する[21]．

このような長期休眠現象は，覚醒時期を複数年に拡張することで，予測不能な環境の悪化による個体群への壊滅的な打撃を防ぐ，危険分散の方策であるとみなすことができる．

2.5.4 繁殖価とトレードオフ

齢別の産卵数や産子数と生命表データ（3.1.5項参照）をもとに，繁殖価（reproductive value）という重要な生活史特性を推定することができる．繁殖価とは現時点での1個体が次世代以降に残す子孫の期待値であり，x齢のメス1個体の同齢集団の増殖に対する貢献度の指標である．それは，時間によって各齢の相対的頻度が変わらない安定齢分布をもつ個体群を仮定したものである．

$$v_x = \sum_{t=x}^{\infty} m_t \left(\frac{l_t}{l_x}\right) \frac{N_x}{N_t} \qquad (2.4)$$

ここで，m_tはx齢以降の齢別産子数，l_t/l_xはx齢まで生存したメスがさらにt齢まで

生存する確率，N_x/N_t は x 齢から t 齢までに個体群が変化することによる 1 個体の貢献度の変化率である．また，内的自然増加率を r とし，個体群が指数関数的な増加（3.1.2項参照）に従うとすると，$N_x = N_0 e^{rx}$，$N_t = N_0 e^{rt}$ から $N_x/N_t = (N_0 e^{rx})/(N_0 e^{rt}) = e^{-r(t-x)}$ となる．よって，

$$v_x = \sum_{t=x}^{\infty} m_t \left(\frac{l_t}{l_x}\right) e^{-r(t-x)} = \frac{e^{rx}}{l_x} \sum_{t=x}^{\infty} l_t m_t e^{-rt} \tag{2.5}$$

さらに個体数に増減がない（$N_x/N_t = 1$）と仮定すれば，x 齢での繁殖価はその時点での繁殖努力（reproductive effort, m_x）と，$x+1$ 齢以降に残す子孫の期待値である残存繁殖価（residual reproductive value, v_x^*）に分けることができる．すなわち，

$$v_x = m_x + v_x^* \tag{2.6}$$

ここで，v_x^* は次のように x 齢〜$x+1$ 齢までの生存確率と $x+1$ 齢での繁殖価の積で表すことができる．

$$v_x^* = \sum \left(\frac{l_t}{l_x}\right) m_t = \left(\frac{l_{x+1}}{l_x}\right) v_{x+1} \tag{2.7}$$

(2.6)式から，m_x と v_x^* はトレードオフの関係にあることがわかる．例えば，繁殖期の初めにたくさん産卵するなど大きな繁殖努力をした個体は，その後死亡したり産卵数が低下しやすいことを意味している．

2.5.5 生活史形質と自然選択
a. 自然選択の概念

生活史形質は自然選択（natural selection）（4.2.2 項参照）の産物である．自然選択が作用する必要条件は，① 集団中に形質の変異があること，② 形質と適応度に相関があること，③ 形質が遺伝すること，である．

適応度（fitness）とは，ある形質をコントロールする遺伝子の増減を表す尺度であり，個体群の遺伝子プールに占めるその遺伝子の次世代への相対寄与率で測定される．そこでは，ある形質をもつ個体が子ども（娘）を残したか，その子どもが繁殖齢に達するまで生存したか，その子どもの数が個体群中に占める割合は増加したかという 3 点が問題となる．したがって，子どもを残さなければ，あるいは残してもその子どもが繁殖前に死亡してしまえば，親の適応度は 0 になる．また繁殖齢まで生存した子どもを残しても，親世代から子世代へ個体群密度が増加すればその分だけ適応度は減少する．適応度の尺度として普通に使われているのが，内的自然増加率である．

しかし，親や兄弟などの血縁者を助けることにより適応度の増分が期待されるような昆虫では，包括適応度（inclusive fitness, 5.1.1 項参照）が使用されている．

b. 生活史形質の遺伝的基礎の解析手法

生活史形質の遺伝的基礎の解析には，育種学の基礎的分野である量的遺伝学の手法

が用いられる．その理由として，ある形質が選択されるにはそれが遺伝的なものであること，生活史形質には体サイズや産卵数などのようにポリジーン支配を受けているとみなされる量的形質であるものが多いこと，量的形質の表現型値は後天的な環境条件の影響を受けるものが多いことが挙げられる．

量的形質では，表現型は観測値であり，それに対応する遺伝子型がどのような遺伝子構成であるのかはわからないので，表現型値や遺伝子型値（遺伝子型のもつ効果）といった量的概念を導入することが必要となる．表現型値は，遺伝子型のもつ効果である遺伝子型値と非遺伝子型効果である環境効果の和で表される．すなわち，

$$P = G + E \tag{2.8}$$

ここで，P は表現型値，G は遺伝子型値，そして E は個体のある形質が受ける環境効果による偏差のことである．

ある遺伝子の平均効果は，ランダム交配の集団で，その遺伝子が別の親から由来した遺伝子とランダムに結合してつくる集団の平均である集団平均からの偏差と定義される．ある形質においてある個体が次の世代へと寄与する程度は相加的遺伝子型値（additive genotypic value）あるいは育種価（breeding value）と呼ばれ，遺伝子の平均効果に基づく遺伝子型値を示す．相加的というのは足し算ということであり，異なる遺伝子座の遺伝子が合わさって効果を発揮する場合のことである．一般に相加的遺伝子型値も集団平均からの偏差として表され，相加的遺伝子型値と実際の遺伝子型値との差を優性偏差と呼ぶ．すなわち，A_1A_1，A_1A_2，A_2A_2 の3つの遺伝子型があるとして，A_1A_2 が A_1A_1 と A_2A_2 の中間であれば，優性偏差はなく遺伝子型値と育種価は等しいといえるが，そうでなければ優性効果があるという．異なる遺伝子座にある遺伝子の間に非相加的な相互作用が生じることがあり，それはエピスタシス（epistasis）と呼ばれる．また，このような相互作用によって生じる遺伝子型値に対する効果をエピスタシス偏差と呼ぶ．

多くの量的形質は正規分布を示すことが多く，また正規分布しない形質でも簡単な変換で正規分布とみなすことができるようになるため，量的形質は正規分布するものとして考える．正規分布は平均と分散（variance）によって規定される．

量的遺伝学の基本モデルは，以下の式で表される．

$$V_P = V_G + V_E = V_A + V_D + V_I + V_E \tag{2.9}$$

ここで，V_P は表現型分散（各個体の形質の表現型値の違い），V_G は遺伝分散（各個体の形質の表現型値の遺伝的な違い），V_E は環境分散（環境がもたらす表現型値の違い），そして V_A は相加的遺伝分散（ある個体が次世代に寄与する程度である相加的遺伝子型値のばらつき），V_D は優性分散（優性偏差のばらつき），V_I はエピスタシス分散（エピスタシス偏差のばらつき）である．

従来は，表現型分散は遺伝的効果と環境効果に分けられ，この2つの効果は独立で

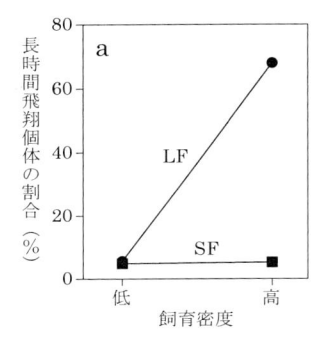

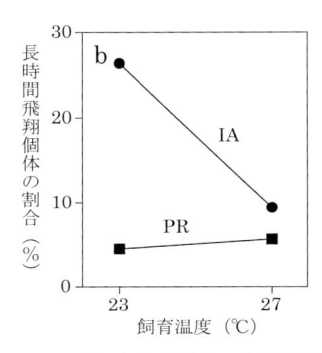

図 2.19 アフリカシロナヨトウとナガカメムシの一種における遺伝子型-環境交互作用（文献[8,9]を改変）a：アフリカシロナヨトウの長時間飛翔系統（LF）は幼虫の高密度飼育においてのみ長時間飛翔個体を出現させるが，短時間飛翔系統（SF）はいずれの密度においても長距離飛翔個体を出現させない．b：ナガカメムシの一種では，アイオワ系統（IA）は幼虫を23℃で飼育した個体ではよく飛ぶが，プエルトリコ系統（PR）ではいずれの飼育温度個体でもあまり飛ばない．

あると考えられていた．しかし近年，遺伝的効果と環境効果は独立ではなく，両者の交互作用が表現型の可塑性に与える影響が無視できないことがわかってきており，遺伝子型-環境相互作用（genotype-environment interaction）と呼ばれている．これを考慮して(2.9)式を書き直すと，以下の式になる．

$$V_P = V_G + V_E + V_{G \times E} \qquad (2.10)$$

ここで，$V_{G \times E}$ は遺伝的効果と環境効果の交互作用による分散のことであり，G と E との共分散，すなわち $2cov(G, E)$ として求められる．図2.19に，飛翔性における遺伝子型-環境相互作用の典型的な例を示した．アフリカシロナヨトウ *Spodoptera exempta* では長距離移動型と短距離移動型では密度に対する反応が異なるし，ナガカメムシの一種 *Oncopeltus fasciatus* の温帯のアイオワ個体群と熱帯のプエルトリコ個体群では温度に対する反応が全く異なっている．

自然選択による進化速度は相加的遺伝分散の大きさに比例する．したがって，V_P に対する V_A の割合は狭義の遺伝率（h^2）と呼ばれ，自然選択の重要な指標である．すなわち，

$$\frac{V_A}{V_P} = h^2 \qquad (2.11)$$

遺伝率を推定する方法としては，ある形質の親子回帰を行ってその傾きの大きさから推定する方法，分散分析法によって遺伝子型分散とその成分を求めて推定する方法などがある（詳細は文献[11,68]を参照）．これらとは別に，人為選択で得られる選択に対する反応（response to selection）を選択差（selection differential）で割った値を，実現遺伝率（realized heritability）と呼ぶ（図2.20）．

h^2 は 0 ～ 1 の値をとるが，0.2 以下は低遺伝率，0.2 ～ 0.5 は中間の遺伝率，0.5 以上

2.5 生活史戦略の理論

は高遺伝率とされる．表2.4は，昆虫の移動とその関連形質について推定された遺伝率を示している．移動は適応度に密接に関連した生活史形質であるにもかかわらず，遺伝率は高いことが多く，自然選択により変化しやすい．

遺伝率の推定のみならず，遺伝相関の推定も生活史形質の進化において重要である．通常，ある生活史形質は独立に進化するのではなく，遺伝相関（genetic correlation）によって他の生活史形質と連関しながら進化する．遺伝相関を検証するためには，選抜によりある生活史に関する遺伝系統を作出し，各系統が分離した段階で，選抜形質以外の生活史形質を比較するという方法をとる．

図2.21は，ナガカメムシの一種 Oncopeltus fasciatus のアイオワ個体群とプエルトリコ個体群において翅長に選抜をかけた場合の，初産齢，産卵数，飛翔能力の相関反応を見た結果である．長距離移動性のある北方のアイオワ個体群では，翅長と産卵数および翅長と飛翔率とはいずれも正の遺伝相関があるが，移動性のない南方のプエルトリコ個体群ではそのような遺伝相関はない．ただし，初産齢についてはいずれの個体群においても翅長との相関は検出されていない．移動性の高いアイオワ個体群の場合，飛翔能力と産卵数との間に正の遺伝相関があり，移動-定着形質群（migration-colonization syndrome）と呼ばれている．

c. 拮抗的多面発現

拮抗的多面発現（antagonistic pleiotropy）とは，ある遺伝子がある適応度要素ではポジティブな効果をもつが，他の要素ではネガティブな効果をもつことをいい，ある生活史形質の遺伝分散がしばし

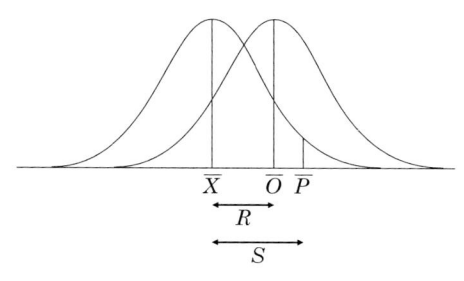

図2.20 実現遺伝率を示す模式図
$\overline{X}$ は個体群平均，$\overline{O}$ は子どもの平均，$\overline{P}$ は両親の平均，R は選択に対する反応，S は選択差を示す．$h^2 = R/S$ である．

表2.4 移動とその関連形質の遺伝率の推定値（文献[9]を改変）

種	形質	遺伝率	方法
ナガカメムシの一種 Lygaeus kalmii	飛翔時間	0.20〜0.41	親子回帰
アフリカシロナヨトウ	飛翔時間	0.50〜0.88	親子回帰
ガの一種 Epiphyas postvittana	飛翔時間	0.43〜0.57	親子回帰と選抜
ヒメトビウンカ	翅型	0.27〜0.36	選抜
セジロウンカ	翅型	0.30〜0.51	選抜
コオロギの一種 Gryllus firmus	翅型	0.55	親子回帰
ナガカメムシの一種 Oncopeltus fasciatus	翅長	0.49〜0.87	親子回帰と選抜
ホシカメムシの一種 Dysdercus bimaculatus	翅長	0.51	親子回帰

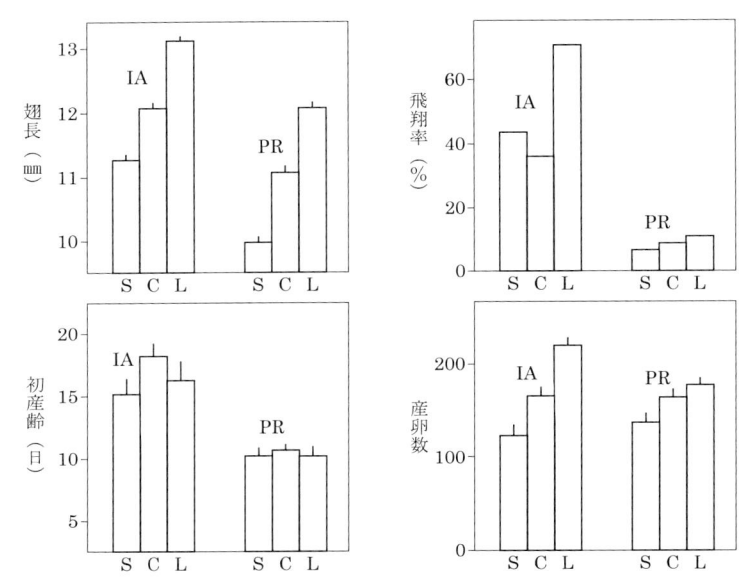

図 2.21 *O. fasciatus* のアイオワ個体群（IA）とプエルトリコ個体群（PR）における，翅長にかけられた選抜に対する相関反応（文献[7]を改変）
S は短翅選抜系統，L は長翅選抜系統，C はコントロール系統を指す．

ば高いことの要因として重要である．例えば，昆虫の移動形質の遺伝分散は大きいが，その理由として，飛翔能力と繁殖の間にトレードオフの関係（負の相関）があることが挙げられる．すなわち，短翅型は飛翔能力を失う代わりに繁殖能力が高く，長翅型は飛翔能力をもつ代わりに繁殖能力が低下する．環境の変動によって短翅型と長翅型それぞれの有利性が変わるとしたら，短翅あるいは長翅という定方向への自然選択がかかりにくくなり，遺伝分散を失うことに歯止めがかかることになる．このように，生活史の理論においては拮抗的多面発現はトレードオフの遺伝的基礎を提供するものとして重要である．

d. 表現型可塑性と反応基準

表現型可塑性（phenotypic plasticity）とは，同じ遺伝子型であっても，環境によって表現型を変えることをいう（4.2.6 項参照）．また反応基準（reaction norm）とは，「同一の遺伝子型がさまざまな環境条件下で示す，ある形質の表現型の集合」と定義される．すなわち，生物が遺伝子型を変えずにつくり出すことができる，すべての表現型変異のことである．

横軸に日長，温度，密度などの環境値をとり，縦軸にそれに対応する何らかの表現型値をとることによって，表現型可塑性のパタンが示される（図 2.22）．直線的な可塑

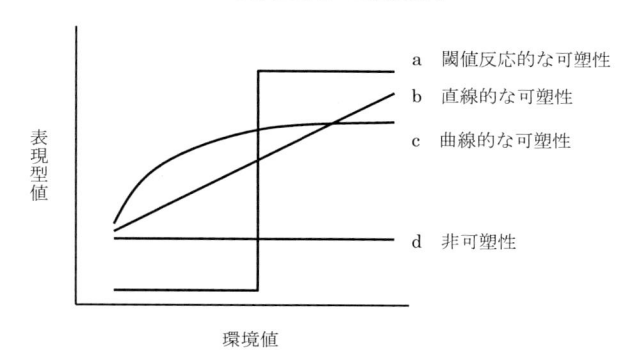

図 2.22 反応基準の概念図（文献[28]より作成）

- a 閾値反応的な可塑性
- b 直線的な可塑性
- c 曲線的な可塑性
- d 非可塑性

（縦軸：表現型値、横軸：環境値）

性は，ある温度範囲内での発育速度などが当てはまる．曲線的な可塑性は，幼虫期の餌量と羽化成虫の体サイズとの関係など，表現型値に限界がある場合が該当する．閾値反応的な可塑性もあり，個体群密度に対する翅型の反応（ある閾値で長翅型から短翅型に切り替わる）がその好例である．もちろん，可塑性がない場合もある．

一般に可塑的な環境反応は，変動する環境の中で昆虫が生き延びていくために適応的な性質である．このような可塑的な環境反応，すなわち反応基準のパタンには遺伝的基礎があると考えられている．

2.6 気候温暖化と生活史戦略

気候変動は，昆虫の生活史戦略の進化に大きな影響を与えてきた．近年，世界規模で気温が上昇していることは周知の事実である．今後より高い率で気温上昇が進み，2100年には現在より 1.4〜5.8℃程度上昇すると予測されている[27, 31]．それは，生物がかつて経験したことのないほど大規模で，かつ急速な気候温暖化である．

このような地球温暖化に伴う気温上昇は，生物全体に影響を及ぼすと考えられているが，その中でも昆虫は変温動物なので，生理的にもっとも温暖化の影響を受けやすい生物群の1つである．また，昆虫は植物や脊椎動物に比べて世代時間が短く，繁殖能力が高いため，個体群レベルでも気候変動に対してより迅速に反応するものと考えられる．したがって，変温動物である昆虫は温暖化の指標生物として最適であり，その挙動をモニタリングすることで温暖化の進行度合を知ることができる．

昆虫の生活史戦略に関する研究は，このような環境変動に対する昆虫の反応を知る上できわめて重要である．それは，気温の変化に伴い害虫が重要性をいかに変えていくかという発生予察の課題でもあるし（6章参照），種の絶滅を防止するといった，生

物種の保全の問題でもある．なぜ保全の問題かというと，気候温暖化などの気候的要因は，生物の絶滅をもたらす環境要因として土地利用の次に重要であるとされているからである（図 2.23）．

ここで注意すべきことは，気候の温暖化は生態系の生物種に直接的に作用するだけでなく，生態系の他種生物との相互作用を通して間接的にも作用することである．

2.6.1 分布の拡大とその要因

近年，多くの昆虫が低緯度地帯から高緯度地帯に生息分布を変化させていることが知られている．その先駆的な研究例としては，アメリカのカリフォルニアでのヒョウモンモドキの一種 *Euphydryas editha* の北方への分布シフトである[49]．日本でも近年，チョウ類をはじめとして多くの昆虫が北上していることが報告されており，例えばミナミアオカメムシの分布は，近畿地方における 45 年前の分布調査の結果と比較すると明らかに北方へシフトしている（図 2.24）．このミナミアオカメムシの分布域の北上は，冬季の温度，特に最寒月（1 月）の平均気温 +5℃ の等温線の北上とよく一致している．ただし，都市部では地球温暖化だけでなく，ヒートアイランド現象も冬季や

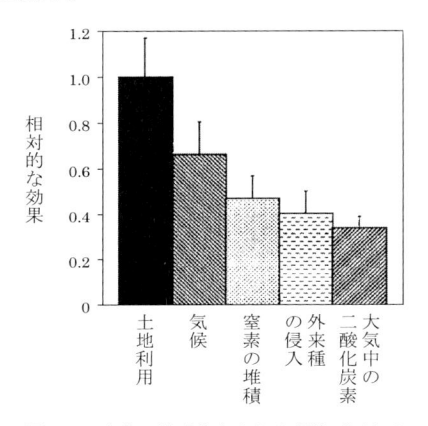

図 2.23 生物の絶滅をもたらす環境要因とその程度（文献[53]を改変）

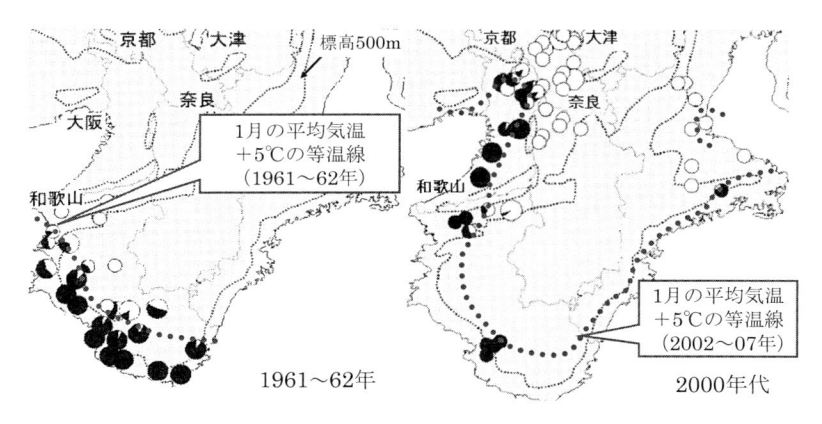

図 2.24 近畿中南部におけるミナミアオカメムシ（●）とアオクサカメムシ（○）の分布の変遷（文献[34,66]を改変）

春季には地域的な規模で気温上昇をもたらしており，本種の分布拡大の要因となっている[46]．

いずれにしても，近年における昆虫の分布拡大の主因が冬季の温暖化による越冬生存率の増大によることは明らかである．冬季の温度が上昇すると，休眠が誘導されていないと思われるミナミアオカメムシの緑色個体であっても著しく越冬生存率が高まることが，温暖化シミュレーション実験（野外条件および野外よりも気温が常に 2.5℃ 高い条件での飼育実験）により明らかにされている（図 2.25）．

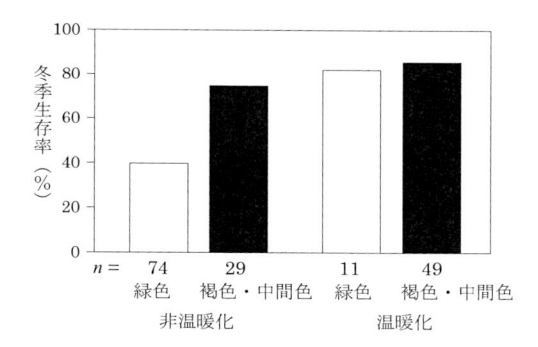

図 2.25　ミナミアオカメムシの体色と越冬生存率との関係（文献[43]を改変）
非温暖化条件では休眠色である褐色あるいは中間色の個体で生存率が有意に高いが，温暖化条件では緑色個体であっても同程度の高い生存率を示すことがわかる．

2.6.2　生活史形質への影響

a.　発生時期

温暖化による生物季節（phenology）の早期化は，植物から動物に至るまで各種の生物相で報告されている．昆虫では，目立ちやすいこともあってチョウ類の出現の早期化がよく知られている．イギリスのロザムステッド研究所は長年にわたってサクショントラップ（吸引トラップ）によるアブラムシ類の調査を行っており，冬季の気温が高い年には発生時期が早期化することがわかっている（図 2.26）．

b.　発育と発生回数

昆虫は，一般にある温度範囲において温度に依存して発育速度が増し，小型化する[1]．その結果，気候温暖化により年発生回数も増える傾向にあることが，シミュレーションの結果によって明らかにされている（図 2.27）．ところがミナミアオカメムシでは，涼しい季節には温暖化によって発育が早まり，かつ体サイズも大きくなるが，真夏では発育の遅延や小型化，脱皮失敗など，顕著な高温障害をもたらすことが温暖化シミュレーション実験によりわかった（図 2.28）．このような高温障害は，ミナミアオカメムシの中腸内に生息する共生細菌の減少あるいは死滅によることが明らかにされつつある[60]．

このように，夏季の高温障害による幼虫期間と産卵前期間の延長があると，気候が温暖化しても必ずしも年間世代数は増えない．したがって，気候温暖化における発生回数の予測の際は，高温障害についても考慮する必要がある．

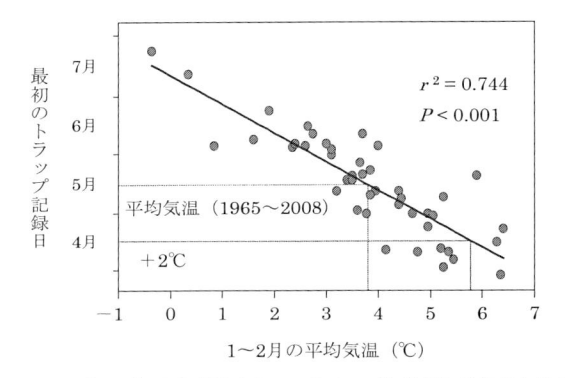

図 2.26 モモアカアブラムシがサクショントラップに最初に入る日と冬季の平均気温との関係（1965 〜 2008 年のデータ，文献[19]を改変）
2℃の平均気温の上昇が約 1 ヶ月の発生の早期化をもたらしている．

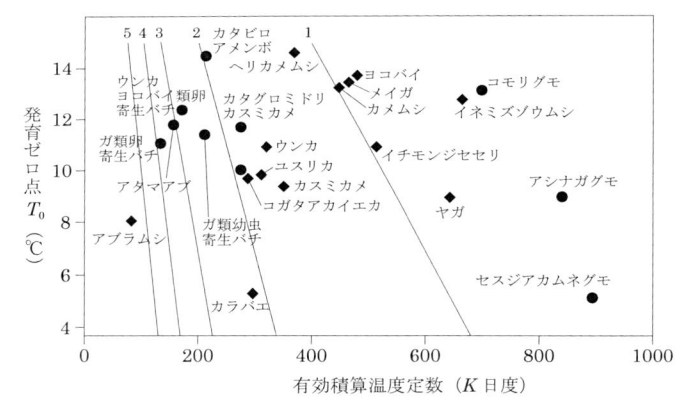

図 2.27 地球温暖化に伴う水田昆虫群集の増加世代数（図の上の 1 〜 5 の数字）（文献[35, 71]を改変）
◆は害虫，●は天敵．年平均気温 15℃から 2℃の上昇とした．

c. 生活史形質の進化

　昆虫は気候変動に対して表現型可塑性など柔軟に対応する能力や，あるいは強い選択に対する急速な進化的反応を通して対応する能力がある．ただし，分布限界での環境条件の好適化は，単に生態学的，生理学的，および個体群動態の過程を通して分布拡大を開始させることもあり，そこでは自然選択を通した生活史形質の進化を必ずしも必要としない．日本のナガサキアゲハ *Papilio memnon* も分布を拡大しているチョウの代表であるが，それは休眠性や耐寒性といった生活史形質が変化したからではなく，

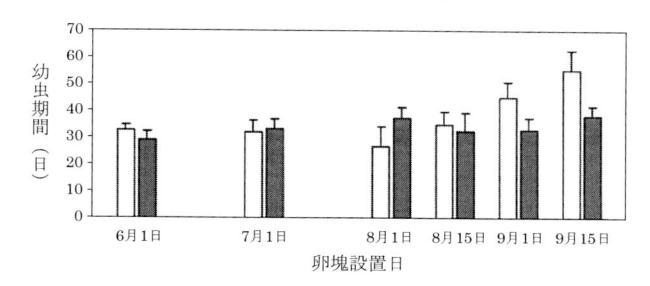

図 2.28 卵塊セット日の異なるミナミアオカメムシのメスの幼虫期間（文献[43]を改変）白色のヒストグラムが非温暖化区，黒色のヒストグラムが温暖化区．バーは標準偏差．卵塊が盛夏（8月1日）に設置されたときの幼虫の発育は大きく遅延することがわかる．

気候温暖化によるものであると考えられている[73]．しかし，気候温暖化に対する反応が季節性に関連した遺伝的変化をもたらす可能性は否定できない．熱帯性や亜熱帯性の昆虫にとって温帯は，温暖化によって気温は上昇しても，日長や季節性の異なる新たな環境だからである．そこでは何らかの自然選択を通して，生活史形質の適応進化が起こる可能性がある[17]．

2.6.3 気候温暖化と害虫

温暖化に伴い，農業害虫や衛生害虫の生息分布，発生時期，発生回数，および発生量がどのように変化するかを予測することは，将来的な防除戦略を構築する上できわめて重要である．すなわち，総合的害虫管理に保全の概念を組み入れた総合的生物多様性管理（いずれも 6.3 節参照）において，温暖化という環境要素をいかに組み込むかは不可避の課題であると考えられる．

温度変化に対する害虫個体群の反応は，先に述べた直接的なものだけではなく，天敵の効果や競争種との競合など，生物群集での生物間相互作用を通じた間接的なものも重要である（図 2.29）．それは作物や野生寄主植物といった，いわゆるボトムアップ効果（植物など栄養段階の下位の生物が植食者などの上位の生物に与える効果）の変化による影響を受けるだけでなく，社会的あるいは経済的な要因も介在する．このように，気候要因の変動が害虫に与える影響の予測においては，直接的・間接的な要因を総合的に解析する必要がある．

2.6.4 気候温暖化と種の絶滅

過去1万年で地球表面の気温は5℃上昇したと推測されているが，今後2100年までに予測されている気温上昇はそれの 10～100 倍速い，急激なスピードということになる．その結果，生物たちは気候適応をなしえないまま絶滅してしまう可能性があり，

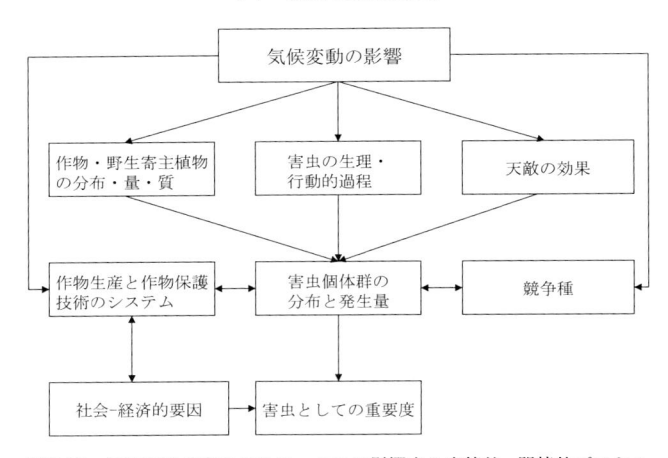

図 2.29 気候変動が害虫のステータスに影響する直接的・間接的プロセス
（文献[3]より作成）

生物多様性の大きな減少につながりかねない．

　寒地適応性の昆虫は，温暖化とともに高緯度地域や高標高地帯に追いやられ，絶滅する確率が高まる．一般に植食性の昆虫では，孵化幼虫は柔らかい新芽や新葉などを食べ，母親は幼虫が食べやすい場所に産卵するため，餌植物との同時性が必要となる．温暖化による植食性昆虫と餌植物との同時性のずれは昆虫にとって深刻な問題となり，うまく適応できない場合は絶滅につながる．被子植物と花粉媒介者でも，同時性のずれは双方にとって深刻な事態をもたらす．

　近年，低緯度地域に生息する変温動物，とりわけ昆虫類では，温暖化に伴い絶滅リスクが高まることが指摘されている（図 2.30）．気温の変動が少なく安定した熱帯に生息する彼らは，温度適応の幅が狭く，気温の変動に対して脆弱だからである．このように，熱帯の昆虫の方が気候温暖化による絶滅リスクが高いことは，地球上の生物多様性の低下という深刻な問題をもたらす．熱帯アフリカの代表的な熱帯熱マラリア原虫とその媒介蚊によるマラリア患者の消長を見ると，気温が高い季節ほど患者が減ることが見出されている．マラリア媒介蚊とその体内に寄生するマラリア原虫で内的な発育最適温度（2.2 節参照）を推定したところ，いずれも 23～24℃ という比較的低い温度であった[24]．熱帯アフリカ低地などの高温地域では，現在でも幼虫の発育が悪影響を受けており，さらに温暖化が進めばマラリアの流行が縮小する可能性がある．

　その一方で，亜熱帯性や熱帯性で移動性の高い昆虫類は，ミナミアオカメムシのように，高緯度地帯への分布拡大とともに発生量を増大させる可能性が高い．

　温帯でも，イギリスにおけるガ類のライトトラップ（誘蛾灯）データによれば，温

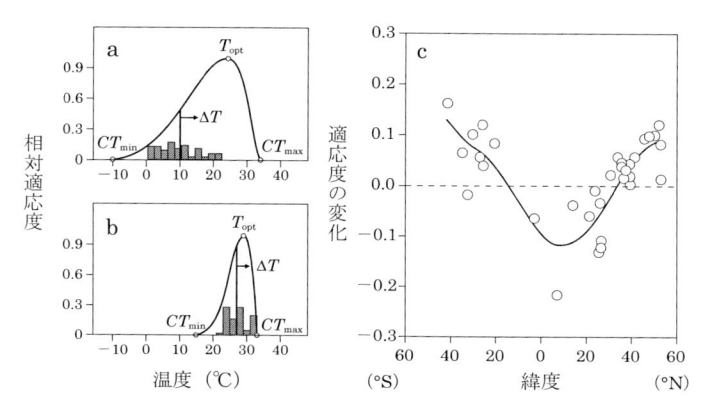

図 2.30 温帯（a）と熱帯（b）の代表的な昆虫分類群についての適応度曲線と，2100年に予測される適応度の緯度による変化（c）（文献[6]を改変）
CT_{min} は最低限界温度，T_{opt} は最適温度，CT_{max} は最高限界温度を示す．
ヒストグラムは日平均気温の季節変化（1950〜1990年のデータに基づく）を示し，ΔT と矢印はその平均値の上昇（2100年時点）の予測値を示す．

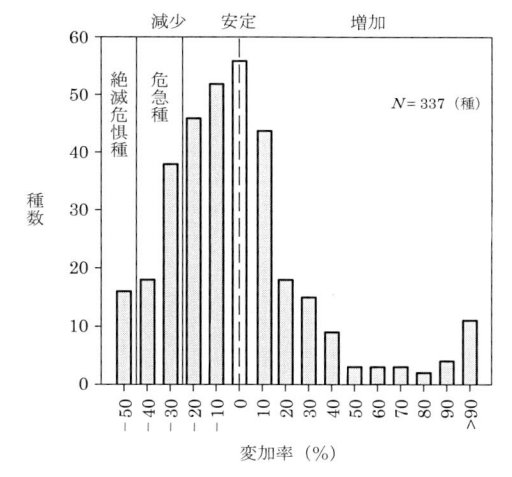

図 2.31 ライトトラップデータに基づくイギリスのガの普通種における気候温暖化に伴う個体群変化率（文献[4]を改変）
増加する種がいる一方で，絶滅の危機に瀕する種もある．

暖化とともに発生量が減少して絶滅危惧種になる種がある一方で，逆に発生量が増加する種，そして増えも減りもしない種が存在する（図2.31）．このことは，温暖化の影響は昆虫種に対して一様ではなく，種の生活史特性によりプラスになったりマイナス

になったりすることを示している．気候温暖化に伴う昆虫の発生量の変化を予測する上で，生活史特性に関する情報は不可欠である．

温暖化によるある種類の分布拡大が他の種類に対して間接的な影響を及ぼし，地域的な絶滅をもたらす可能性もある．例えば，ミナミアオカメムシとアオクサカメムシは混生地帯において種間交尾することが知られている（図 2.32）．種間交尾はいわゆる繁殖干渉（reproductive interference）の一種である（4.5.3 項参照）．この交尾は次世代を残せない不毛の交尾であって，混生地帯付近では，数年でミナミアオカメムシが優占種になることが知られている[74]．その主な要因としてはミナミアオカメムシの増殖能力の高さが挙げられる．ミナミアオカメムシの年間世代数は，アオクサカメムシの 2 世代に比べて 3〜4 世代と多い．その上，ミナミアオカメムシは春から初秋まで繁殖するのに対して，アオクサカメムシは夏眠を行い，1 世代目の成虫は盛夏を過ぎるまで繁殖しない．ミナミアオカメムシの高い増殖率の結果としてアオクサカメムシの割合が相対的に低くなった地域では，羽化したメス成虫は優占種であるミナミアオカメムシの成熟オスと交尾する確率が頻度依存的に高くなり，ミナミアオカメムシがますます優勢になっていく（正のフィードバック）．

図 2.32 ミナミアオカメムシとアオクサカメムシの種間交尾（写真提供：藤崎憲治）

種が側所的（完全に異所的ではなく，部分的に重なっているような状態）に分布すると，分布が重なる地帯では種間交尾や交尾妨害などの繁殖干渉が起きやすく，一方の種が他種に置き換わりやすい．このように，気候温暖化は熱帯性や亜熱帯性の種の高緯度地帯への分布拡大によって，繁殖干渉を通して，近縁な在来種の減少や絶滅をもたらす可能性がある．

気候温暖化によって昆虫や昆虫群集がどのように変化していくかを予測するためには，気温上昇の直接効果のみならず間接効果も考慮した，より総合的な生活史戦略の研究が求められる．

2.7 生活史戦略に関する研究の必要性

以上，昆虫の生活史戦略について概説してきたが，生活史といってもさまざまな側面からなり，それらは互いに関係し合っている．また，生活史戦略は生物個体の温度

や日長といった物理的環境に対する反応のあり方に留まらず，個体群の分布や動態，さらには生物間相互作用を通して生物群集にも影響を及ぼす，きわめて重要な基本的戦略である．応用的には害虫の発生予察の基礎をなす学問分野として重要であるが，気候温暖化という地球規模での環境変動が進行している現在，害虫の発生動態の予測のみならず，絶滅危惧種の保護といった生物多様性の保全（3.4節参照）など，この分野が貢献すべき事柄は多く，今後もその発展が期待される．

■ 引用文献

1) Atkinson, D. (1994) *Adv. Ecol. Res.*, **25**: 1-58.
2) Beck, S. D. (1980) *Insect Photoperiodism, 2nd Ed.*, Academic Press.
3) Cammell, M. E. and Knight, J. D. (1992) *Adv. Ecol. Res.*, **22**: 117-162.
4) Conrad, K. F. *et al.* (2006) *Biol. Conserv.*, **132**: 279-291.
5) Denno, R. F. *et al.* (1991) *Am. Nat.*, **138**: 1513-1541.
6) Deutsch, C. A. *et al.* (2008) *Proc. Natl. Acad. Sci. USA*, **105**: 6668-6672.
7) Dingle, H. (1988) *Population Genetics and Evolution* (DeJong, G. ed.), pp. 83-93, Springer.
8) Dingle, H. (1994) *Quantitative Genetic Studies of Behavioral Evolution* (Boake, C. R. B. ed.), pp. 145-164, The University of Chicago Press.
9) Dingle, H. (1996) *Migration: The Biology of Life on the Move*, Oxford University Press.
10) Dixon, A. F. G. *et al.* (1993) *J. Anim. Ecol.*, **62**: 182-190.
11) Falconer, D. S. (1989) *Introduction to Quantitative Genetics, 3rd Ed.*, Longman.
12) Froy, O. *et al.* (2003) *Science*, **300**: 1303-1305.
13) Fujisaki, K. (1993) *Res. Popul. Ecol.*, **35**: 171-181.
14) Fujisaki, K. (2000) *Entomol. Sci.*, **3**: 177-186.
15) 藤崎憲治 (1989) 植物防疫技術資料 No.5, 沖縄県農林水産部．
16) 藤崎憲治 (1994) 応動昆, **38**: 231-244.
17) 藤崎憲治 (2010) 地球温暖化と昆虫 (桐谷圭治・湯川淳一 編), pp. 285-299, 全国農村教育協会．
18) Hamilton, W. D. and May, R. M. (1977) *Nature*, **269**: 578-581.
19) Harrington, R. and Woiwod, I. (2007) *Outlooks on Pest Management-February 2007*, The Rothamsted Insect Survey.
20) Harrison, R. G. (1980) *Annu. Rev. Ecol. Syst.*, **11**: 95-118.
21) 檜垣守男 (2008) 耐性の昆虫学 (田中誠二・小滝豊美・田中一裕 編), pp. 220-230, 東海大学出版会．
22) ICIPE (1995) ICIPE Annual Report, pp. 14-17.
23) Ikemoto, T. (2005) *Environ. Entomol.*, **34**: 1377-1387.
24) Ikemoto, T. (2008) *J. Med. Entomol.*, **45**: 963-969.
25) Ikemoto, T. (2013) *Insect Sci.*, **20**: 420-428.
26) 池本孝哉 (2011) 植物防疫, **65**: 448-453.
27) IPCC (2007) *Climate Change 2007: The Physical Science Basis Summary for Policymakers*, IPCC, Geneva, Switzerland [http://www.ipcc.ch/pdf/assessment-report/ar4/wg1/ar4_wg1_full_report.pdf].
28) 石原道博 (2002) 昆虫と自然, **37**: 16-20.
29) 巌 俊一・花岡 資 (1972) 生態学講座 32 生物の異常発生, 共立出版．
30) Izumi, Y. *et al.* (2006) *J. Insect Physiol.*, **52**: 215-220.
31) 加藤内蔵進 (2010) 地球温暖化と昆虫 (桐谷圭治・湯川淳一 編), pp. 29-52, 全国農村教育協会．
32) 河田和雄 (1988) 昆虫学セミナーI 進化と生活史戦略 (中筋房夫 編), pp. 109-143, 冬樹社．
33) Kennedy, J. S. (1985) *Migration: Mechanisms and Adaptive Significance* (Rankin, M. A. ed.), pp. 5-26, Marine Science Institute.

34) Kiritani, K. *et al.*（1963）*Res. Popul. Ecol.*, **5**: 11–22.
35) 桐谷圭治（2010）地球温暖化と昆虫（桐谷圭治・湯川淳一 編），pp. 198-209，全国農村教育協会．
36) 岸野賢一（1974）東北農試報告，**47**: 13–114.
37) Kunert, G. and Weisser, W. W.（2003）*Oecologia*, **135**: 304–312.
38) MacArthur, R. H. and Wilson, E. O.（1967）*The Theory of Island Biogeography*, Princeton University Press.
39) Masaki, S.（1990）*Insect Life Cycles: Genetics, Evolution and Co-ordination*（Gilbert, F. ed.）, pp. 125–141, Springer-Verlag.
40) 正木進三（1999）環境変動と生物集団（河野昭一・井村 治 編），pp. 120-146，海游舎．
41) Mouritsen, H. and Frost, B. J.（2002）*Proc. Natl. Acad. Sci. USA*, **99**: 10162–10166.
42) Musolin, D. L.（2007）*Glob. Change Biol.*, **13**: 1565–1585.
43) Musolin, D. L. *et al.*（2010）*Glob. Change Biol.*, **16**: 73–87.
44) 中筋房夫ほか（2000）応用昆虫学の基礎，朝倉書店．
45) Numata, H. and Nakamura, K.（2002）*Eur. J. Entomol.*, **99**: 155–161.
46) 沼田英治（2010）地球温暖化と昆虫（桐谷圭治・湯川淳一 編），pp. 179-195，全国農村教育協会．
47) 大塚 彰（2012）科学，**82**: 901–905.
48) 奥田 隆（2007）アフリカ昆虫学への招待（日本ICIPE協会 編），pp. 49-62，京都大学学術出版会．
49) Parmesan, C.（2006）*Annu. Rev. Ecol. Evol. Syst.*, **37**: 637–669.
50) Pianka, E. R.（1970）*Am. Nat.*, **104**: 592–597.
51) Qureshi, M. H. *et al.*（1999）*Appl. Entomol. Zool.*, **34**: 327–331.
52) Roff, D. A.（1986）*Evolution*, **40**: 1009–1020.
53) Sala, O. E. *et al.*（2000）*Science*, **287**: 1770–1774.
54) 志賀正和（1990）植物防疫講座 第2版—害虫・有害動物編—（「植物防疫講座 第2版」編集委員会 編），pp. 28-55，日本植物防疫協会．
55) Shimizu, K. *et al.*（2006）*Appl. Entomol. Zool.*, **41**: 151–159.
56) 真梶徳純・於保信彦（1970）園試報A，**9**: 49–74.
57) Southwood, T. R. E.（1962）*Biol. Rev.*, **37**: 171–214.
58) Southwood, T. R. E.（1977）*J. Anim. Ecol.*, **46**: 337–365.
59) 巣瀬 司（1979）インセクタリウム，**16**: 32–37.
60) Tada, A. *et al.*（2011）*Appl. Entomol. Zool.*, **46**: 483–488.
61) 田中誠二（1993）熱帯昆虫の不思議：ステノターサスのすむ森で，文一総合出版．
62) 田中誠二（2011）地球温暖化と南方性害虫（積木久明 編），pp. 112-126，北隆館．
63) 田中誠二・朱 道弘（2004）休眠の昆虫学（田中誠二ほか 編），pp. 41-53，東海大学出版会．
64) 田中誠二・前野浩太郎（2008）耐性の昆虫学（田中誠二ほか 編），pp. 254-268，東海大学出版会．
65) Tauber, M. J. *et al.*（1986）*Seasonal Adaptations of Insects*, Oxford University Press.
66) Tougou, D. *et al.*（2009）*Entomol. Exp. Appl.*, **130**: 249–258.
67) 積木久明（2011）地球温暖化と南方性害虫（積木久明 編），pp. 7-14，北隆館．
68) 鵜飼保雄（2002）量的形質の遺伝解析，医学出版．
69) Urquhart, F. A. and Urquhart, N. R.（1977）*Can. Entomol.*, **109**: 1583–1589.
70) Waloff, Z.（1966）*The Upsurges and Recessions of the Desert Locust Plague: An Historical Survey*, Anti-Locust Research Center.
71) Yamamura, K. and Kiritani, K.（1998）*Appl. Entomol. Zool.*, **33**: 289–298.
72) 吉村 仁（2005）素数ゼミの謎，文藝春秋．
73) 吉尾政信・石井 実（2010）地球温暖化と昆虫（桐谷圭治・湯川淳一 編），pp. 54-71，全国農村教育協会．
74) Yukawa, J. *et al.*（2007）*Appl. Entomol. Zool.*, **42**: 205–215.

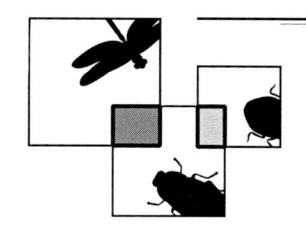

3章 昆虫の個体群と群集

　生物の個体群と群集のダイナミクスを解明することは古くから生態学の中心的課題であり，進化的観点を取り入れることによって，これらの分野は新たな発展を遂げつつある．本章ではまず個体群生態学の基本的な概念を解説し，昆虫の実証研究を取り上げて個体群動態の実態と解析法について述べる．次に，さまざまな種間相互作用を概観する．特に，近年その発展が著しい植物と昆虫間に見られる間接相互作用の研究を紹介しながら，生物群集と生物多様性におけるその意義を明らかにする．加えて，生物群集の構造が種の形質進化を促す可能性にも言及する．さらに，生態系機能に果たす昆虫の役割について，主に窒素や炭素循環の観点から解説する．それに続いて，生物多様性保全では相互作用ネットワークに基づく保全の重要性を説く．最後に，他章とのつながりを明らかにして，個体群生態学と群集生態学の今後の発展を展望する．

3.1　個体群

3.1.1　生物が暮らしていくための基本単位

　自然界では，どのような生物であっても1個体だけでは生活できない．彼らが暮らしている場所では，多かれ少なかれ複数の個体が集まり，そこで繁殖して子孫を残す．このように，ある特定の場所で生息している同種の個体の集まりが個体群（population）である．実際にはいくつかに分かれた小規模な個体群がある程度の交流を保ちながら存続しており，それらは地域個体群（local population）と呼ばれている．

　個体の総数で表される個体群の大きさが個体群サイズ（population size）であり，これによって個体群の大小を比較することができる．しかし，野外では個体群をはっきりと分けることや総数を正確に推定することが難しいので，個体群サイズの代わりに生息単位あたりの個体数，つまり個体群密度（population density）を用いることが多い．この生息単位は空間（m^2 や ha など）だけでなく，例えば植食性昆虫では植物の株や枝あるいは葉などが用いられている（図3.1）．

3.1.2　個体群の成長

　一般に，個体群サイズの時間的な変化はある範囲内に収まっている．つまり，個体

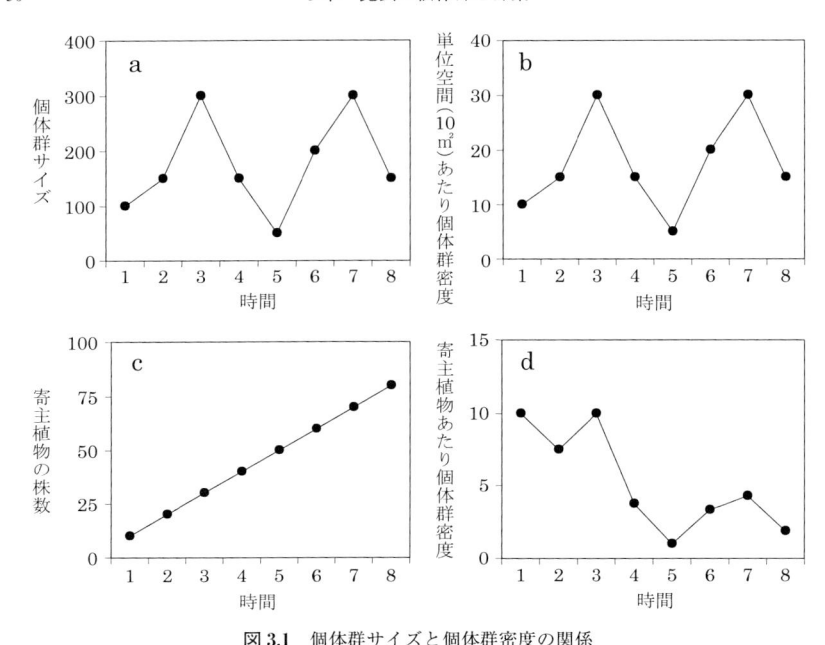

図 3.1 個体群サイズと個体群密度の関係
a：個体群サイズ，b：単位空間（10 m^2）あたりの個体群密度，c：寄主植物の株数，d：cのように変化する寄主植物の株あたり個体群密度．

群の総数には上限と下限があり，個体群が変動しつつも一定の範囲内にとどまっている場合，その個体群は調節（regulation）されているという．これは，個体数が変化するにもかかわらず，特定の平衡密度（equilibrium density）から一方的に離れてしまわないことを意味している．そのため個体群は爆発的に増えることもなく，たやすく消滅もしない．では，なぜ個体群は無限に増えないのだろうか．この問題を考えるために，まず個体群の増加の仕方を見てみよう．

個体群サイズは出生と移入によって増える一方，死亡と移出によって減少する（図3.2）．ここでは，個体群の時間的な増加を数式で考えてみよう．b を瞬間出生率，i を瞬間移入率，d を瞬間死亡率，e を瞬間移出率とすると，個体群の増加率（dN/dt）は，次の微分方程式で表すことができる．

$$\frac{dN}{dt} = (b - d + i - e)N$$

ここで，$r = b - d + i - e$ とおくと，

$$\frac{dN}{dt} = rN \tag{3.1}$$

$$\left(\frac{1}{N}\right)dN = rdt \quad (3.2)$$

となる．これが個体数の増加に制限がないときの指数成長式である．ここで，r は瞬間の加入率（出生率＋移入率）から瞬間の消失率（死亡率＋移出率）を引いた個体あたりの増加率で，1個体が次の瞬間までに増やした個体数である．これを内的自然増加率（intrinsic rate of natural increase）と呼ぶ．(3.2) 式を積分すれば，

$$\int \left(\frac{1}{N}\right) dN = \int r dt$$

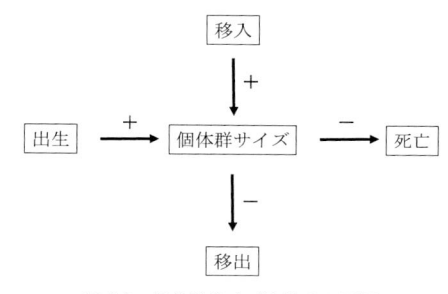

$\ln N = rt + C$ （C は積分定数）
$$N = e^{rt+C} = e^C e^{rt} \quad (3.3)$$

図 3.2 個体群サイズを決める要因
個体群サイズは，出生と移入による個体群への加入と，死亡と移出による個体群からの消失によって決まる．加入と消失をそれぞれ＋と－で表した．

が得られる．ここで，$t=0$ での個体数を N_0（最初の個体数）とすると，$N_0 = e^C$ なので，
$$N_t = N_0 e^{rt} \quad (3.4)$$
になる．

例えば $r = 1.0$，$N_0 = 1$ とすると，1個体がわずか10世代後には2万個体以上に増える（図 3.3a）．このように爆発的に数が増えると，地球上はまたたくまにその種で埋めつくされてしまうが，実際にはそのようなことは起こらない．餌を食べつくしてしまうと，もはや増えることができないし，混み合ってくると環境の悪化に伴って死亡率の増加や出生率が低下し，さらには移出個体も増える．つまり，個体数に依存した負の影響が現れるのである．

この影響を考慮するためには，個体群の増加率がその時点での個体数に比例して低下すると仮定して，r を $r - hN$ とすればよい．ここで，h は1個体が個体群の増加率を減らす割合である．このとき，(3.1) 式は，

$$\frac{dN}{dt} = N(r - hN) \quad (3.5)$$

となり，これを個体群の成長を表すロジスティック式と呼ぶ．個体数の増加が起こらなくなるのは $dN/dt = 0$ のときなので，$r - hN = 0$ とおくと，

$$N = \frac{r}{h}$$

であり，個体数が r/h を超えると個体群はもはや増加できなくなる．この r/h を K と

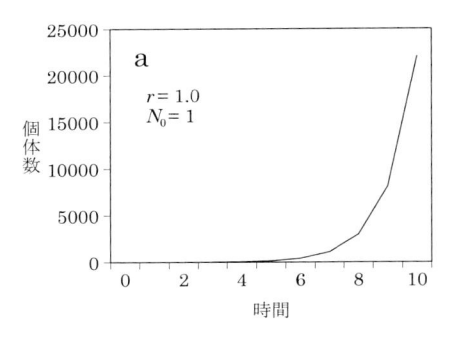

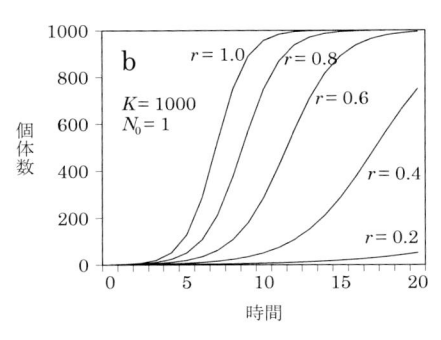

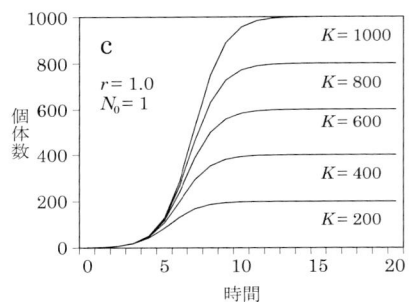

図 3.3 個体群の成長パタン
a：個体数の増加率に制限がない指数成長式(3.4)．b：個体数の増加率に制限があるロジスティック式(3.8)．内的自然増加率(r)の値を変化させた．c：個体数の増加率に制限があるロジスティック式．環境収容力（K）の値を変化させた．

おくと，Kは個体群が増えることができる最大数（上限）であり，環境収容力（carrying capacity）と呼ばれる．Kを使うと(3.5)式は以下のようになる．

$$\frac{dN}{dt} = N\left(r - \frac{r}{K}N\right) = rN\left(1 - \frac{N}{K}\right) \tag{3.6}$$

つまりある時点での個体群の増加率は，（内的自然増加率）×（個体群サイズ）×（まだ収容できる割合）で表すことができる．言い換えれば，個体数の増加はKが満たされる割合に依存して制限を受ける．

個体群の成長を表すロジスティック式(3.6)は，以下のように部分分数と変数分離を用いて解くことができる．(3.6)式を変形すると，

$$\frac{KdN}{N(K-N)} = rdt$$

であり，左辺を部分分数に変形すると，

$$\left(\frac{1}{N} + \frac{1}{K-N}\right)dN = rdt$$

となる．これを積分すると，

$$\int \frac{1}{N}dN + \int \frac{1}{K-N}dN = \int rdt$$

すなわち，

$$\ln N - \ln(K-N) = rt + C \quad （Cは積分定数）$$

$$\ln \frac{N}{K-N} = rt + C$$

$$\frac{N}{K-N} = e^{rt+C} \tag{3.7}$$

となる．$t=0$ の時点での個体数を N_0 とすると，

$$\frac{N_0}{K-N_0} = e^C$$

であり，(3.7)式を変形すると，時点 t での個体数（N_t）は，

$$N_t = \frac{K e^{rt+C}}{1 + e^{rt+C}}$$

となる．右辺の分母と分子を e^{rt+C} で割ると，

$$N_t = \frac{K}{1 + e^{-rt-C}} = \frac{K}{1 + e^{-C} e^{-rt}} = \frac{K}{1 + \dfrac{K-N_0}{N_0} e^{-rt}}$$

となる．ここで，$(K-N_0)/N_0 = e^a$ とおくと，ロジスティック式(3.6)は以下のように表すことができる．

$$N_t = \frac{K}{1 + e^{a-rt}} \tag{3.8}$$

このロジスティック成長式に従う個体群では，初期はゆっくり増加し，急激に増えた後，増加は徐々に鈍っていき，K で頭打ちになるという S 字型の曲線を示す．個体群の増加パタンは，生物が生息する環境収容力（K）と種に特有の内的自然増加率（r）によって決まる（図 3.3 b, c）．

　個体群は環境収容力に近づくにつれて増加率が徐々に低下する．一般に，密度が高くなると成長率や生存率が低下したり，産子（卵）数が減少することが多くの生物で知られている．また，移動分散が活発になることで個体群からの移出も促進される．このように，個体群密度が高くなると個体群の増加率が低下することを密度効果（density effect）と呼ぶ．個体群密度が高くなると密度効果による負のフィードバックが働き，個体数のそれ以上の増加が抑えられる．

3.1.3　個体数の変動

　ロジスティック成長式は，環境条件が一定という仮定の下での個体群の成長を記述するモデルである．しかし自然界では環境条件は常に変化しており，これに対応して個体数は時間とともに変化する．図 3.4 に示すように，個体群密度の変化のパタンと

その大きさは，植物の葉を食べる昆虫に限って見ても種によって大きく異なる．カナダ太平洋岸で野生のバラの葉を食べるカレハガの一種 *Malacosoma californicum pluviale* は個体群密度の変化がたいへん大きく，大発生の年には多くのバラが食いつくされてしまうかと思うと，見つけることすら難しい年もある（図3.4a）．また，スイスのアルプス地方でカラマツの新葉を食べるヒメハマキガの一種 *Zeiraphera diniana* の個体数は大きくかつ周期的な変化を示し，大発生の期間と通常年とでは個体群密度に25万倍もの開きがある（図3.4b）．これに対して，北米でハコヤナギの葉に潜るキンモンホソガの一種 *Phyllonorycter tremuloidiella*（図3.4c）や，本州でアザミの葉を食べるヤマトアザミテントウ *Epilachna niponica*（図3.4d）の個体群密度はほとんど変化しない．

このような個体群の変化の大きさは，個体群密度の平均値からのずれ（偏差）で表すことができる．例えば，最大密度と最小密度の比はもっとも簡単な指数であるが，個体数の変化の情報を十分に活かした尺度ではなく，変化の比率についての標準的な指数は個体数（N）の対数の標準偏差 $SD(\log N)$ や個体数の変動係数 $CV(N)$ である．

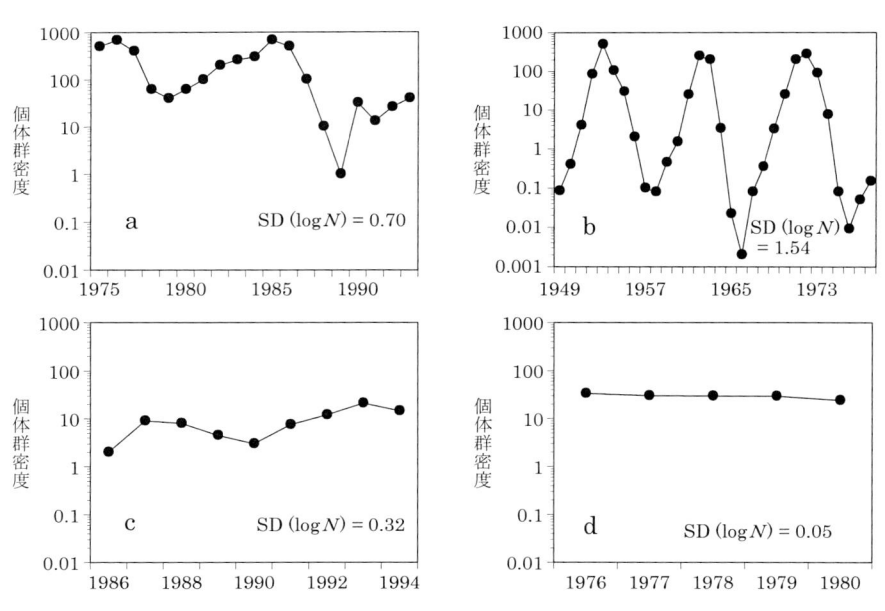

図 3.4 葉食性昆虫の個体群密度の年次変化
a：カナダ太平洋岸のカレハガの一種（文献[42]より作成）．b：スイスアルプスのヒメハマキガの一種（文献[81]より作成）．c：アメリカ・ミネソタ州のキンモンホソガの一種（文献[3]より作成）．d：滋賀県北西部のヤマトアザミテントウ（文献[52]より作成）．
期間中の個体群密度の変動の大きさは，$SD(\log N)$ で示した．

図 3.4 に示した個体群の変動の大きさを SD(log N) を用いて表すと，カレハガは 0.70，ヒメハマキガは 1.54，キンモンホソガは 0.32，ヤマトアザミテントウは 0.05 となり，この尺度が個体群の実際の変動の大きさを適切に表していることがわかる．

個体群サイズの変化は種によって独自のパタンを示すだけでなく，たとえ同じ変化をしても，その大きさ（世代を通した平均値）は種によって異なる．ある地域に生息して同じ変動パタンを示していても，普通種の個体群サイズは大きく，絶滅が危惧される希少種の個体群サイズは小さい（図 3.5）．

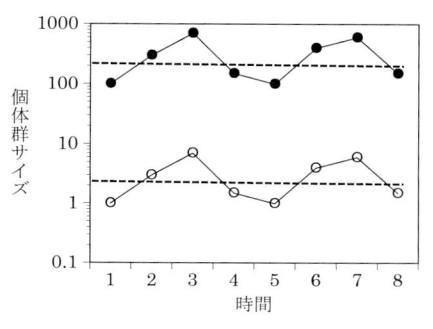

図 3.5 普通種（●）と希少種（○）の個体群サイズの変化
破線はそれぞれの平均値を示す．

自然界では，ある生物が暮らすのに適した場所が一様に広がっていることはなく，生息に適した場所が断片的に散らばっているのが普通である．個体群がいくつもの場所に分かれている場合には，ある生息場所での個体の生死だけでなく，場所間での個体の移出入が個体群の存続にとって重要である．それぞれの地域個体群は独自に個体数の増減を繰り返すので，ある場所では個体数の増加が見られても，他の場所では減少し，ときには絶滅することさえある．しかし，いったん絶滅しても隣接した個体群からの移入によって個体数を回復させることができる．言い換えれば，どの地域個体群も絶滅のリスクがあり，単独では存続できなくても地域個体群間での個体の出入りを通して存続が可能になる．このように，個体の出入りによって結びついている地域個体群の広域的なネットワークがメタ個体群（metapopulation）である（図 3.6）．複数の地域個体群が結びついたメタ個体群は，個体の出入りを通して個体数が安定化する．メタ個体群が安定して存続するためには，以下の条件が必要である．① 移入個体を一方的に送り出す個体群がないこと．もしあれば，その大規模個体群だけでメタ個体群の動態が決まってしまうからである．② 各地域個体群は移出入が可能な程度に離れていること．メタ個体群は個体の出

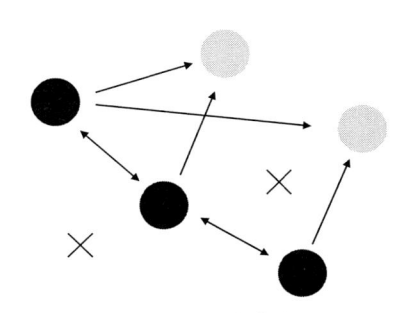

図 3.6 メタ個体群
個体の出入りを矢印で示す．●は他の個体群に個体を供給するソース個体群，灰色は受け取るシンク個体群，×は絶滅した地域個体群を示す．

入りによって結びついているからである．③ 地域個体群の絶滅が同時には起こらないこと．絶滅する個体群がある一方で，個体を供給する密度の高い個体群（ソース個体群）があれば，メタ個体群はより存続しやすいからである[23]．

近年，地域開発などによる生息地の分断化が急速に進んでいることに加えて，地域個体群の消失は種の絶滅につながることから，メタ個体群の存続をどのように保証するかが，種の保全対策をたてるために重要になっている．今日ではメタ個体群の考え方を拡張して，広域における生物群集の構造を地域群集間の種の移出入に注目して理解しようとする，メタ群集（metacommunity）の考え方が発展している[30]．

3.1.4 密度依存性と個体群の調節

個体群の増加率が密度によって変わる場合，それを密度に依存する過程（density-dependent process）と呼ぶ．図3.7に個体群の増加率と個体群密度の関係を示した．密度に依存する過程には，密度が高くなると個体群の増加率が低下する負の密度依存過程と，逆に個体群の増加率が上昇する正の密度依存過程がある．これまで個体群生態学では個体群の増加に負の影響を及ぼす密度効果が重要視されてきたため，負の密度依存過程を単に密度依存過程，正の密度依存過程を密度逆依存過程と呼ぶこともある．一方，密度の影響を受けない場合が密度に依存しない過程（density-independent process）である．

個体群の調節（population regulation）とは，「平衡密度から離れた個体群が，密度依存過程を通してもとの平衡密度に戻ること」である．個体群が調節されるためには，平衡密度を超えると負の密度依存過程が，下回ると正の密度依存過程が必要である．言い換えれば，前者では個体群の増加を減退させる負のフィードバックが働き，後者では個体群の増加を促進させる正のフィードバックが働くことになる．

個体群の調節には密度依存過程が必要であるが，逆は必ずしも成り立たない．密度効果が大きすぎたり（過度の密度依存過程），効果が現れるのが次世代以降になったり（遅れを伴う密度依存過程）すると，個体群は周期的で大きな変動を示すようになる．例えば周期的な個体数変動が知られている森林昆虫14種のうち8種では，遅れを伴う密度依存過程が周期的変動を生じさせていることが示されている[80]．さら

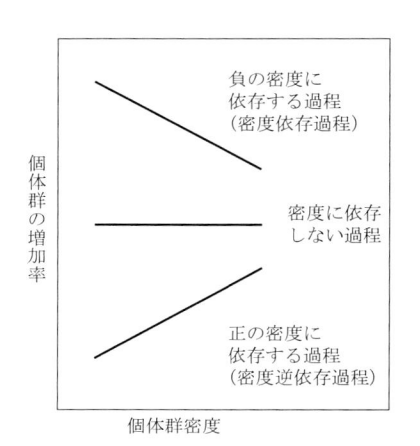

図3.7 個体群密度に依存する過程と依存しない過程

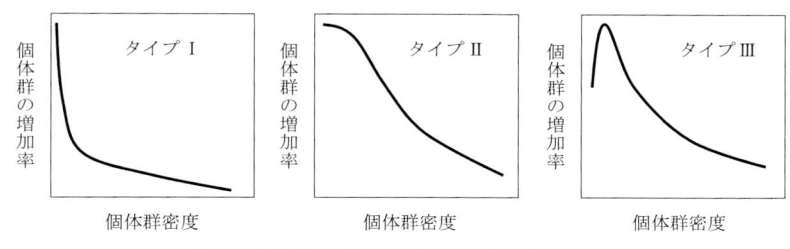

図 3.8 個体群の増加率に対する個体群密度の効果

に，上述のヒメハマキガの一種の周期的変動（図 3.4b）を生み出す要因を明らかにするために，寄主植物の質と寄生バチの（いずれも遅れを伴う）効果について，単独および両者を組み込んだ差分動態モデルを用いて検討されている．寄生バチの効果は植物の質の効果よりも周期的変動をよく説明しているが，両者を組み込んだモデルの方が寄生バチの単独モデルよりも適合したため，世代の遅れを伴う寄生バチと植物の質の複合効果がヒメハマキガの周期的変動を生じさせると結論された[81]．

個体群の増加率に対する密度効果は一方的に増加あるいは減少するとは限らない．上述した負の密度効果は，3 つのタイプに分けることができる（図 3.8）．タイプ I とタイプ II では，個体群の増加率はいずれも個体群密度の増加とともに減少するが，タイプ I はタイプ II に比べて低密度で急激に減少する．これに対して，タイプ III では個体群の増加率は低密度で増加し，ピークに達した後は一方的に減少するという一山型の曲線を描く．低密度では交尾相手を見つけるのが困難な場合や，摂食集団のサイズが大きくなると個体あたりの天敵による死亡率が低下する場合（いわゆる天敵からのエスケープ）がこれに相当する．このタイプは Allee 効果と呼ばれ，低密度と高密度の間で正の密度効果と負の密度効果が入れ替わるものである（2.3.5 項参照）．

では，これまでに多くの研究が行われてきた植食性昆虫における個体群の調節の仕組みについて考えてみよう．温度や降雨などの環境要因の作用は個体群密度によって変わることはないので，個体群の調節に直接には結びつかない．一般に昆虫では幼虫期の密度が高いと成虫が小型化することがあり，越冬中の低温による死亡率が高くなることが知られている．このような場合には，環境要因が個体の生理や行動を通して，間接的に密度依存的な死亡をもたらす．また，台風や洪水などによる大規模な撹乱は，ときとして個体群サイズを大きく低下させてしまう．

密度効果は密度が高くなると個体群の増加率を抑制するように働くことから，個体群を調節する要因としてとりわけ重要である．例えばサワギクの葉を食べるヒトリガの一種シナバーモス *Tyria jacobaeae* の幼虫は，しばしば寄主植物を食いつくしてしまうほど高い密度になることがある．その結果として，餓死や分散により幼虫の死亡率が上昇し（図 3.9a），成虫も小型化して産卵数の減少を招きやすい．このような高密

度では，多くの昆虫では移出個体の割合が増え，個体群の増加が抑えられる．ウンカやアブラムシなどは幼虫期の密度が高くなると，移動分散により適した長い翅をもつ長翅型や有翅型と呼ばれる個体が出現し，これによって個体群増加率が低下する（図 3.9b, 2.4.5 項も参照）．逆に個体数が減った場合には，密度に依存する分散は移出個体の割合を減らすため，個体群のより早い回復をもたらす．

一方，クモやテントウムシなどの捕食者は，しばしば餌昆虫の個体数を大きく減少させる．捕食者や寄生バチなどを人為的に取り除くと，餌になる昆虫の密度が増加することが多くの研究で明らかにされている．さらに植食性昆虫の長期にわたる個体数変動の解析から，個体群調節における捕食者や捕食寄生者など天敵の役割が重視されている．

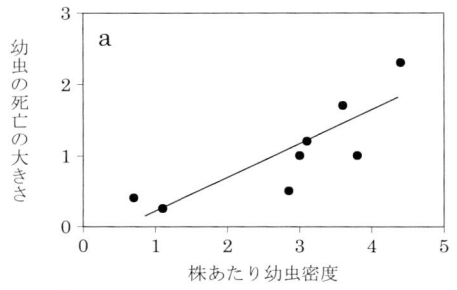

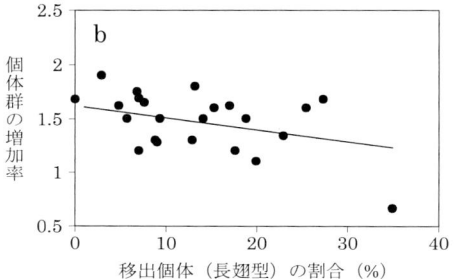

図3.9 密度効果
a：シナバーモスの幼虫密度と死亡の大きさの関係（文献[16]より作成）．幼虫の死亡の大きさは k 値（61ページ参照）で示す．b：トビイロウンカの移出個体（長翅型）の割合と個体群増加率の関係（文献[17]より作成）．

密度効果や天敵などの要因が単独で働いて個体群が調節されることはほとんどない．多くの場合，複数の要因が作用することにより個体群が調節されている．これらの要因の作用に注目して，植食者個体群の調節の仕組みについて考えてみよう（図 3.10）．

捕食と競争による死亡率は，それぞれ植食者の密度に対して異なる反応を示す（図 3.10a）．一般に，植食者の密度が低い場合には捕食の効果が，高い密度では植食者どうしの競争の効果が大きくなる．また，捕食による死亡率は植食者密度に伴い増加するが，密度が高くなりすぎると逆に低下する．両者による死亡率を合わせると図 3.10bに示した曲線になる．一方，植物の質は植食者の出生率に影響する．同じ密度なら植物の質がよいと出生率は高くなり，悪いと低くなる．いずれの場合も密度が増加するにつれて質の悪化が進み，出生率は低下する（図 3.10c）．

出生率を表す直線（図 3.10c）と死亡率を表す曲線（図 3.10b）を合わせたグラフが図 3.10d である．両者の交点，すなわち出生率と死亡率がつり合った密度（N_1, N_2, N_3, K）が平衡密度であり，この平衡密度を超えると死亡率が出生率を上回るため密度は低下し，逆に平衡密度以下であると出生率が死亡率を上回るため密度は上昇する．

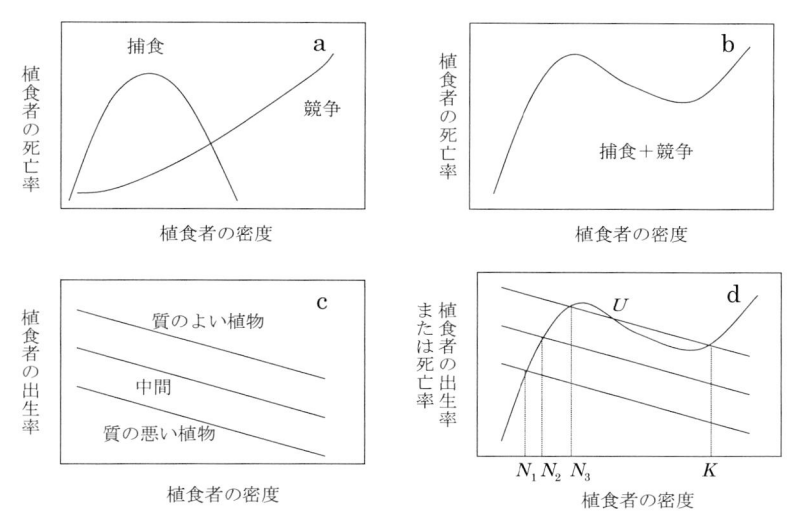

図 3.10 植食者の死亡率と出生率に対する植食者密度の効果（文献[76]より作成）．a：捕食と競争による死亡率，b：捕食と競争を合わせた死亡率，c：植物の質に依存した出生率，d：捕食と競争を合わせた死亡率，植物の質による出生率，植食者の平衡密度（出生率と死亡率の交点）．N_1, N_2, N_3 は植物の質の違いに依存した平衡密度，K は環境収容力を示す．U は不安定平衡点．

これが，平衡密度に個体群が調節される仕組みである．なお，植食者密度が平衡点（U）から右に動くと密度は増加するが，左側に動くと減少し密度は U に収束しないため，U は不安定平衡点である．このように，各要因による死亡率と出生率の密度に対する反応がわかれば，個体群の調節における相対的な役割を評価できる．

3.1.5 生命表

個体群の変動と調節の要因を調べるには，昆虫の生活史を通して生存と繁殖の過程を明らかにする必要がある．そのためにはまず，卵，幼虫，蛹，成虫の数を推定しなければならない．個体数の推定には直接数える方法がもっとも簡単であるが，頻繁に移動する昆虫などでは個体ごとに異なる印をつけてその後に繰り返し捕獲することで（標識再捕法），個体数の推定がより正確になるだけでなく，生存率や加入数も知ることができる．個体数の推定法には，この他にも区画法，除去法，密度指数法，間隔法などがある．これらの方法とその基礎になるサンプリング理論の概要は，文献[35]を参照されたい．

個体数を発育段階の順に並べると生存数と死亡数の時間的な変化がわかるが，それをまとめた表が生命表（life table）である．主に昆虫に用いられる齢別生命表（age specific life table）では，発育段階を x，発育段階 x の最初の個体数を n_x，発育段階 x での死亡個体数，死亡要因，死亡率をそれぞれ d_x, d_xF, q_x という記号で表す．このように，昆虫では日齢や年齢の代わりに発育段階を用いることが多い．さらに繁殖過程での個体あたりの産卵数を記入することもあり，生命表は生存と繁殖に関する情報を要約したものであるといえる．表 3.1 にヤマトアザミテントウ（図 3.4d 参照）の生命表を示した．生命表に基づいて個体群の変動パタン，密度依存性，繁殖能力を推定することによって，個体群動態（population dynamics）を理解するためのさまざまな解析方法が提案されている．

3.1.6　個体群動態の解析
a. 変動主要因の検出

生命表からは各発育段階の死亡率がわかるが，その大小だけでは個体数の時間的な変化にどれほど寄与しているかはわからない．いくら大きな死亡要因であっても，死亡率が一定ならば個体数の変化にはまったく影響を与えない．つまり，死亡率の大きな要因と個体数の変化を生じさせる要因とは必ずしも一致しない．

個体数の変化にもっとも貢献する要因を見つける方法が変動主要因分析（key factor analysis）であり，変化のパタンを決める要因を変動主要因（key factor），その要因が作用する発育段階をキーステージ（key stage）と呼ぶ．ここで，表 3.1 のヤマトアザ

表 3.1　ヤマトアザミテントウの齢別生命表（文献[51]を改変）

発育段階 (x)	生存数 (n_x)	死亡要因 (d_xF)	死亡数 (d_x)	死亡率（%）($100\,q_x$)	備考
繁殖成虫	105				性比（メス 50.4 %），メスあたり産卵数（54.1）
卵	2868				
		捕食	770	26.8	
		共食い	194	6.8	
		その他	744	25.9	
		計	1708	59.6	
1 齢幼虫	1160				
		捕食 + その他	618	53.3	
		計	618	53.3	
4 齢幼虫	542				
		寄生	22	4.1	
		捕食 + その他	45	8.3	
		計	67	12.4	
成虫	475				性比（メス 47.5 %）
繁殖成虫（翌年）	108				

ミテントウの生命表を用いて変動主要因分析をしてみよう．まず，各発育段階での「死亡の大きさ（k 値）」を算出するが，これは以下のようにある死亡要因が働いた i と $i+1$ 番目の発育段階の個体数 N_i と N_{i+1} の対数の差で表される．

$$k_i = \log N_i - \log N_{i+1}$$

卵期，幼虫前期（1〜3齢），幼虫後期（4齢〜成虫），成虫期（羽化から翌年の繁殖期まで）の k 値をそれぞれ，k_1, k_2, k_3, k_4 とすると，

$$k_1 = \log(2868) - \log(1160) = 0.393$$
$$k_2 = \log(1160) - \log(542) = 0.330$$
$$k_3 = \log(542) - \log(475) = 0.057$$
$$k_4 = \log(475) - \log(108) = 0.643$$

となる．これらの総和が世代死亡（K）であり，次のようになる．

$$K = k_1 + k_2 + k_3 + k_4 = 1.423$$

次に世代死亡の大きさ（K）に対して k 値をプロットしたとき，回帰直線の傾き（回帰係数）のもっとも大きな死亡要因が変動主要因である．言い換えれば，変動主要因

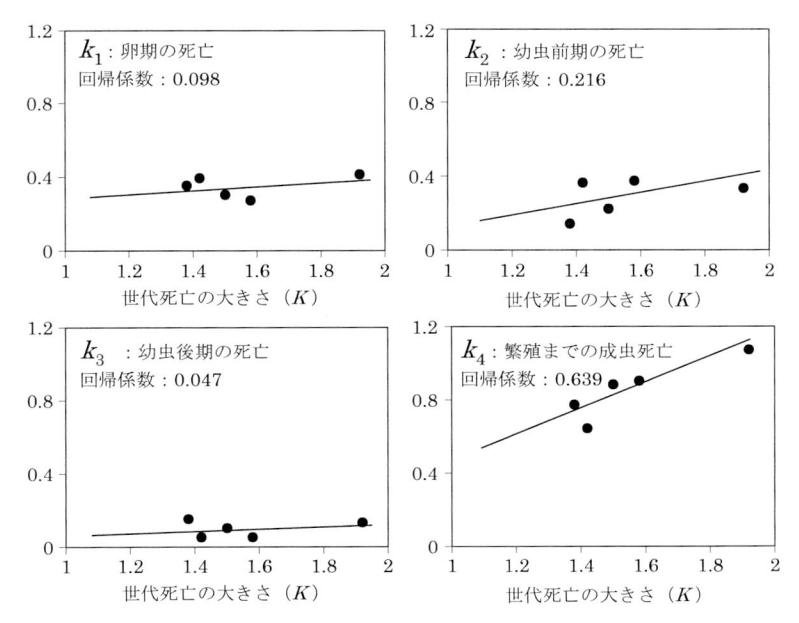

図 3.11 変動主要因の調べ方
世代あたりの死亡の大きさ（K）に対して各発育段階の死亡の大きさ（k 値）をプロットしたとき，もっとも大きな回帰係数を示す要因が変動主要因である．ヤマトアザミテントウでは，「繁殖までの成虫死亡」が変動主要因となる．

は世代死亡にもっともよく同調して変化する要因であり，ヤマトアザミテントウの例では新成虫から翌年の繁殖期までの成虫の死亡（k_4）となる（図 3.11）．

b. 密度依存要因の検出

個体群が調節されるためには密度依存過程が必要である．個体群の調節の可能性を調べるためには，各発育段階の密度と死亡の大きさ（k 値）との関係を見ればよい．死亡の大きさが密度に依存して大きくなるならば正の相関が期待され，逆に負の相関が見られる場合には密度が高くなると死亡率が小さくなるので，個体群はより大きな変動を見せる．また繁殖過程の密度依存性を調べるためには，個体あたりの産卵数や蔵卵数を繁殖成虫の密度に対してプロットすればよい．ヤマトアザミテントウでは密度に依存する死亡要因は見られなかったが，メス 1 個体あたりの産卵数は繁殖成虫の密度の増加に敏感に反応して減少した（図 3.12）．事実，ヤマトアザミテントウの個体群は植食性昆虫の中でもずば抜けて高い安定性を示している（図 3.4d 参照）．つまり，繁殖過程で個体群が調節されている可能性が示されたことになる．

このような回帰分析によって密度依存性が認められても，それがただちに個体群密度と死亡率や繁殖率との間に因果関係があるとはいえないことに注意しよう．この点

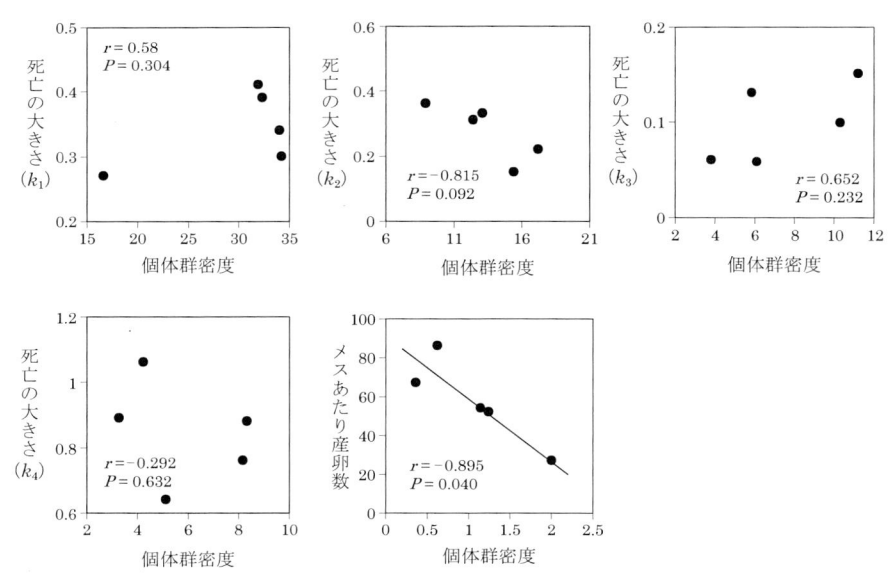

図 3.12 密度に依存する死亡あるいは繁殖要因の調べ方

個体群密度（茎あたり個体数）に対して死亡の大きさ（k 値）や繁殖の大きさをプロットしたとき，有意な相関が見られたものが密度依存要因である．r は相関係数．ヤマトアザミテントウでは，有意な相関（$P<0.05$）が見られた「メスあたり産卵数」が密度依存要因となる．

を補うために，シミュレーションによる密度依存性の検出方法や時系列データに影響を与える確率過程をモデルに組み込んだ解析方法が提案されている[75]．

　生命表に基づいて変動主要因や密度依存要因を検出することは，個体群の動態や調節の要因を明らかにする第一歩である．しかし具体的なメカニズムについては，操作実験などによって明らかにする必要がある．生存率や繁殖率は，しばしば個体の行動や生理的な形質の影響を受ける．ヤマトアザミテントウのメス成虫は，密度が高くなると卵巣内の卵を吸収したり，卵密度の低い寄主植物を求めて移動が活発になったりする[53, 57]．その結果，個体あたりの産卵数が減り，個体群が調節されるのである．個体群の動態や調節のメカニズムを明らかにするためには，生存率や繁殖率などの個体群の特性だけでなく，それらに直接あるいは間接的に影響する個体の形質や他種との相互関係にも目を向ける必要がある．

c. 昆虫の生存曲線と死亡要因の特徴

　完全変態の昆虫は卵から孵化し，幼虫から蛹を経て成虫になる．このような生涯を通して，生存率は発育段階が進むにつれてどのように変化するのだろうか．生命表に基づいて個体数を発育段階（齢期）ごとにプロットすると，個体数の減少のパタン，すなわち生存曲線（survivorship curve）を描くことができる（図3.13）．

　縦軸の個体数を対数で表すと，多くの生物では3つのタイプ（Ⅰ, Ⅱ, Ⅲ）に分かれる．タイプⅠでは初期から中期にかけて生存率は高く，後期になって急に低下する．一方，タイプⅡでは発育段階を通して生存率は一定である．タイプⅢでは，初期の生存率は非常に低くほとんどの個体は死んでしまうが，中期から後期になると生存率は高くなる．一般に多くの昆虫では，卵期や若齢期の生存率はきわめて低く，大部分の個体がこの期間に死亡するが，終齢幼虫や蛹の生存率はそれに比べて高いので，タイプⅢになる．タイプⅠやⅡは昆虫よりも脊椎動物に特徴的であり，特にヒトのように子どもの世話をする種では初期の生存率が高いタイプⅠになる．タイプⅢの代表である昆虫でも，植物組織の内部で生息する虫こぶ昆虫や穿孔性昆虫，親が子を保護するような種の生存曲線は，タイプⅡあるいはタイプⅠに相当する．

　Cornell and Hawkins（1995）は，530枚の生命表を用いて124種の植食性昆虫の生存曲線を比較し，生存過程と死亡要因の特徴を次のように要約した[11]．① 外部食者（植物組織を外部から摂食するハムシやチョウ目の幼虫など）は内部食者（植物組織の内部に生息して摂食する虫こぶ昆虫や穿孔性昆虫など）に比べて初期の

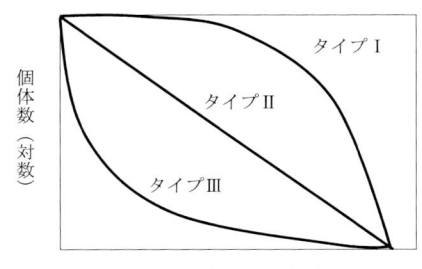

図3.13　生存曲線のタイプ

死亡率が高い．② 植物（の抵抗性）による死亡率は内部食者の方が外部食者に比べて高い．③ 天敵による死亡率は外部食者の方が内部食者に比べて高い．④ 植物による死亡率は発育段階の初期に高く，天敵による死亡率は後期に高い．⑤ 競争と天敵による死亡率は温帯と熱帯の間で違いはない．⑥ 植生の遷移段階による生息地の違いは，植食性昆虫の生存率に大きな影響を与えない．

3.2 種間関係と生物群集

3.2.1 種間関係のタイプ

自然界において，生物は他の生物と何らかのつながりをもちながら共存している．地球上に生息する全生物種の90％近くを占める昆虫は，植物や他の昆虫などを食べて栄養を摂取しなければならない．一方，顕花植物の多くはハチやチョウなどに花蜜や花粉を与えるだけでなく，彼らに送粉を託している．このように，生物は他の生物とさまざまな種間関係をもちながら，相互作用のネットワークを形づくっている．このため，ある生物の個体数や形質の変化はその種だけにとどまらず，生物間相互作用のネットワークを通して生態系全体に広がっていく．言い換えれば，生態系はダイナミックな生物の相互作用系なのである．

この節では主な種間関係について見ていこう．まず，2種の生物の直接的な関係について考える．相手が自種に与える利益を（＋），害を（−），どちらでもない場合を（0）の記号で表せば，2種間の関係は表3.2に示した6通りに分けられる．つまり，（＋，＋）は互いに利益を与えあう「相利共生」，（＋，−）は自分にとっては利益になるが相手に害を与える「捕食・寄生」，（＋，0）は自分にとっては利益になるが相手には影響を与えない「片利作用」，（−，−）は両者ともに害を与えあう「競争」，（0，−）は自分にとっては利益も害もないが相手には害を与える「片害作用」，（0, 0）は両者ともに影響がない「中立作用」である．

3.2.2 種間競争

モンシロチョウとコナガ Plutella xylostella の幼虫は，同じキャベツの葉を食べて育つ．この2種のように，共通の資源を利用する生物の間にはしばしば競争が起こり，

表3.2 種間相互作用の分類

	＋	−	0
＋	相利共生		
−	捕食・寄生	競争	
0	片利作用	片害作用	中立作用

3.2 種間関係と生物群集

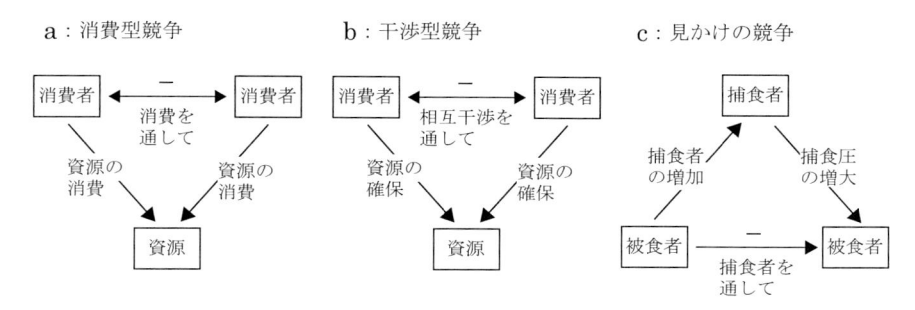

a：消費型競争

消費者 ←(−)→ 消費者
（消費を通して）
↓資源の消費　　↓資源の消費
資源

b：干渉型競争

消費者 ←(−)→ 消費者
（相互干渉を通して）
↓資源の確保　　↓資源の確保
資源

c：見かけの競争

　　　　捕食者
　　↗　　　　↘
捕食者の増加　　捕食圧の増大
↙　　　　　　　　↘
被食者 ←(−)→ 被食者
（捕食者を通して）

図 3.14 種間競争のタイプ

生存率，成長率，繁殖率，個体群増加率の低下などの負の影響が及ぶ．種間競争の効果は密度の増加に伴って大きくなるので，相手種の個体群動態に影響する重要な要因である．

種間競争は個体間の関係に基づいて，消費型競争（exploitative competition）と干渉型競争（interference competition）に分けることができる（図 3.14）．消費型競争とは，一方の種が資源を消費することにより他方の種が利用できる資源を減少させる場合に起こる競争である．このとき，競争する 2 種の間には資源をめぐる直接的な争いは起きない．これに対して干渉型競争とは，2 種の個体が交尾や産卵のためのなわばりや営巣場所などの確保のために直接争う（相互干渉）タイプの競争である．さらに，直接には競争しない 2 種の被食者が共通の捕食者を増加させることで間接的に相手に負の影響を与えることがあり，Holt and Lawton (1994) はこれを見かけの競争（apparent competition）と呼んだ[29]．

では，個体群成長に用いたロジスティック成長モデルを拡張した Lotka-Volterra の種間競争モデル[37, 86]によって，競争している 2 種（種 1 と種 2）の個体群動態を考えよう．まず，両種の個体数の増加はロジスティック式(3.6)に従うとする．種 1 と種 2 の個体数をそれぞれ N_1 と N_2，内的自然増加率を r_1 と r_2，環境収容力を K_1 と K_2 で表す．競争相手がいないときにはロジスティック成長（(3.6)式）で増えるので，

$$\frac{dN_1}{dt} = r_1 N_1 \left(1 - \frac{N_1}{K_1}\right) \tag{3.9}$$

$$\frac{dN_2}{dt} = r_2 N_2 \left(1 - \frac{N_2}{K_2}\right) \tag{3.10}$$

となる．

競争相手がいるときには，相手からの負の効果を考えねばならない．ここで，その大きさを表す競争係数と呼ばれる定数（α）を導入しよう．α_{12} と α_{21} は，それぞれ種

2の1個体が種1を減らす割合と種1の1個体が種2を減らす割合である．このため，種1と種2の個体群の増加率には，それぞれ $\alpha_{12}N_2$ と $\alpha_{21}N_1$ で表されるマイナスの効果が加わる．つまり，種1と種2の環境収容力に対する減少分は，それぞれ $(N_1+\alpha_{12}N_2)$ と $(N_2+\alpha_{21}N_1)$ になる．これを(3.9)，(3.10)式に代入すると，次のLotka-Volterraの競争方程式が得られる．

$$\frac{dN_1}{dt}=r_1 N_1\left(1-\frac{N_1+\alpha_{12}N_2}{K_1}\right) \tag{3.11}$$

$$\frac{dN_2}{dt}=r_2 N_2\left(1-\frac{N_2+\alpha_{21}N_1}{K_2}\right) \tag{3.12}$$

また，両種の個体数が増えも減りもしない平衡密度では個体群増加率が0になるので，(3.11)，(3.12)式の左辺を0とおくと，

$$r_1 N_1\left(1-\frac{N_1+\alpha_{12}N_2}{K_1}\right)=0 \quad \text{つまり，} \quad N_1=K_1-\alpha_{12}N_2 \tag{3.13}$$

$$r_2 N_2\left(1-\frac{N_2+\alpha_{21}N_1}{K_2}\right)=0 \quad \text{つまり，} \quad N_2=K_2-\alpha_{21}N_1 \tag{3.14}$$

となる．種1の平衡密度（N_1）は，単独で増加した場合の平衡密度（K_1）から種2による負の効果（$\alpha_{12}N_2$）を引いたものになる（逆も同じ）．この平衡密度を示す(3.13)，(3.14)式をゼロ成長のアイソクライン（zero growth isocline）と呼ぶ．アイソクラインとは，個体群の増加と減少が正確につり合う点の集合である．

この2種のアイソクラインを2次元平面上の座標として表すことにより，平衡状態での両種の共存について調べることができる．図3.15aに示した右下がりの直線は，種1の個体数に増減がないアイソクラインである．種1の個体数の変化は横方向の変化で表され，種1の個体数がこの直線よりも左側の領域にあれば個体数は増加し（$dN_1/dt>0$），右側だと減少する（$dN_1/dt<0$）．同じように，種2のアイソクラインは図3.15bの右下がりの直線で示され，個体数の変化は縦方向の変化で表される．種2の個体数がこの直線よりも下側の領域にあれば個体数は増加し（$dN_2/dt>0$），上側だと減少する（$dN_2/dt<0$）．アイソクライン上ではもはや個体数は変化しない．

両種のアイソクラインを同一グラフ上に描くと，2つの直線が交差しない場合は3つの領域（Ⅰ，Ⅱ，Ⅲ）に分けられる（図3.15c）．Ⅰでは両種が増加，Ⅱでは種1が増加し種2が減少，Ⅲでは両種ともに減少する．これらの縦向きと横向きのベクトルの合成により，Ⅰでは右上，Ⅱでは右下，Ⅲでは左下の方向に動く（図3.15d）．

また，2つのアイソクラインのすべての組み合わせを図3.16に示したが，縦軸と横軸の切片を境にして個体数の増減は逆転する．2つのアイソクラインが交差しない場合（図3.16a，b）には，個体数はいずれの点から出発してもそれぞれ（K_1, 0）と（0, K_2）に収束するため，図3.16aでは種1が，図3.16bでは種2が勝つ．2つの直線

3.2 種間関係と生物群集　　67

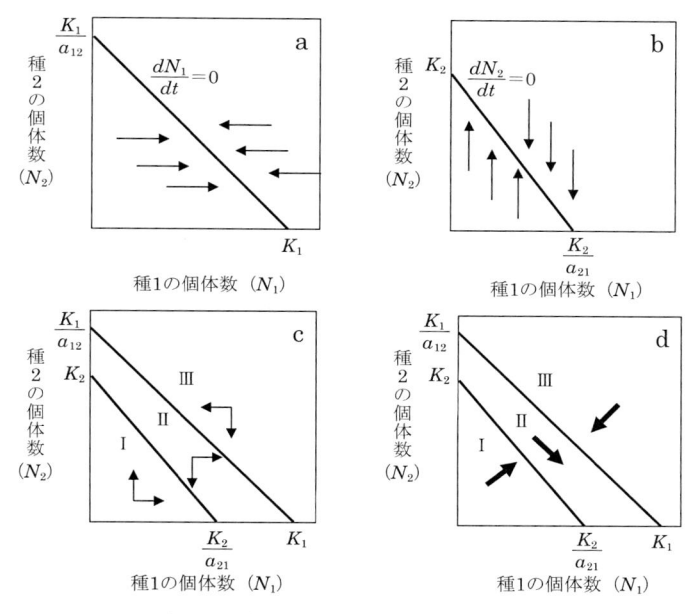

図 3.15　競争する 2 種のゼロ成長アイソクラインと個体数の変化

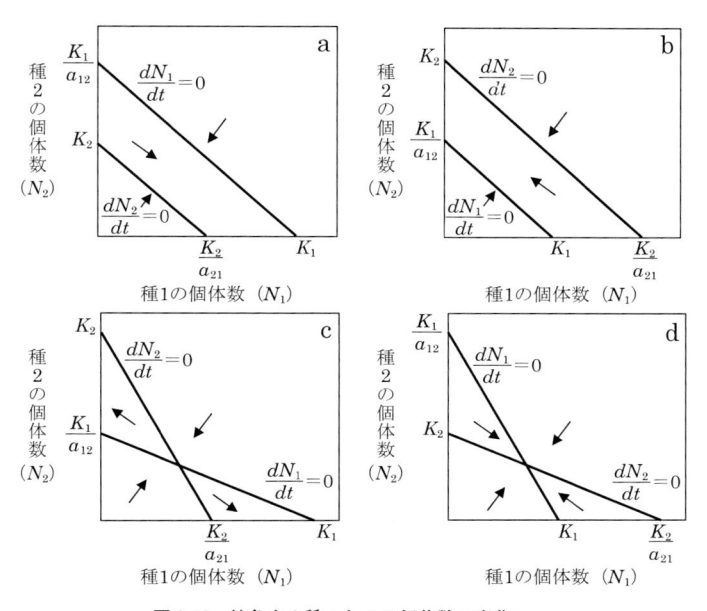

図 3.16　競争する種 1 と 2 の個体数の変化

が交差する場合には，4つの領域に分けられ交点が平衡点になる．しかし，図 3.16c では個体数が $(K_1, 0)$ あるいは $(0, K_2)$ のいずれかに収束するので，この 2 直線の交点は不安定平衡点になる．この場合は，どちらが勝つかは初期個体数によって決まる．一方，図 3.16d では安定な平衡点をもち 2 種が共存する．したがって，2 種が安定して共存できる条件は，

$$\frac{1}{K_1} > \frac{\alpha_{21}}{K_2} \quad \text{かつ} \quad \frac{1}{K_2} > \frac{\alpha_{12}}{K_1}$$

となる．つまり，種 1 の 1 個体が自種の個体群増加率を抑制する効果（$1/K_1$：密度効果）が種 2 の個体群増加率を抑制する効果（α_{21}/K_2：競争効果）よりも大きく，種 2 の 1 個体が自種の個体群増加率を抑制する効果（$1/K_2$：密度効果）が種 1 の個体群増加率を抑制する効果（α_{12}/K_1：競争効果）より大きいときにのみ 2 種が安定して共存できる．言い換えると，自種による密度効果が他種による競争効果よりも大きい場合にのみ，2 種は安定して共存できるのである．

自然界では資源量は制限されているため，種間競争が頻繁に生じ，種の分布や個体数を決める上で重要であるばかりでなく，群集の成立にも大きな役割を果たしていると考えられてきた．1980 年代半ばから 90 年代初頭にかけて，動物群集の構造を決める種間競争の役割をめぐって，その重要性を主張するグループと撹乱や捕食などの重要性を主張するグループとの間で，（種間競争の条件となる）平衡状態の頻度とその検出をめぐって論争が行われた[78]．

従来は，同じ資源を利用する 2 種の個体数の間に負の相関が見られた場合には，競争があるとされてきた．しかし，相関関係は必ずしも因果関係を保証するものではなく，種間競争の検証には，因果関係を裏付けるメカニズムの検出が必要である．このため，一方の種の個体数を操作して，他方の種の個体数や適応度の変化を調べるなどの野外操作実験の重要性が指摘されている[21]．また種間競争が検出されなかったとしても，その意義が否定されるわけではない．過去の種間競争によりニッチ分化が生じ，現在ではもはや競争が見られないことがあるからである[10]．

このような論争をふまえて，生物群集における種間競争が果たす役割とその相対的な重要性の解明が求められている．さらに，種間競争は生息場所の住み分けや食物資源の食い分けなどを促進させ，しばしば体サイズや形態の変化を伴うことがあり，これを形質置換（character displacement）と呼ぶ．ガラパゴス諸島に生息するダーウィンフィンチは，島ごとに特有な嘴のサイズと形態をもっており，形質置換の典型例である（4.2.2 項参照）．

3.2.3 相利共生

これまで生態学においては，捕食や競争という敵対的な関係がもっぱら注目されて

きた．しかし，自然界では相利的や協調的な関係も数多い．例えば，アブラムシは植物の師管から多量の栄養分を吸って，甘露と呼ばれる糖分に富んだ排泄物を体外に排出しており，アリがこの甘露を舐めに集まってくる．アリは攻撃性の強い捕食者なので，テントウムシや寄生バチのようなアブラムシの天敵を追い払う．このように，互いに利益を与えあう関係が相利共生である．また，アブラムシやシロアリなどの昆虫には種々の微生物が共生しており，これらの共生微生物は昆虫の体内で増殖する代わりに，昆虫に対してさまざまな利益を与えている．例えばシロアリの腸内細菌はセルロースやリグニンの分解あるいは窒素固定によりシロアリの栄養摂取に貢献しており，このような相利関係を消化共生と呼んでいる．またアブラムシと常に共生している一次共生微生物（ブフネラ）は，アブラムシの発育に不可欠な必須アミノ酸を合成する役割を担っている．さらに二次共生微生物も，アブラムシの菌類による感染を抑制したり，寄生バチによる死亡率を低下させることがわかってきた[59]．

相利共生は昆虫と植物の間でも広く知られており，植物と送粉者や種子散布者との関係はその代表である．植物はハチやチョウなどの送粉者に花粉を運んでもらう見返りとして，彼らに花蜜や花粉を報酬として与えている．このため，花の形態や報酬は送粉者に合わせて進化してきた．一方，カタクリの種子はエライオソームという糖分に富んだ物質を表面に付けて，アリなどの散布者を誘引している．これまで送粉者や種子散布者が植食者として位置づけられることはなかったが，彼らは花蜜や花粉あるいは果実を食べる紛れもない植食者である．つまり，植物と昆虫の食う食われる関係が，結果的に多様な相利共生関係を生み出すことになったのである．

相利共生には，相手がいなければ生存や繁殖ができないようなきわめて強い関係で結びついている絶対共生がある．イチジクには幼虫が花のうと呼ばれる閉じた花序の中で種子を食べて育つイチジクコバチ（イチジクコバチ科の小型のハチの総称）が寄生している．このイチジクコバチのメス成虫は，同じ花のうの中で羽化したオスと交尾した後，花粉を体につけて他のイチジクの花のうに入り，めしべに卵を産みつける．このとき受粉が行われるが，イチジクの花は花のうの中にあるので，他の虫によって花粉を運んでもらうことができない．このような強い依存関係が進化したために，イチジクとイチジクコバチは相手がいなければもはや子孫を残すことさえできなくなってしまったのである．

また，サクラやマメ科植物は花外蜜腺という茎や葉の付け根から蜜を出す分泌器官を備えることでアリなどの捕食者を誘引し，植食者を排除している．さらに，熱帯に分布するマカランガやセクロピアなどの樹種は茎や幹の中にアリを住まわせて植食者を撃退してもらう．このように，アリによって敵から身を守ってもらうように進化した植物がアリ植物（mymecophyte）である．

これまで，同じ資源を利用する2種の昆虫は互いに競争関係にあるとされてきた．

しかし最近になって，植物の形質を介した昆虫間の相利的な関係が次々と明らかにされている．例えば，モンシロチョウの幼虫がダイコンの葉を食べると葉に防衛物質のカラシ油配糖体が増えるが，これはノミハムシの一種 *Phyllotreta* sp. にとって寄主植物を見つける絶好の手がかりとなる[1]．また植物がアブラムシのような吸収性昆虫の攻撃を受けると，葉や茎に含まれる窒素が増えることがあり，その後に利用する葉食性昆虫の発育や生存がよくなることもわかっている．さらに，セイタカアワダチソウでは春先にアブラムシのコロニーが形成されると，夏以降に分枝が活発になって栄養に富んだ若い枝が伸長するため，それを摂食するオンブバッタ *Atractomorpha lata* の個体数が増える[2]．

多くの昆虫は植物上に虫こぶや葉巻をつくるが，彼らがいなくなった後，他の生物がそれを利用するようになる．このように，新たな生息場所をつくり出す生物を生態系エンジニア（ecosystem engineer）と呼ぶ．北海道の石狩川河川敷ではさまざまなガの幼虫がエゾノカワヤナギの新葉を巻いて巣をつくる．彼らがいなくなると多くの昆虫が葉巻を隠れ場所や巣として利用するが，中でもヤナギクロケアブラムシ *Chaitophorus saliniger* はもっぱら葉巻の中でコロニーを形成する[43]．これらの関係の多くは，植物の形質変化を誘導する昆虫が後に植物を利用する昆虫に対して利益を与える片利作用といえる．

3.2.4 食う食われる関係
a. 昆虫-昆虫（捕食・捕食寄生・寄生）

生態系は，植物とそれに依存する植食者，それから栄養を摂取する捕食者や寄生者による生物の階層構造から成り立っている．ある生物（捕食者）が他の生物（被食者）を餌にするために捕まえて食べることを，捕食（predation）と呼ぶ．捕食者には，クモのように餌となる昆虫を捕らえてただちに殺してしまう（真の）捕食者だけでなく，寄生バチや寄生バエのように幼虫が寄主から栄養を摂取し，最終的には殺してしまう捕食寄生者（parasitoid）も含まれる．これに対して，動物に寄生するダニのような寄生者（parasite）は寄主から栄養を摂取するものの，直接的には寄主を殺すことはない．

一般に昆虫にとって捕食による死亡率は高く，分布や個体数変動を決める要因としては種間競争と並んで重要である．これまでに害虫を防除するために，多くの捕食者や捕食寄生者が導入されてきた（6.2.7 項参照）．捕食者は捕食効率を向上させるために採餌行動を進化させており，これに対して，被食者は捕食を回避するために隠蔽色，警告色，擬態などを進化させている（4.3 節参照）．

捕食者と被食者の個体群動態については，世代が連続している種を対象とした Lotka-Volterra モデル[37,86]と，世代が離れている種を対象にした Nicholson-Bailey モデ

ルによって解析が進んできた[48]．

　食うものと食われるもののダイナミクスを記述するLotka-Volterraモデルは，次の2つの仮定をおいている．

　①　捕食者がいないときの被食者の個体数は指数的に増加し，被食者がいないときの捕食者の個体数は指数的に減少する．被食者と捕食者の個体数をそれぞれNとP，被食者の内的自然増加率をr_1，捕食者の死亡率をr_2で表すと，

$$\frac{dN}{dt} = r_1 N \tag{3.15}$$

$$\frac{dP}{dt} = -r_2 P \tag{3.16}$$

となる．

　②　被食数は両者の遭遇確率に依存，つまり両者の個体数の積（NP）に比例する．遭遇したときに被食される確率をa_1とすると，被食者個体群の増加率は$a_1 NP$だけ減少する．一方，捕食者は捕食した量に依存して増加すると考えればNPに比例し，被食者を食べて繁殖することによる増加率をa_2で表すと，捕食者個体群の増加分は$a_2 NP$である．このため被食者と捕食者の個体数増加率は，

$$\frac{dN}{dt} = r_1 N - a_1 NP \tag{3.17}$$

$$\frac{dP}{dt} = -r_2 P + a_2 NP \tag{3.18}$$

で表すことができる．これがLotka-Volterraの捕食者と被食者の個体群動態モデルである．この連立微分方程式は解析的には解けないが，種間競争モデルと同様に，ゼロ成長のアイソクラインを図示することで両者の個体数変動のパタンを見ることができる．

　まず2種のアイソクラインを求めよう．アイソクライン上では個体数が増えも減りもしない．そこで$dN/dt = 0$，$dP/dt = 0$とすると，

$$r_1 N - a_1 NP = 0$$
$$-r_2 P + a_2 NP = 0$$

となり，平衡状態での被食者と捕食者の個体数は，次のようになる．

$$P = \frac{r_1}{a_1} \tag{3.19}$$

$$N = \frac{r_2}{a_2} \tag{3.20}$$

　この(3.19)，(3.20)式が捕食者と被食者のアイソクラインで，それぞれ図3.17a, bに示すように，横軸と縦軸に平行な直線になる．捕食者のアイソクライン（$P = r_1/a_1$）

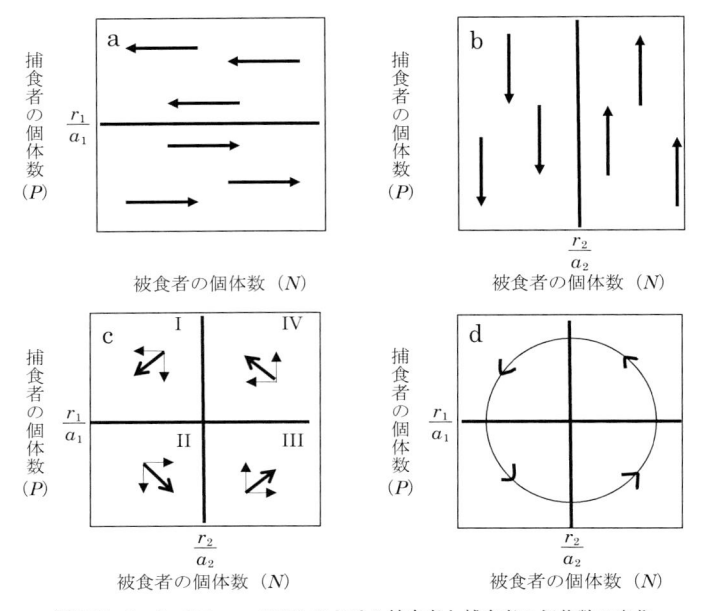

図 3.17 Lotka-Volterra モデルにおける被食者と捕食者の個体数の変化

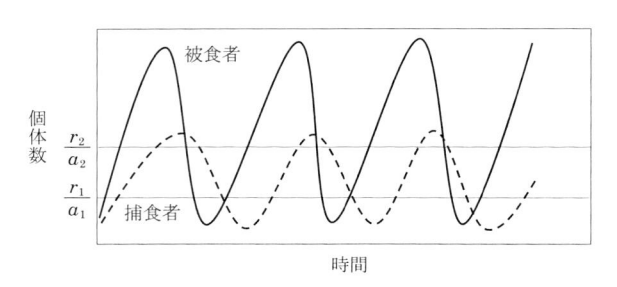

図 3.18 Lotka-Volterra モデルが予測する被食者と捕食者の個体数変化

よりも上側の領域にあると被食者の個体数は減少し，下側だと増加する（図 3.17a）．一方，被食者のアイソクライン（$N = r_2/a_2$）よりも左側の領域にあると捕食者の個体数は減少し，右側だと増加する（図 3.17b）．両種のアイソクラインを重ね合わせたものが図 3.17c で，2 つの直線によって 4 つの領域（I，II，III，IV）に分けられ，各領域での被食者と捕食者の個体群の変化の方向をベクトルで表すことができる．I では被食者と捕食者がともに減少，II では被食者が増加し捕食者が減少，III では両者がともに増加，IV では被食者が減少し捕食者が増加する．これらのベクトルの合成により，太い矢印で表したように各領域において個体数の変化する方向が変わる．このた

め，ベクトルから得られた解軌道は2つのアイソクラインの交点 $(r_2/a_2, r_1/a_1)$ である平衡点（両種の個体数がつり合った点）を中心にした反時計回りの閉曲線になる（図3.17d）．

この Lotka-Volterra モデルから，被食者と捕食者はそれぞれ r_2/a_2 と r_1/a_1 で表される平衡密度の回りを振動，つまり，位相のずれた周期的な個体数変化を示すことがわかる（図3.18）．被食者が増えればそれにつれて捕食者も増え，捕食者に食われることで被食者が減ると捕食者も減少する．捕食者の個体数の変化が被食者の変化に追随することで，両者の個体数の周期的な変動が生じるのである．この結論は直感的にも納得できるだろう．また個体数変動の周期（T）は，

$$T = \frac{2\pi}{\sqrt{r_1 r_2}} \tag{3.21}$$

で与えられる．この式から，被食者の内的自然増加率や捕食者の死亡率が大きいときには，個体数変動の周期は短くなることがわかる．

以上のような Lotka-Volterra モデルでは，捕食者と被食者の世代が重複している場合の個体数の連続的な時間経過を扱うために微分方程式が用いられている．しかし，多くの昆虫では世代が不連続であるため，A. J. Nicholson と V. A. Bailey は寄生バチのような捕食寄生者を念頭において，世代が分かれている寄主と捕食寄生者の個体数の時間経過を扱う差分方程式（Nicholson-Bailey モデル）を提案した[48]．

まず，相手がいないときに寄主（H）と捕食寄生者（P）の個体数は指数的に増加すると仮定し，それぞれの内的自然増加率を r_1 と r_2 とする．時間 $t+1$ での両者の個体数は，

$$H_{t+1} = r_1 H_t$$
$$P_{t+1} = r_2 P_t$$

である．時間区間（$t, t+1$）で寄主が寄生を逃れる確率関数を $f(H_t, P_t)$ とすると，$t+1$ での寄主の個体数は $r_1 H_t$ と寄生を逃れた個体数 $f(H_t, P_t)$ の積，捕食寄生者の個体数は $r_2 P_t$ と寄生された個体数 $(1-f(H_t, P_t))$ の積で表される．

$$H_{t+1} = r_1 H_t f(H_t, P_t) \tag{3.22}$$
$$P_{t+1} = r_2 P_t (1 - f(H_t, P_t)) \tag{3.23}$$

単位時間あたりに N_e の寄生が起こるとすると，捕食寄生者1個体あたりの寄主発見率（a）は寄生数と寄主数の比（N_e/H_t）で定義できる．寄生総数は，捕食寄生者1個体あたりの寄主発見率と捕食寄生者数の積なので，

$$N_e = aP_t H_t \tag{3.24}$$

である．ここで a を粗寄主発見率，それに捕食寄生者の数をかけた aP_t を純寄主発見率としよう．$f(H_t, P_t)$ の確率関数について，$P_t = 0$ なら $f = 1.0$ である．P_t が大きくなるにつれて，寄生を逃れる確率は0に漸近する．そこで Nicholson は寄生がランダム

に起こると仮定し，f をポアソン分布の 0 次項に比例すると考えた．つまり，寄生を逃れる確率は，

$$f(H_t, P_t) = e^{-\frac{Ne}{Ht}} \qquad (3.25)$$

となり，この式に(3.24)式を代入すると，

$$f(H_t, P_t) = e^{-aPt} \qquad (3.26)$$

である．これを(3.22)，(3.23)式に代入すると，以下の寄主と捕食寄生者の個体数を表す Nicholson-Bailey の差分方程式モデルが得られる．

$$H_{t+1} = r_1 H_t e^{-aPt} \qquad (3.27)$$
$$P_{t+1} = r_2 H_t (1 - e^{-aPt}) \qquad (3.28)$$

このモデルでは，Lotka-Volterra モデルと同じく寄主と捕食寄生者との間には周期的な振動が生じるが，時間とともに振幅が大きくなり，やがて両者ともに絶滅に至る（図 3.19）．しかし，自然界では寄主と捕食寄生者が絶滅することなく，両者の関係が長期にわたり維持されていることも多い．そこで，この絶滅というモデルの予測を回避するために，相互の干渉，捕食寄生者の集中，捕食寄生者からの隠れ場所を含む空間的な異質性などを組み込んだ，より現実的なモデルが提案されている[24]．

上記の食うものと食われるもののモデルは，両者の個体群動態を理解する上では直感的でわかりやすいが，その仮定は必ずしも現実を反映したものではない．例えば被食者の密度が変化すると捕食者の反応も変わるが，それには捕食者 1 個体が被食者を捕獲し処理する能力にかかわる機能の反応（functional response）と，被食者の密度の増加に対する捕食者密度の変化に関する数の反応（numerical response）があり，機能の反応はさらに 3 つのタイプ（Ⅰ，Ⅱ，Ⅲ）に分けられる（図 3.20）．タイプⅠでは捕食者 1 個体の捕食数は被食者の密度に比例して増加し，ある閾値を超えると一定になる．これに対して，タイプⅡでは捕食数は被食者の密度とともに増加するが，捕食者

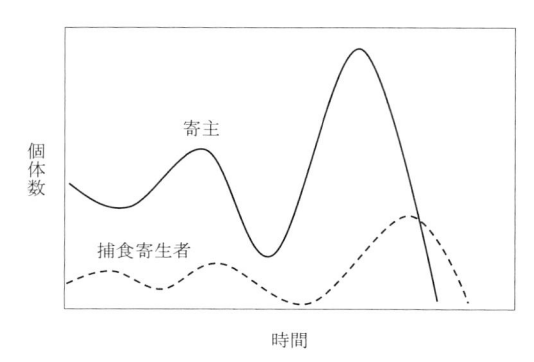

図 3.19 Nicholson-Bailey モデルが予測する寄主（実線）と捕食寄生者（破線）の個体数変化

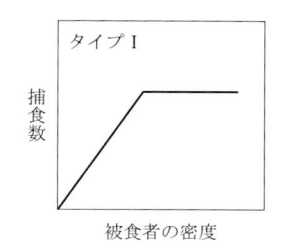

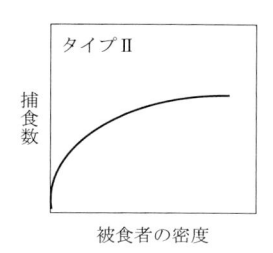

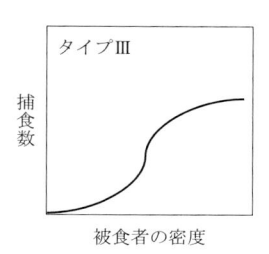

図 3.20 被食者密度に対する捕食者の機能の反応

が飽食するために，捕食率はしだいに低下する飽和曲線になる．多くの昆虫（テントウムシ，カマキリ，寄生バチなど）がこのタイプの反応を示す．タイプⅢでは，捕食数は餌密度が低いときにはゆっくり増え，高くなると急に増加し，それ以上になると減少するというS字型の曲線を示す．このタイプの反応は，多くの脊椎動物や無脊椎動物の捕食者だけでなく，捕食寄生者にも見られる．

Holling (1959) はタイプⅡの機能の反応について，目隠しした人を捕食者に見立て，机上に餌に見立てた多くの紙の円盤を置き，手が円盤に触れる（捕食者が餌を見つける）とそれをとって別の台の上に置く（捕食者が餌を殺して食べる）という実験を繰り返した．この実験結果に基づいて，タイプⅡの機能の反応を示す円盤方程式（disc equation）が提案されている[26]．

まず，円盤に触れる確率は円盤の総数に比例すると仮定し，t_s を机上の円盤に触れるのに要した総時間（捕食者が餌を探しあてる時間に相当し，探索時間（traveling time）と呼ばれる）とすると，とられた円盤の数 (n) は t_s と円盤の総数 (N) の積に比例し，a を円盤の獲得効率を示す定数とすると，次のようになる．

$$n = aNt_s \tag{3.29}$$

見つけた円盤を台の上に置く時間（捕食者が餌を殺し，運び，食う時間に相当し，処理時間（handling time）と呼ばれる）を h とすると，捕食にかかる合計時間 (T) は，

$$T = t_s + nh \tag{3.30}$$

となる．(3.29)，(3.30)式から t_s を取り去ると，

$$n = \frac{aTN}{1 + ahN} \tag{3.31}$$

となり，これが Holling の円盤方程式と呼ばれるものである．つまり，タイプⅡの機能の反応は捕食者の餌の獲得効率，探索時間，処理時間によって決まる．この式から，いくら餌が多くても探索時間と処理時間による制約があるので，捕食量は無限には増えないことがわかる．この機能の反応を組み込むことにより，捕食者と被食者の個体群動態モデルが拡張されている[24]．

一方，数の反応はどうだろうか．多くの場合，捕食者の個体数は被食者の密度に反応して増加するが，その理由として捕食者の被食者への集中と，捕食者の増殖率の増加という2つの要因が挙げられる．捕食者は被食者の密度が高い場所に集まる傾向があるが，これは短期的な反応である．これに対して，餌を食べることによる捕食者の増殖率の増加は世代を越えた長期的な反応である．また，数の反応は空間スケールによっても変わる．例えば，捕食者であるテントウムシには餌のいる植物を区別できる種もいるが，植物の群落でしか区別できない種もいる[70]．
　一般に，捕食者は被食者を捕獲して殺すため，被食者の個体数を減少させる．これを，捕食者の消費効果（consumptive effect）と呼んでいる．しかし直接殺さなくても，捕食者がいるだけで被食者の行動や形態あるいは生活史が変わるため，被食者やその相互作用に大きな影響を及ぼす非消費効果（non-consumptive effect）が注目されている．例えばバッタはクモがいるだけで，捕食を避けるために植物を食べる時間を減らしたり，隠れたり，場所を移動したりする．このため餌を十分にとることができず，間接的に成長率や生存率が低下することがわかっている．
　捕食者は植食者だけでなく他の捕食者も餌としていることが多く，体の大きな捕食者が小さな捕食者を食べることはしばしば起こる．このような捕食者どうしの食う食われる関係を，ギルド内捕食（intraguild predation）と呼ぶ．捕食者と被食者の関係に捕食者を食べる上位の捕食者が加わると，従来の捕食圧が緩和されるために被食者の密度が増えると考えられている．Rosenheim *et al.*（1993）は，ワタの害虫であるワタアブラムシ *Aphis gossypii*（被食者）とヤマトクサカゲロウの幼虫（捕食者），さらにオオメカメムシ属のカメムシ *Geocoris* spp. とマキバサシガメ属のカメムシ *Nabis* spp.（上位捕食者）の食う食われる関係において，ギルド内捕食がアブラムシの密度に与える効果を野外実験で明らかにした[69]．カメムシがいると，クサカゲロウ幼虫の生存率がカメムシがいない場合の12％にまで低下する一方で，クサカゲロウのアブラムシに対する捕食圧が低下したために，アブラムシの密度は2倍になった．このように，ギルド内捕食は害虫に対する天敵の抑制効果を弱めてしまうと考えられているが，上位の捕食者が下位の捕食者（あるいは捕食寄生者）だけでなく被食者にも強い捕食圧を与える場合には，結果的にギルド内捕食の被食者に対する効果を弱めたり，逆に被食者の密度を低下させることもある[77]．また最近の理論研究により，ギルド内捕食は食物網の安定性を大きく左右することが指摘されており，群集の存続に果たす役割がクローズアップされている[45]．

b. 昆虫-植物（植食）
　自ら必要なエネルギーを光合成によってつくり出すことができる植物とは異なり，昆虫はエネルギーを他の生物に依存しなければならない．植物と昆虫の直接的な相互作用は，この食う食われる関係に基づいており，これを動物間で生じる捕食に対して

植食（herbivory）と呼ぶ．植物には葉，茎，枝，根，花，果実，種子などさまざまな器官があるが，植食性昆虫は種によって特定の器官を利用しており，それらをより効率よく利用できるように進化してきた．例えばアブラムシのような吸収性昆虫は，植物の葉や茎に突き刺して師管液をうまく吸うことができるストロー状の口吻をもっている．

動物は捕食者に食べられれば死んでしまうが，植物は植食者に食べられても死ぬことはめったにない．さらに，陸上生態系での被食の割合は植物の年生産量の 10 ～ 20 %にすぎない[14, 63]．そのため，この程度の軽微な食害は植物の成長や繁殖に対して大きな影響を与えることはないと考えられてきた．一方で，昆虫にとっても植物の役割は過小評価されてきた．Hairston *et al.*（1960）は，植物の被食率が低い理由は植物資源が余っているからであり，植物が植食者の個体群を制限することはないと主張した[22]．後年 HSS 仮説として有名になったこの考え方は，その後の相互作用の研究に大きな影響を与えることになり，両者の食う食われる関係は動物間の食う食われる関係に比べて注目されなくなったのである．

しかし近年になって，昆虫は植物の生存や繁殖に大きな影響を与えることがわかってきた．Crawley（1985）は，春先に芽吹くオウシュウナラの新葉を食べる昆虫を農薬散布によって排除し，秋に結実するドングリ（種子）の生産量に対する植食の影響を調べた[12]．農薬を散布しなかった個体の食害率はわずか数 % 程度であったにもかかわらず，ドングリの数は農薬の散布によって昆虫を排除した場合の半分以下になった上，この影響は 4 年間も続いたのである（図 3.21）．

一方，昆虫の個体群動態や寄主植物の選択においても，植物の形質がきわめて重要であることがわかってきた．すでに述べたように，ヤマトアザミテントウの個体群はアザミの現存量によって強く制限されている．このため，産卵数の年次変化はアザミの茎数の変化と見事に同調しており，アザミの現存量によって説明できる（図 3.22）．

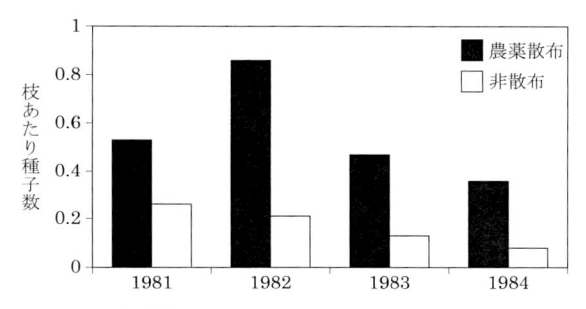

図 3.21 農薬散布後のオウシュウナラの種子数の年次変化（文献[12]より作成）
1981 年の春に農薬の散布を行った．

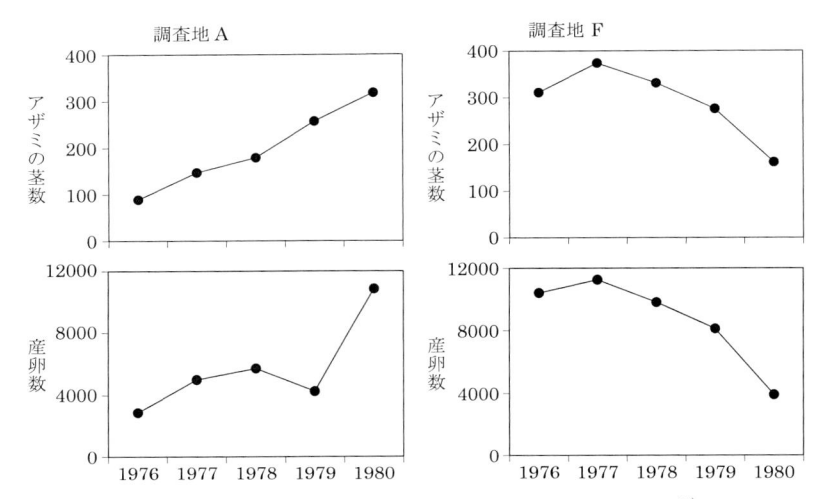

図 3.22 ヤマトアザミテントウの産卵数とアザミの茎数の年次変化（文献[52]より作成）
調査地 A での 1979 年の産卵数の大きな減少は，産卵後期の大規模な洪水によって成虫が消失したことによる．

しかしアザミの被食率は 20% を超えることがなかったので，両者の同調の理由は寄主植物の食いつくしによるものではない．この両者の強い関係は，アザミの量と質の時間的・空間的な変化に対するテントウムシの（次世代の子供の数を多くするための）産卵戦術によるものである（詳しくは文献[53, 57]を参照）．

以上のように，わずかな食害であるにもかかわらず，植物と昆虫は互いに強い影響を与えあっている事実が明らかになってきた．それに伴って，植物と昆虫の相互作用についての生態学的・進化学的研究が飛躍的な発展を遂げている．

3.2.5 相互作用は変わる

種間相互作用は決して不変ではなく，物理的な環境要因，個体群の構造，個体の発育段階，遺伝子型や表現型，間接効果などによって変わることがある．アリとアブラムシの相利共生では，アブラムシの甘露の質は植物の成分（主に窒素）によって決まるので，窒素の少ない質の悪い植物を利用しているアブラムシはアリに守ってもらえないばかりか，逆に食べられてしまうことさえある[13]．アリは質の悪い甘露を摂取するよりも，より栄養に富んだアブラムシを食べた方が得だからである．つまり，彼らの関係はコストとベネフィットのバランスによって，相利共生から被食・捕食の関係へと，いとも簡単に変わりうる．このような種間関係の変化は，進化によっても生じる．すでに述べたイチジクとイチジクコバチの関係は，もともとイチジクコバチによ

る果実の寄生という敵対的関係が共生的関係に進化した好例である．

3.2.6 昆虫に対する植物の防衛
a. 直接防衛と間接防衛
　固着生物である植物は動物と違い，敵に襲われても逃げることができない．とはいえ，敵によって一方的に利用されているわけではなく，植物は植食者との食う食われる関係を通して種々の防衛戦略を進化させてきた．

　これに対して，昆虫もさまざまな対抗手段を進化させている．多くの植物はアルカロイドやフェノールなどの二次代謝物質を用いて植食者から身を守っているが，植食者は植物の防衛物質を解毒する酵素を獲得すると植物を再び利用できるようになる．カラシ油配糖体を防衛に用いているアブラナ科の植物を利用するモンシロチョウの幼虫は，これらの毒物質を解毒できるようになったスペシャリスト（特定の寄主植物しか利用しない植食者）であり，他の昆虫が利用できない植物を独占できるという利点がある．また，ハムシやチョウに代表される多くのスペシャリスト昆虫は植物の防衛物質を積極的に取り込んで，それを天敵に対する防衛に使っている[60]．このため植物は，スペシャリストに対して新たな防衛物質をつくり続ける必要に迫られる一方で，昆虫もそれに合わせてまた新たな対抗手段を進化させる．このように，植物は昆虫と抜きつ抜かれつの攻防を繰り返す共進化によって，多様な防衛手段を獲得してきた．この進化プロセスは，生物多様性を生み出す原動力になった進化的軍拡競走（evolutionary arms race）として広く知られている．

　植物の防衛には，植物自身が行う直接防衛（direct defense）と，他の生物を利用する間接防衛（indirect defense）がある．直接防衛の例としては，アカシアやアザミの棘や，茎や葉の表面に密生するトリコームという細かい毛が知られており，これらは植食者の摂食そのものを妨げる．例えば，ヤマハハコの茎から吸汁するホソアワフキ *Philaenus spumarius* の若齢幼虫はトリコームがあると吸汁できないが，それを取り除くとたやすく利用できるようになる[25]．また，植物に含まれる二次代謝物質は昆虫の発育を阻害し生存率を下げる[33]．このような二次代謝物質は，アルカロイドや青酸配糖体のように毒性を示す質的物質（qualitative substance）と，フェノールやタンニンのように毒性はないが量が多いと消化阻害を引き起こす量的物質（quantitative substance）に分けられる．防衛化学物質の量は，植物の部位や遺伝子型のような植物の形質だけでなく，光，土壌栄養，季節など植物が生育している環境条件の違いによっても大きな変異が見られる．

　一方，間接防衛はアリや寄生バチ，内生菌など他の生物によって身を守ってもらう戦略である．多くの植物は昆虫に食べられると特有のにおいを出し，植食者の天敵である寄生バチや捕食者を誘引する[19]．またイネ科植物は，内生菌がつくり出すアルカ

b. 誘導防衛

防衛の機能をもつ二次代謝物質をつくるためにはコストがかかるが，植物は光合成産物を防衛・成長・繁殖に投資しなければならず，防衛に投資しすぎると成長や繁殖にまわす資源が不足する．このため，植物の成長と防衛との間にはしばしばトレードオフ（負の相関）が見られる．そこで多くの植物は，防衛物質の生産を低いレベルにとどめておき，食害を受けるとただちに増やす誘導防衛（induced defense）というユニークな戦略をとっている．

二次代謝物質を用いた誘導防衛反応は，植物の生活型や分類群にかかわらず普遍的に見られる．タバコは植食者による食害を模して摘葉するとアルカロイドをただちに増やし，1週間で5倍近くまでレベルを上げる（図3.23a）．しかしそれも長くは続かず，半月後にはまたもとのレベルに戻る．長期間にわたり防衛物質をつくり続けるのはコストがかかるからである．しかし，カンバのような木本ではその持続期間はずっと長く，森林昆虫の大発生によって誘導されたフェノールは数年間にわたって高いレベルに維持されている（図3.23b）．これは，多年生の木本では植食性昆虫の大発生がしばしば複数年にわたって続くため，それに備えなければならないからである[47]．

被食による防衛形質の変化は化学物質だけではない．トリコームや棘のような物理的構造も，被食を受けると変化する．セイヨウイラクサの葉の表面に密生しているトリコームの密度は，摘葉の後につくられる葉では2倍に増える[66]．また，花外蜜によりアリを誘引して間接防衛を行うアメリカキササゲでは，スズメガの一種 *Ceratomia catalpae* の幼虫による食害を受けると蜜量を増やす[46]．

植物は昆虫や草食動物などに食べられると，休眠芽から新しい枝を伸ばすなど，し

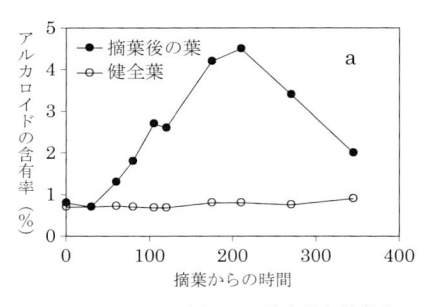

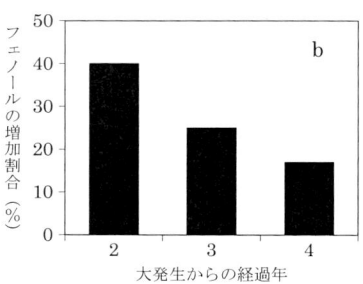

図3.23 植食者が誘導する二次代謝物質の時間変化
a：タバコの葉の摘葉後のアルカロイドの割合（乾燥重量あたり）（文献[5]より作成）．b：森林昆虫の大発生後のカンバの葉に含まれるフェノールの平年平均値に対する増加割合（文献[79]より作成）．

ばしば二次的な成長を行う．植物のもう1つの防衛戦略は，このように被食後に食べられた器官を再成長によって補うというものである．これは補償成長（compensatory growth）と呼ばれており，木本や草本を問わず多くの植物で一般的に見られ，頂芽優性（茎に頂芽と側芽がある場合，頂芽が側芽の成長を抑制する現象）の解除，光合成活性の増加，根からの資源の転流などによって行われる．例えばコウモリガ *Endoclita excrescens* の幼虫がカワヤナギの幹に穿孔すると，カワヤナギは成長のよい多くの側枝を伸ばす．食害のない枝に比べると，新たに伸長してきた側枝の数と長さは，それぞれ3倍と6倍になる[82]．さらに食害だけでなく，枝などに損傷を与える昆虫の産卵行動によっても，補償成長が誘導される[50]．

3.2.7 生物群集の中での相互作用

自然界では，いかなる生物も他の生物と何らかの相互作用で結ばれている．複数の種が互いに関係をもちながらネットワークで組織化された実体が群集（community）である．生物群集の中では，ある生物の個体数や形質の変化は生物間ネットワークを通して，他の生物に対してさまざまな影響を与えている．

植物は植食者に食べられ，植食者は捕食者に食べられる．これまで生物群集の構造は，この食う食われる関係に基づく食物連鎖が組み合わさった食物網（food web）で描かれてきた．食物網は生物間のネットワークを理解するために重要であるが，食う食われる関係は生物群集の中で生じている相互作用の1つにすぎない（表3.2参照）．近年，間接効果（後述）が生態系における生物多様性を形づくる上で不可欠な役割を果たしていることが理解され始めたのに伴い，従来の食物網では考慮されなかった，食う食われる以外の関係（non-trophic interaction）が注目されている．

3.2.8 間接効果

ここまで2種の間で生じる相互作用を見てきたが，自然界ではある生物は2種以上の他の生物と関係をもっている．このような生物群集の中では，2種間の関係は第3種が存在すると全く異なる様相を見せることがあり，3種以上の相互作用系に特徴的なこの効果を間接効果（indirect effect）と呼んでいる．自然界では普遍的に生じている現象で，ある生物の変化はこの間接効果によって群集を構成する他の生物に波及していく．このため，間接効果は生物群集や生物多様性（biodiversity）を決める上で決定的な役割を果たしていることがわかってきた．

間接効果は第3種のかかわり方により，密度の変化を介する効果（density-mediated indirect effect）と，行動，生理，形態などの個体の形質の変化を介する効果（trait-mediated indirect effect）に分けられる（図3.24）．密度を介する間接効果とは，種Aが種Bの密度を変化させ，種Bの変化が種Cの密度や適応度を変化させる場合の，種

Aが種Cに与える効果のことである．これに対して形質を介する間接効果とは，種Aの作用により種Bの行動，生理，形態などの形質が変化し，種Bと関係する種Cの密度や適応度が変化する場合の，種Aが種Cに与える効果のことである．

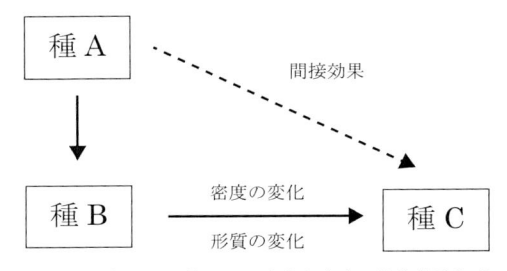

図3.24 種Aから種Cへの密度を介する間接効果と形質を介する間接効果
実線は直接効果を表す．

密度を介する間接効果は各種の密度の変化を順に追うことで明らかにできるが，形質（行動や形態など）の変化を伴う間接効果の検出ははるかに難しく，その解明は大きく遅れていた．しかし最近になって，形質を介する間接効果は密度を介する間接効果と同等か，それ以上の大きな影響を生物群集に与えることがわかってきた[56]．上述したように，植物は食べられるとさまざまな形質を変化させるため，同じ植物を利用する昆虫の間には植物の形質変化を介する間接相互作用が普遍的に生じている．以下，その特徴を明らかにしていこう．

a. 植物形質の変化が生み出す相互作用

植物の質は植食性昆虫の成長や生存を左右するため，多くの植食性昆虫は質のよい植物を見つける寄主探索能力を進化させてきた．アメリカ・ニュージャージー州の潮間帯湿地に生育するイネ科植物のヒガタアシを利用する *Prokelisia* 属の2種類のウンカ，*P. dolus* と *P. marginata* の間には，寄主植物の質の変化を介した間接相互作用が見られる[18]．*P. dolus* が吸汁した株では *P. marginata* の発育期間が長くなり，サイズも減少した．これは，*P. dolus* の吸汁によって植物に含まれる必須アミノ酸が減少したことによるものと考えられる．このように，食害が植物の質を低下させたり誘導防衛を発現させることで，その後に植物を利用する昆虫に負の影響を与えることが明らかになっている．

一方，食害が正の効果をもつこともある．カレハガの一種 *M. californicum pluviale* の食害を受けたハンノキで育ったアメリカシロヒトリの幼虫は成長がよくなり，サイズが大きくなる[89]．これは，食害を受けるとその後に展開してくる葉の質がよくなるからである．また，ジャヤナギの枝にヤナギマルタバエ *Rabdophaga rigidae* による虫こぶができると，ヤナギは補償反応により側枝を盛んに伸長させる．その結果，側枝を利用するヤナギアブラムシ *Aphis farinosa* とヤナギルリハムシ *Plagiodera versicolora* の個体数が増加する[44]．これは，側枝の伸長に伴い窒素と水分に富んだ新葉がつくられ，彼らにとって好適な食物資源が増えたからである．

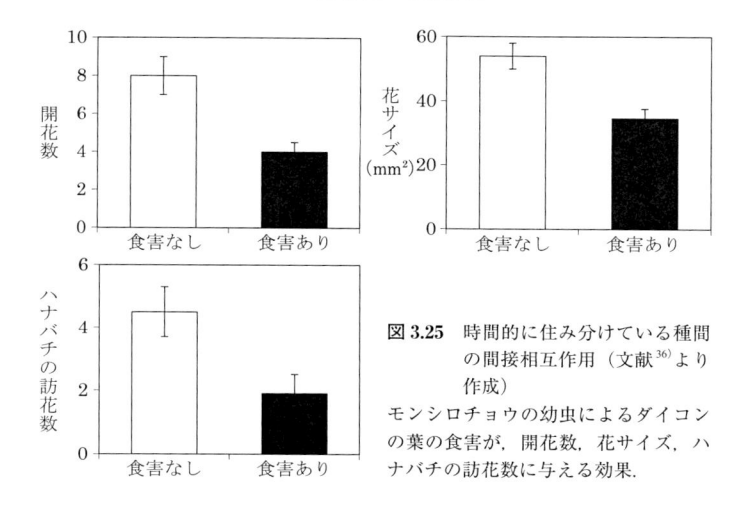

図 3.25 時間的に住み分けている種間の間接相互作用（文献[36]より作成）
モンシロチョウの幼虫によるダイコンの葉の食害が，開花数，花サイズ，ハナバチの訪花数に与える効果．

b. 時間的に住み分けている種間の相互作用

植食者による食害に対する二次代謝物質の増加や補償成長などの反応は，多かれ少なかれ時間の遅れを伴う．このため，時間的に住み分けている植食者の間に間接相互作用が生じる．例えば春先の新葉の食害はその後に展開する葉の質や量を変化させ，季節の後半に現れる昆虫の生存・繁殖・個体群成長に影響する．

昆虫の利用による植物の変化は，食害を受けた器官だけにとどまらない．植物の成長初期での葉の食害が，繁殖期の花や果実にも大きな影響を及ぼすことがわかっている．例えば，春に葉の食害を受けたカボチャの花は開花数や花粉量が減少する[67]．さらに，開花期の遅れ，花蜜量の減少，花粉活性の低下といった影響も報告されている．

このような成長初期での昆虫の食害による花数や花蜜量の低下は，送粉者に対する報酬の減少を招き，花と送粉昆虫との関係を大きく変えてしまう．モンシロチョウの幼虫に食害された野生のダイコンは花の数とサイズが大きく減少するため，主要な送粉者であるハナバチの訪花個体数は半分以下に低下する（図 3.25）．

これまでの花と送粉者の相利共生に関する研究では，葉や根の被食の効果が考慮されることはなかった．これは，開花期での花と送粉者の関係しか見てこなかったからである．しかし，植食者と送粉者の植物を介した間接相互作用は頻繁に生じており，この実態の解明は植物と送粉者の共生の理解に新たな光を投げかけるものと期待されている．

c. 空間的に住み分けている種間の相互作用

上述したように，葉の被食に対する植物の変化は花にまで波及する．これが，利用場所を異にする生物の間に間接相互作用が生じる理由である．その典型例は，地上部

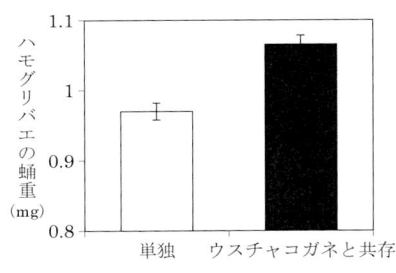

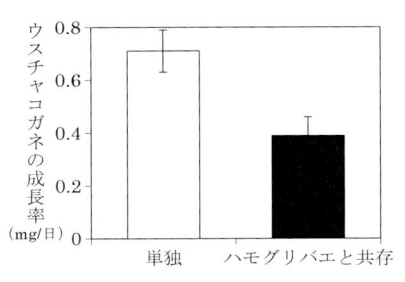

図3.26 空間的に住み分けている種間の間接相互作用（文献39)より作成）
ノゲシを寄主植物にするハモグリバエの蛹重と，ウスチャコガネの幼虫の成長率．

と地下部に生息する昆虫間の間接相互作用である．ノゲシの根を食べるウスチャコガネの一種 Phyllopertha horticola の幼虫と葉に潜るハモグリバエの一種 Chromatomyia syngensiae の幼虫の間には，空間的に住み分けている種間の相互作用が生じている（図3.26）．ウスチャコガネに根を食べられた株では，ハモグリバエの発育がよくなり成虫も大きくなる．これに対して，ハモグリバエによる葉の被害が顕著な株ではウスチャコガネの発育が悪くなる．根は植物の成長に必要な水分や養分を土壌から吸い上げているため，根の食害は植物にとって大きな生理的ストレスになる．ストレスを受けた植物はしばしば光合成の活性を高めて葉に含まれる窒素を増やすことが知られており，葉を食べる昆虫の生存や発育がよくなるのである．一方，葉の食害は光合成によってつくられる同化産物を減らし，それを貯蔵する根が小さくなるため，根を食べる昆虫の生存や発育が悪くなると考えられている．

植食者から送粉者への影響については，貯蔵器官である根の食害が送粉者に対してプラスの間接効果をもたらすこともある．ナガミノハラガラシの根がコメツキムシの一種 Agriotes sp. の幼虫による食害を受けると，セイヨウミツバチ Apis mellifera の訪花頻度が16％も増える[65]．これは，根を食べられることによって遊離アミノ酸や炭水化物の量が増え，花蜜の糖分が増加したためであると考えられている．

d. 系統的に離れている種間の相互作用

植物は昆虫だけでなく，草食動物・鳥類・菌類・寄生植物・微生物などさまざまな生物によって利用されている．このため，被食に反応した植物の変化を通して，系統的に遠く離れた生物にも間接効果を及ぼすことがある．

草食動物による植物の採食は，多様な昆虫に影響を与えることがわかっている．春先にヘラジカによる採食を受けたカンバでは葉が大きくなり，窒素やクロロフィルが増える．この植物の質の変化に反応して，その後に利用するアブラムシ，潜葉性昆虫，虫こぶ昆虫，アリなどが増える[15]．同様に，ヘラジカやウサギに採食されたポプラとヤナギでは，ケージで囲って採食を防いだ木に比べて，新葉に虫こぶをつくる

3.2 種間関係と生物群集

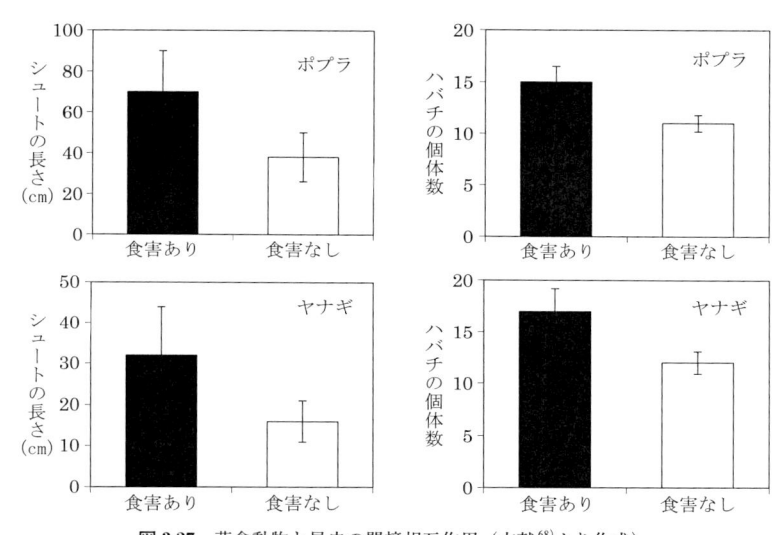

図 3.27 草食動物と昆虫の間接相互作用（文献[68]より作成）
ヘラジカやウサギの採食によるポプラとヤナギのシュート長と *Phyllocolpa* 属のハバチの個体数の変化.

Phyllocolpa 属のハバチ *Phyllocolpa* spp. の密度が増える（図 3.27）．これは，草食動物に食べられると補償成長によって栄養に富んだ葉や枝が多数つくられるからである．また，ビーバーによって切り倒されたポプラは，切り株から新しい枝が盛んに伸びてくる．これらの枝や新葉にはフェノール配糖体や窒素が多く含まれるため，若葉から二次代謝物質を取り込み天敵に対する防衛に使っているハムシの一種 *Chrysomela confluens* や，葉の縁を折りたたんで虫こぶをつくるハバチの一種 *Phyllocolpa* sp. の数は 10 倍以上も増加する[4, 38]．

同じ植物を利用する昆虫と微生物（病原菌・内生菌・菌根菌など）の間にも，植物の形質の変化による間接的な相互作用が見られる．ヤナギルリハムシがさび病菌に感染したヤナギの葉を食べると，発育が悪くなり死亡率は 2 倍になるが[73]，これは感染葉に含まれる摂食阻害物質が増えたからだと考えられている．一方，ハムシに食べられるとヤナギは抗菌物質をつくるため，さび病の感染率もハムシの食害株では半分近くに低下する．

逆に，微生物が昆虫に対してプラスの効果をもつこともある．カンバの葉が糸状菌に感染すると，その葉から吸汁するアブラムシの一種 *Euceraphis betulae* の密度が高くなる[32]．感染した葉は遊離アミノ酸が多くなるため，アブラムシの発育がよくなり個体数も増えたものと考えられる．

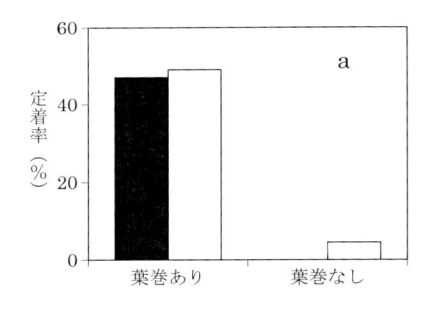

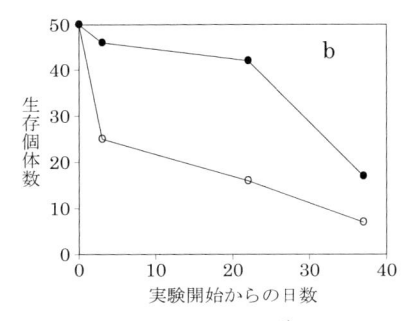

図 3.28 カンバの葉を巻くマダラメイガの幼虫と二次利用者の間接相互作用（文献[7]より作成）a：葉巻のある枝とない枝でのガの幼虫（黒）とクモ（白）の定着率．b：マダラメイガの幼虫の生存個体数．●と○は葉巻のある枝とない枝を示す．それぞれ25本の枝に2個体ずつ幼虫を接種した．

e. 構造物を介した間接相互作用

生息場所を改変する生態系エンジニアは，他の生物に新たな生息場所を提供するため，二次利用者との間に間接的な相互作用を生み出している．陸上植物の上には虫こぶや葉巻をつくる多数の昆虫がおり，彼らがつくったさまざまな構造物は多くの昆虫に対して，捕食や低温および乾燥からの回避場所，質のよい食物の提供という恩恵を与えている．

幼虫がカンバの葉を巻くマダラメイガの一種 *Acrobasis betulella* が成虫になって出ていった後には，空になった葉巻に多くのガの幼虫やクモが住み込む．人工の葉巻を用いて，葉巻のある枝とない枝で定着率を比較したところ，いずれも葉巻のある枝の方が有意に高くなった（図 3.28）．さらに，同種のマダラメイガの幼虫を葉巻のある枝とない枝に接種したところ，生存率は葉巻のある枝の方が高くなった．このように，植物上に構造物をつくる生態系エンジニアと構造物の二次利用者との間には，片利的な間接相互作用が生じている．

f. 植物を介する相互作用の特徴

以上の例が示すように，被食による植物の形質変化はさまざまな間接相互作用を生み出している．中でも，時間的・空間的に住み分けている生物間の相互作用と，系統的に離れている生物間の相互作用の存在は，生物群集がきわめて複雑なネットワークで構成されていることを物語っている．

また，植物を介した間接効果は相手にとってプラスの影響を与えることがしばしばある．同じ資源を利用する生物間にも相利や片利関係が生じているという新たな事実によって，資源を奪いあう種間競争だけに注目してきた従来の見方を修正する必要に迫られている．このように，植物を介した植食者間に生じる間接効果を考慮することで，2種間の直接関係からは予想もできなかった，多様な生物間相互作用の姿が明らかに

3.2.9 生物多様性を生み出す植物と昆虫の相互作用

植物を介する昆虫間の間接的な関係は，植物上の植食者だけでなく，捕食者も含めた昆虫群集全体の構造や生物多様性に大きな影響を及ぼしている．

Waltz and Whitham (1997) は，ハコヤナギを寄主植物にしているゴール形成性アブラムシ（タマワタムシ）の一種 *Pemphigus betae* とハムシの一種 *C. confluens* が，ハコヤナギ上の昆虫の種多様性と個体数を大きく変えることを見出した（図3.29）．ハコヤナギからアブラムシを除去すると，昆虫の種数と個体数はそれぞれ32％と55％も減少した．これは，アブラムシの甘露が誘引するアリなどの昆虫とアブラムシの捕食者が減少したことに加え，他の植食者にとって栄養的に質のよい新葉を増やすアブラムシの効果が消失したことによると考えられている．一方でハムシを除去すると，逆に昆虫の種数と個体数はそれぞれ2倍と1.6倍に増えた．ハムシの食害は新梢の成長を阻害するため，ハムシの除去により枝の成長がよくなり，他の昆虫が利用できる食物資源が増えたためである．

また，前述したコウモリガの幼虫は，捕食者を含めた昆虫群集を大きく変えてしまう[83]．コウモリガの幼虫による食害に反応して，カワヤナギは側枝を盛んに伸張させ

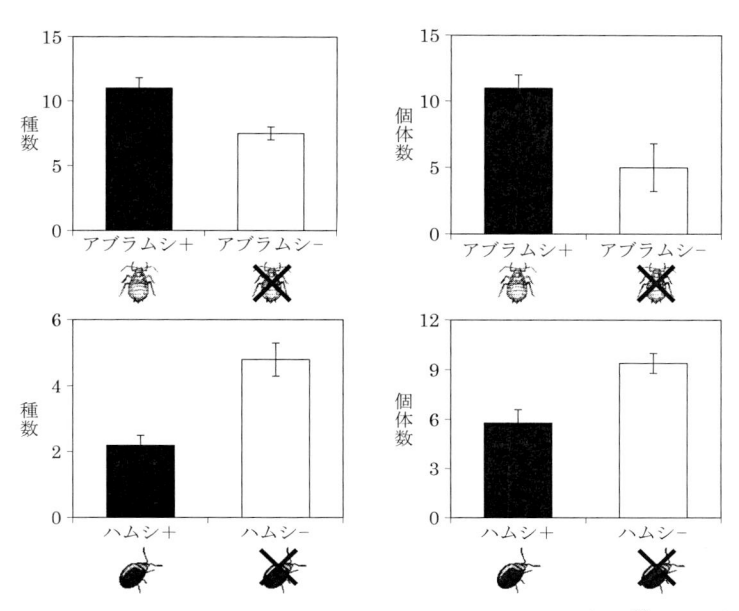

図 3.29 ハコヤナギの昆虫群集に対するアブラムシとハムシの効果（文献[87]より作成）

る．このため多くの新葉がつくられ，それを利用する植食性昆虫の種数と個体数がそれぞれ 2.0 倍と 3.4 倍に増加する．ただし，この植物の変化に反応したのはもっぱらヤナギを利用するスペシャリストだけで，(多くの植物種を利用している)ジェネラリストの個体数は変わらなかった．また捕食者の種数と個体数もそれぞれ 7.1 倍と 2.8 倍に増加し，これにより群集構造も様変わりした．このように，植食者が誘導する植物の形質変化は，植物に依存する昆虫群集のあり方さえ一変させることがわかってきた．

以上のように，生物群集の中でのある昆虫の影響は，相互作用のネットワークを通して群集全体の多様性や個体数にも波及する．特に植食者が誘導する植物形質の変化は，間接相互作用によって複数の食う食われる関係を結びつけ，新たな相互作用のネットワークをつくり出す．Ohgushi (2005) はこのネットワークを間接相互作用網 (indirect interaction web) と呼んだ[54]．

ここではその一例として，ヤナギ上の間接相互作用網を見てみよう (図 3.30)．石狩川の河畔に生育しているエゾノカワヤナギは，茎から汁を吸うマエキアワフキ *Aphrophora pectoralis*，葉を巻いて巣をつくるハマキガなどの幼虫，葉を食べるヤナギルリハムシなどに利用されている．これらの昆虫の利用によるヤナギの変化は，彼らの間に思いもよらない相互作用の連鎖を生み出している[58]．アワフキは夏の終わりにヤナギの枝の中に卵を産み込むため，枝の先端部分は枯れてしまう．しかし翌春になると，卵を産み込まれた枝の基部からたくさんの新しい枝が伸び始めて数多くの新葉がつくられ，柔らかい葉を綴って巣をつくるハマキガの幼虫が 60% も増える．これは，前年のアワフキの産卵が翌年のヤナギの枝の成長を促し，幼虫の巣となる新葉を増やしたからである．初夏になると，ハマキガは成虫になって巣から出ていくが，残

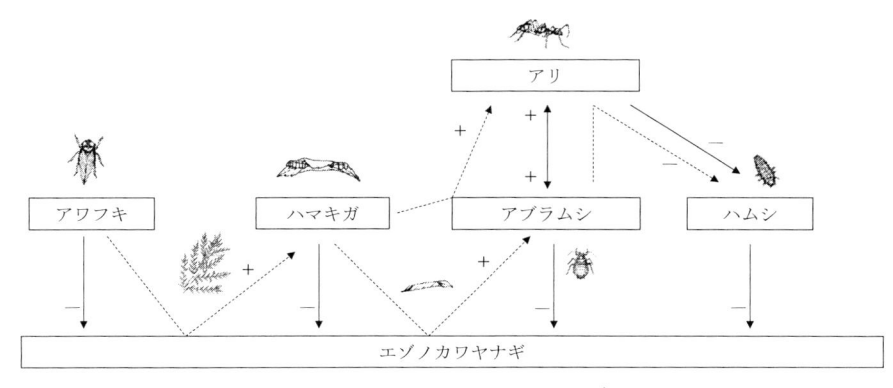

図 3.30 ヤナギの上の間接相互作用網 (文献[54]より作成)
実線と破線はそれぞれ直接効果と間接効果を，+と-は正と負の効果を表す．

された葉巻はヤナギクロケアブラムシの格好の住み家となる．実際，空になった葉巻の75%以上がこのアブラムシに利用される．葉巻の中のアブラムシのコロニーが大きくなると，クロオオアリ *Camponotus japonicus*，ハヤシケアリ *Lasius hayashi*，エゾクシケアリ *Myrmica jessensis* がアブラムシの甘露を舐めに集まってくる．これらのアリは他の昆虫を追い払うため，葉巻のある枝ではハムシの幼虫が60%近くも減少する．

以上のような間接相互作用網を従来の食物網と比べると，種数と相互作用の数はいずれも4倍以上にもなる．相互作用が増えたのは，(食物網には入らない) 食う食われる以外の関係，相利関係，間接相互作用が加わったからである．これにより新たな種が加わったことで，結果的に，食う食われる関係も増えた．このように，植物上の昆虫群集の相互作用ネットワークは植物を介する複数のタイプの間接相互作用が組み合わさってできており，生物多様性をつくりだす上で決定的な役割を演じている事実が，間接相互作用網の解析から明らかにされている[55]．

一方，生物群集の構造が昆虫の形質進化を促進することもわかってきた．ヤナギルリハムシの成虫の新葉選好性（新しい葉を好む性質）は個体群間で異なるが，この地理的変異はヤナギ上の植食者の群集が選択圧になって生み出されたものである．人為選択実験から新葉選好性は遺伝すること，野外操作実験からヤナギの補償成長の強さが (異なる新葉選好性をもつ) ハムシの適応度を決めることが明らかになっている[84]．この補償成長の強さはヤナギの遺伝子型によるものではなく，植食性昆虫群集の種構成によって決まり，それが新葉を好む個体の適応度を増加させる[85]．つまり，植食者の群集構造がヤナギの補償成長を介してハムシに対する選択圧として働き，異なる植食者群集に特有の新葉選好性をもつハムシが進化するのである．

このような生物の進化と群集や生態系をつなぐ研究は，生態進化ダイナミクス (eco-evolutionary dynamics)[64]や群集・生態系遺伝学 (community/ecosystem genetics) と呼ばれており，新たな研究分野として発展が著しい[88]．

植物と昆虫の相互作用の研究は，生物群集や生態系における生物多様性の維持促進のメカニズムを解き明かすための重要な鍵を握っている．今後，間接相互作用網に基づくアプローチによって，植物と昆虫の相互作用の生態的および進化的意義と，それが生態系で果たす役割の解明が望まれている[56]．

3.2.10 群集の多様性と安定性

生物群集の多様性と安定性の関係は，古くから生態学者の関心の的であった．とりわけ，何が群集や生態系を安定させているのかは誰もが知りたい謎の1つであろう．

近代生態学の創始者である C. S. Elton, E. P. Odum, R. H. MacArthur たちは，多くの種で構成された多様で複雑な群集ほど安定していると考えていた．Elton (1958) は，少数種からなる Lotka-Volterra モデルや実験室の群集 (microcosm) は不安定であるこ

と，大陸に比べて種が少ない島の群集は生物の侵入を受けやすいことから，複雑性や多様性は群集の安定性を促進すると述べた[20]．

この考え方に同調していた多くの生態学者を驚かせたのが，「多様性と複雑性は群集の安定性に寄与しない」という数理生態学者の R. M. May の理論研究であった．彼は相互作用や種をランダムに組み合わせた群集をモデル化すると，単純なシステムでもカオス的な振る舞いを見せることから，多様性と複雑性は系を安定化させる要因ではなく，むしろ相互作用の強さ (interaction strength) や群集の構造化 (compartmentation) の方が重要であるとした[40]．しかし野外での多様な生物群集はこの結論に合わないことも多く，またこの結論は安定性に対する前提条件にも依存する．とはいえ，「多様性は群集の安定性をもたらす要因」とは断言できないことは確かである．

このような群集の多様性と安定性の一般的議論は，きわめて大きな空間スケールでの生物群集を想定したものであった．このため，野外での生物群集による検証はきわめて難しく，さらに相互作用の強さや群集構造のメカニズムを扱いにくい．その後，生物群集の構造についての野外研究が発展し，複数の栄養段階にわたる雑食 (omnivory) やギルド内捕食と，系外からの物質の流入などの空間スケールの問題や，群集構造に対するトップダウンとボトムアップの相対的な影響などの安定性にかかわる重要な課題が明らかになった．さらに，岩礁潮間帯の種の多様性が捕食者によるトップダウンの間接効果によって決まることを示した Paine (1966) に代表される野外操作実験[62]が，相互作用の強さを評価するために有効であることが理解されてきた．

野外での生物群集の実態が明らかになるにつれて，メカニズムの解明に向け，理論研究でも普遍的で単純な群集構造に焦点が絞られるようになった．そのようなサブシステムを Holt (1997) は群集モジュール (community modules) と名づけたが[28]，それを対象として捕食・被食や競争などの相互作用のダイナミクスに基づいて群集の安定性を明らかにする研究が展開されている．

最近では，時間的・空間的な変異性が群集の安定性や構造に果たす役割が注目されている．特に，弱い相互作用が資源-消費者系の不安定な振動を緩和することにより，群集のダイナミクスを安定させることが理論的に明らかにされ[41]，その条件（相互作用強度の分布が弱い方に歪む）は，より複雑な群集でも成り立つことが認められている．ここで大事な点は，環境に対して異なる反応を示す種や機能群が群集内にいかに多く含まれているかによって，群集の安定性が左右されることである．

これらの理論研究は空間的な異質性を取り入れておらず，今後は空間的なダイナミクスを考慮したメタ群集の観点から，多様性と安定性の関係を検討する試みが望まれる．また，適応的な採餌行動が食物網の安定性に貢献することが明らかにされ始め[34]，生物進化と群集とをつなぐ生態進化ダイナミクスの研究基盤として発展が期待されている．

3.3 昆虫の生態系における役割

　物質の生産・消費・分解の過程である生態系機能に果たす昆虫の役割は，これまでほとんど注目されてこなかった．その理由は，植物生産のうち昆虫による消費は少なく，生態系の主要過程での役割は小さいと考えられてきたからである．事実，生態系では植物による一次生産量の80％以上が消費されることなく落葉として土壌に供給され，土壌微生物の分解作用によって窒素やリンに変換され，それを再び植物が利用している．

　最近になって，森林生態系での炭素や窒素の栄養循環における昆虫の役割がわかってきた[71]．中でも，植食性昆虫の被食による落葉の分解過程を通した窒素の循環動態が，昆虫が担う生態系機能として注目されている．植食性昆虫は多量の窒素に富んだ糞や遺体を土壌に供給するが，その窒素含有量は落葉の含有量よりもはるかに大きいため，分解過程での窒素循環を促進させる．

　カリフォルニアで常緑低木のカシの葉を食べるシャチホコガの一種 *Phryganidia californica* が大発生すると，土壌に流入する窒素とリンの量は2倍以上にもなり，そのうちの70％は幼虫の糞や遺体である[27]．昆虫の遺体は落葉よりも分解しやすいため，昆虫の大発生時には土壌微生物が増加することで落葉の分解が促進される．また，植食性昆虫の食害により未成熟葉の落葉や切葉が増えることでも，土壌への窒素供給量が増加する．加えて，昆虫による葉の食害は栄養分の溶脱を招き，これが窒素，カルシウム，カリウムなどを多量に含んだ林内雨として周辺土壌に流入することで栄養循環が加速される．

　草原生態系では，バッタがイネ科草本の落葉を増やし土壌での分解率を上げることで，窒素循環を早めている．例えば，アメリカ・モンタナ州の草原においてバッタの一種 *Melanoplus sanguinipes* の密度が2.5倍になると，土壌中の窒素が15％増加し，それに伴いイネ科草本の生産量が18％も増える[6]．

　植食性昆虫は落葉の質を変えて，土壌微生物による有機物の分解速度を左右することもある．アリゾナに広く分布するピニョンマツの針葉にはマツモグリカイガラムシの一種 *Matsucoccus acalyptus* がつく（図3.31）．カイガラムシの食害を受けたマツでは，カイガラムシを取り除いたマツに比べて，落葉に含まれる窒素とリン，さらに落葉量が50％以上も増加する[8]．またカイガラムシの食害を受けると落葉の質がよくなるため，食害のない場合の落葉よりも分解率が14％も増加する．このように，植食性昆虫は落葉の分解や窒素循環を促進させることがある．

　逆に，落葉の分解や栄養循環を遅らせることもある．植食性昆虫がもっぱら質のよい（窒素が多くリグニンが少ないなど）葉を食べることで質の悪い葉が残り，それが

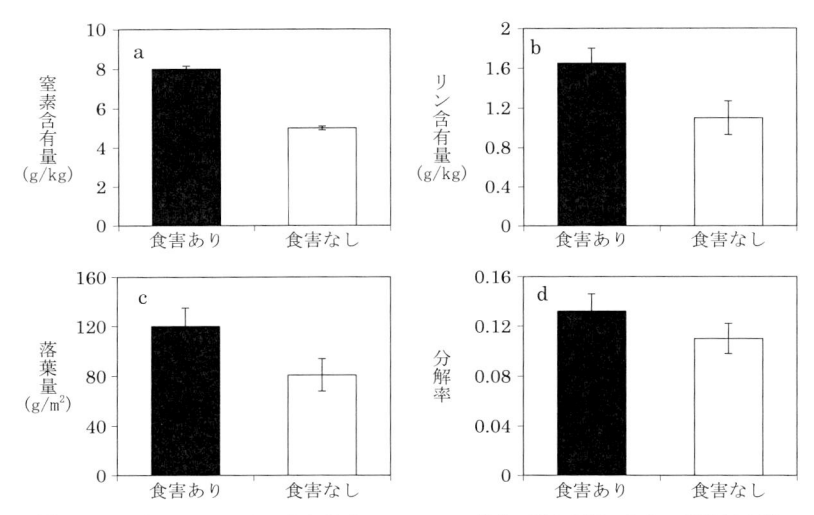

図3.31 カイガラムシによる食害がピニョンマツの落葉の質と分解に与える影響(文献[8]より作成)
a：落葉の窒素含有量，b：落葉のリン含有量，c：落葉の量，d：落葉の分解率（1年後の消失量の割合）．

落葉になって土壌に供給されると，土壌微生物にとっても分解が困難であるため，有機物の分解速度が低下する．また，植食性昆虫の被食により二次代謝物質が増えた落葉は，土壌微生物による分解活性を阻害することがある．虫こぶ昆虫の食害を受けたハコヤナギの落葉は，食害を受けなかったハコヤナギの落葉に比べて分解速度が30〜40％も低下する[72]が，それは食害を受けると落葉に含まれる難分解性の縮合タンニンが増えるためである．加えてアブラムシなどのカメムシ目昆虫は，炭素由来の糖分を多量に含む甘露を土壌に供給している．土壌中の炭素が増加すると分解を担う微生物が増え，不動化（immobilization：土壌微生物による窒素やリンの取り込み）が起こり，土壌中の窒素が減少し窒素の循環速度が低下する．他にも，地上の植食によって根からの滲出液（タンパク質，アミノ酸，二次代謝物質などが含まれる）や菌根菌のような共生微生物の総量が変わるといった影響も知られている．

　以上のように，植食性昆虫は土壌での落葉の分解過程と窒素循環において，一方では窒素や炭素の土壌への流入量を増加させ，他方では落葉の質を改変することによって，土壌有機物の量と分解速度を変え，植物の生産に不可欠な窒素や炭素の循環動態に大きな役割を果たしている．

3.4 生物多様性の保全

3.4.1 種の絶滅

現在の地球上では，過去に起こった大規模な絶滅をはるかに凌ぐ勢いで生物の絶滅が進行している．その主たる原因は人間活動であり，過度の乱獲・生息地の破壊・外来種の侵入・地球温暖化などの気候変動・窒素やリンの大量蓄積などが生物多様性を脅かしている[74]．中でも，乱獲による個体群サイズの著しい低下によって，多くの種が絶滅の危機に直面している．

宅地や農耕地などの造成による大規模開発は，さまざまな生物の生息地を破壊するとともに，その断片化をもたらす．ある生物の生息地の完全な破壊はその生物を絶滅に追いやり，破壊に至らなくても生息地の断片化や孤立化によって絶滅の機会が増大する．生息場所が小さすぎると個体群を維持できないのみならず，生息地の断片化が移入を妨げることで個体群サイズの減少からの回復を遅らせ，ひいては絶滅を招く．

また外国との交易が活発になるに伴い，外来生物が侵入する機会が飛躍的に増大しており，固有生物の生存を脅かしかねない事態となっている．外来生物は，侵入地に固有の生物間相互作用ネットワークや生物群集そのものを大きく変えたり，共進化の過程を通して固有生物の形質を変える可能性がある．種の絶滅を招くこれらの要因は，多くの場合，単独ではなく複合して作用する．

以上のような要因はいずれも個体群サイズの低下を招き，それが種の絶滅の引き金になっている．では，なぜ密度の低い個体群は絶滅しやすいのだろうか．第一に，低密度の個体群では遺伝的浮動（random drift）や近親交配（inbreeding）が起きやすく，遺伝的多様性（genetic diversity）の喪失により個体の適応度の低下をもたらし，死亡率の増加や繁殖率の低下，病気に対する抵抗性が低下することが挙げられる．これにより，個体群サイズがさらに低下するという悪循環が繰り返される（図3.32）．第二に，個体群サイズが減少すると少数個体の運命が個体群の存続を大きく左右することがある．わずか数個体からなる個体群では，個々の個体の生死や性比が個体群の絶滅を招くことにもなりかねない．第三に，低密度の個体群は洪水や台風のような大規模な撹乱が起こると，個体数を回復するのが難しい．

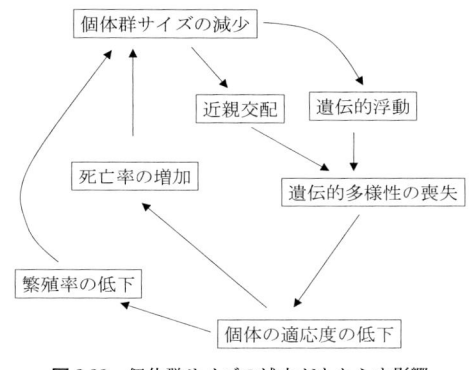

図3.32 個体群サイズの減少がもたらす影響

3.4.2 種と相互作用ネットワークの保全

種の保全のためには，個体群サイズの低下の原因を明らかにして，すみやかな対策を講じる必要がある．しかし，生物の減少の原因と絶滅の可能性は種の特性や生息場所の条件によって大きく左右されるので，保全は個々のケースに応じて慎重に行わねばならない．例えば生息場所の断片化に伴う問題を解決するために，複数の生息場所を回廊で結ぶことが提案されている．回廊によって断片化あるいは孤立化した生息場所を結びつけることで，移入による個体群の迅速な回復と近親交配の回避ができると期待されるからである．しかし回廊を設置することにより，逆に，捕食者の侵入や病気の蔓延が指摘されている．個々の対策の長所と欠点を正しく理解しておかないと思わぬ結果を招いてしまいかねないため，有効な保全策を講じる際には，実際の生息地において，対象とする種の生活史特性，個体群動態，他種との相互関係を十分に調査する必要がある．

ある生物の絶滅はその生物だけの問題にとどまらない．群集からの種の消失は，生物間相互作用のネットワークを通して，他種を巻き込んだ二次的絶滅という深刻な事態を引き起こす．最悪の場合には単一種（往々にして群集の成立に大きな影響をもつキーストン種）の消失が，生物群集そのものの崩壊をもたらすことさえある．種の保全のためには，個体群の存続を保証する環境を保全すること，言い換えれば，その種が進化してきた生息地と生物間相互作用のネットワークによってつくられている生物群集を同時に保全することが何よりも大切なのである．

3.5 個体群生態学と群集生態学のこれから

本章を閉じるにあたって，他章の内容とのつながりを明らかにして，個体群生態学と群集生態学の今後の発展を考えてみたい．2章と4章では生活史や行動の進化を取り上げた．自然選択は適応度の高い形質をもつ個体を選択するが，この適応度は個体群の内的自然増加率で表される．また，生活史戦略の理論は個体群のロジスティック成長モデルに基づいており，例えば繁殖価の算出には生命表の情報が欠かせない．一方，メタ個体群の維持存続には密度効果による移動・分散行動の理解が必須である．

群集生態学と進化のつながりはどうだろうか．生物の適応には自然選択による形質進化と表現型可塑性が貢献している．3.2.8項では，植物の適応的な表現型可塑性（被食に対する植物形質の変化）が，多様な生物間相互作用を生み出すことを見てきた．さらに，生物間ネットワークを維持している間接効果は3者の相互作用系で生じるため，種内の個体間関係の理解にも大いに役立つ．その代表例は，同種血縁個体の間接的な遺伝的貢献を組み込んだ包括適応度である（5.1.1項参照）．さまざまな行動の適応的意義や昆虫の社会性の成立は包括適応度なしには説明できない．さらに，4章の

3.5 個体群生態学と群集生態学のこれから

主なテーマである配偶者選択，精子競争，配偶システム，擬態など，数多くの行動の進化において間接効果の関与が想定される．5章の社会性の進化を考える際にも間接効果の意義は大きい．2個体の関係は，同種他個体がかかわることで大きく異なるため，機能が異なるカーストをもつ社会性昆虫では間接効果が頻出する．兵隊カーストとワーカーの分業，異なる齢の個体間関係，腸内微生物を介した個体間関係など，枚挙にいとまがない．それにもかかわらず，進化生態学や社会性昆虫の分野では間接効果の意義は十分に理解されていない．社会性昆虫のコロニーは，機能や血縁度が異なるカーストと多様な寄生生物による種内・種間関係で成り立っており，生物間ネットワークの考え方と解析法を取り入れることで，コロニーの維持・発展の機構に新たな見方を提供できるだろう．

これに対して，生態系における昆虫が果たす役割の理解は大きく遅れてきた．このため本章では，窒素循環にかかわる植食性昆虫の意義を解説するにとどめた（3.3節）．一方，生態系に対する地球温暖化の影響（2.6節参照）には，消費者としての昆虫の間接的な役割が大きく関与すると考えられる．最近になって，物質生産・消費・分解という生態系機能を理解するためには，昆虫の役割は無視できないと考えられており[31]，生態系とのつながりを解き明かす分野はこれから大きな発展が期待される．

害虫防除の戦略を立てる現場では，個体群の理論が遺憾なく発揮されている（6章参照）．生命表による変動主要因解析は，作物や森林害虫の防除の必要性から発展してきたといっても過言ではない．害虫の適切な管理のためには，生命表から害虫の予察モデルを作成し，発生量や加害レベルを予測する必要がある．害虫個体群の変動主要因は，成虫期の移動，幼虫期の寄生や捕食などさまざまであり，この知見は防除戦略に活かされている．一方，天敵を利用した害虫の生物的防除には捕食者や捕食寄生者と害虫の関係の理解が不可欠であり，Nicholson-Bailey や Lotka-Volterra モデルに基づく生物的防除のモデルが発展してきた．これからは，群集生態学の新しい考え方も必要である．農生態系には栽培植物と害虫と天敵に加えて，多数の植食者や捕食者が共存している．保全型の総合的生物多様性管理には，生物間相互作用ネットワークの構造や間接効果の役割に着目した生物群集の視点が欠かせない．最近になって，形質を介した間接効果の役割に注目した，導入天敵の機能の多様性と生物的防除の有効性が指摘されている[49]．

このように，個体群生態学と群集生態学は，生態進化ダイナミクスや群集・生態系遺伝学に代表されるように，生態プロセスと生物進化の関係を明らかにすることで，個体・個体群・群集・生態系という生物の異なる階層を橋渡しする総合的分野として，新たな発展を遂げようとしている．

■ 引用文献

1) Agrawal, A. A. and Sherriffs, M. F. (2001) *Ann. Entomol. Soc. Am.*, **94**: 71-75.
2) Ando, Y. and Ohgushi, T. (2008) *Popul. Ecol.*, **50**: 181-189.
3) Auerbach, M. J. *et al.* (1995) *Population Dynamics: New Approaches and Synthesis* (Cappuccino, N. and Price, P. W. eds.), pp. 83-110, Academic Press.
4) Bailey, J. K. and Whitham, T. G. (2006) *Ecol. Entomol.*, **31**: 294-297.
5) Baldwin, I. T. (1989) *J. Chem. Ecol.*, **15**: 1661-1680.
6) Belovsky, G. E. and Slade, J. B. (2000) *Proc. Natl. Acad. Sci. USA*, **97**: 14412-14417.
7) Cappuccino, N. (1993) *Ecol. Entomol.*, **18**: 287-292.
8) Chapman, S. K. *et al.* (2003) *Ecology*, **84**: 2867-2876.
9) Clay, K. (1997) *Multitrophic Interactions in Terrestrial Systems* (Gange, A. C. and Brown, V. K. eds.), pp. 151-169, Blackwell Science.
10) Connell, J. H. (1980) *Oikos*, **35**: 131-138.
11) Cornell, H. V. and Hawkins, B. A. (1995) *Am. Nat.*, **145**: 563-593.
12) Crawley, M. J. (1985) *Nature*, **314**: 163-164.
13) Cushman, J. H. (1991) *Oikos*, **61**: 138-144.
14) Cyr, H. and Pace, M. L. (1993) *Nature*, **361**: 148-150.
15) Danell, K. and Huss-Danell, K. (1985) *Oikos*, **44**: 75-81.
16) Dempster, J. P. (1975) *Animal Population Ecology*, Academic Press.
17) Denno, R. F. *et al.* (1994) *Planthoppers: Their Ecology and Management* (Denno, R. F. and Perfect, T. J. eds.), pp. 257-281, Chapman & Hall.
18) Denno R. F. *et al.* (2000) *Ecology*, **81**: 1814-1827.
19) Dicke, M. and Grostal, P. (2001) *Annu. Rev. Ecol. Syst.*, **32**: 1-23.
20) Elton, C. S. (1958) *The Ecology of Invasions by Animals and Plants*, Methuen.
21) Hairston N. G. (1989) *Ecological Experiments: Purpose, Design, and Execution*, Cambridge University Press.
22) Hairston, N. G. *et al.* (1960) *Am. Nat.*, **94**: 421-425.
23) Hanski, I. (1999) *Metapopulation Ecology*, Oxford University Press.
24) Hassell, M. P. (1978) *The Dynamics of Arthropod Predator-Prey Systems*, Princeton University Press.
25) Hoffman, G. D. and McEvoy, P. B. (1985) *Ecol. Entomol.*, **10**: 415-426.
26) Holling, C. S. (1959) *Can. Entomol.*, **91**: 385-398.
27) Hollinger, D. Y. (1986) *Oecologia*, **70**: 291-297.
28) Holt, R. D. (1997) *Multitrophic Interactions in Terrestrial Systems* (Gange, A. C. and Brown, V. K. eds.), pp. 333-350, Blackwell Science.
29) Holt, R. D. and Lawton, J. H. (1994) *Annu. Rev. Ecol. Syst.*, **25**: 495-520.
30) Holyoak, M. *et al.* (2005) *Metacommunities: Spatial Dynamics and Ecological Communities*, The University of Chicago Press.
31) Hunter, M. D. *et al.* (2012) *Trait-Mediated Indirect Interactions: Ecological and Evolutionary Perspectives* (Ohgushi, T. *et al.* eds.), pp. 339-370, Cambridge University Press.
32) Johnson, S. N. *et al.* (2003) *Oecologia*, **134**: 388-396.
33) Karban, R. and Baldwin, I. T. (1997) *Induced Responses to Herbivory*, The University of Chicago Press.
34) Kondoh, M. (2003) *Science*, **299**: 1388-1391.
35) 久野英二 (1986) 動物の個体群動態研究法 I―個体数推定法―, 共立出版.
36) Lehtilä, K. and Strauss, S. Y. (1997) *Oecologia*, **111**: 396-403.
37) Lotka, A. J. (1925) *Elements of Physical Biology*, Williams & Wilkins.
38) Martinsen, G. D. *et al.* (1998) *Ecology*, **79**: 192-200.
39) Masters, G. J. and Brown, V. K. (1992) *Funct. Ecol.*, **6**: 175-179.

40) May, R. M. (1973) *Stability and Complexity in Model Ecosystems*, Princeton University Press.
41) McCann, K. *et al.* (1998) *Nature*, **395**: 794-798.
42) Myers, J. H. and Rothman, L. D. (1995) *Population Dynamics: New Approaches and Synthesis* (Cappuccino, N. and Price, P. W. eds.), pp. 229-250, Academic Press.
43) Nakamura, M. and Ohgushi, T. (2003) *Oecologia*, **136**: 445-449.
44) Nakamura, M. *et al.* (2003) *Funct. Ecol.*, **17**: 851-857.
45) 難波利幸 (2009) 生物間ネットワークを紐とく (大串隆之ほか 編), pp. 1-47, 京都大学学術出版会.
46) Ness, J. H. (2003) *Oecologia*, **134**: 210-218.
47) Neuvonen, S. and Haukioja, E. (1991) *Phytochemical Induction by Herbivores* (Tallamy, D. W. and Raupp, M. J. eds.), pp. 277-291, John Wiley & Sons.
48) Nicholson, A. J. and Bailey, V. A. (1935) *Proc. Zool. Soc. Lond.*, **3**: 551-598.
49) Northfield, T. D. *et al.* (2012) *Trait-Mediated Indirect Interactions: Ecological and Evolutionary Perspectives* (Ohgushi, T. *et al.* eds.), pp. 450-465, Cambridge University Press.
50) Nozawa, A. and Ohgushi, T. (2002) *Popul. Ecol.*, **44**: 235-239.
51) Ohgushi, T. (1986) *J. Anim. Ecol.*, **55**: 861-879.
52) Ohgushi, T. (1992) *Effects of Resource Distribution on Animal-Plant Interactions* (Hunter, M. D. *et al.* eds.), pp. 199-241, Academic Press.
53) Ohgushi, T. (1995) *Population Dynamics: New Approaches and Synthesis* (Cappuccino, N. and Price, P. W. eds.), pp. 303-319, Academic Press.
54) Ohgushi, T. (2005) *Annu. Rev. Ecol. Evol. Syst.*, **36**: 81-105.
55) Ohgushi, T. *et al.* (2007) *Ecological Communities: Plant Mediation in Indirect Interaction Webs*, Cambridge University Press.
56) Ohgushi, T. *et al.* (2012) *Trait-Mediated Indirect Interactions: Ecological and Evolutionary Perspectives*, Cambridge University Press.
57) 大串隆之 (1996) 昆虫個体群生態学の展開 (久野英二 編), pp. 30-52, 京都大学学術出版会.
58) 大串隆之 (2009) 生物間ネットワークを紐とく (大串隆之ほか 編), pp. 151-184, 京都大学学術出版会.
59) Oliver, K. M. *et al.* (2010) *Annu. Rev. Entomol.*, **55**: 247-266.
60) Opitz, S. E. W. and Müller, C. (2009) *Chemoecology*, **19**: 117-154.
61) Paige, K. N. and Whitham, T. G. (1987) *Am. Nat.*, **129**: 407-416.
62) Paine, R. T. (1966) *Am. Nat.*, **100**: 65-75.
63) Polis, G. A. (1999) *Oikos*, **86**: 3-15.
64) Post, D. M. and Palkovacs, E. P. (2009) *Phil. Trans. R. Soc. B.*, **364**: 1629-1640.
65) Poveda, K. *et al.* (2005) *Oikos*, **108**: 503-510.
66) Pullin, A. S. and Gilbert, J. E. (1989) *Oikos*, **54**: 275-280.
67) Quesada, M. *et al.* (1995) *Ecology*, **76**: 437-443.
68) Roininen, H. *et al.* (1997) *Oikos*, **80**: 481-486.
69) Rosenheim, J. A. *et al.* (1993) *Oecologia*, **96**: 439-449.
70) Schellhorn, N. A. and Andow, D. A. (2005) *Popul. Ecol.*, **47**: 71-76.
71) Schowalter, T. D. (2006) *Insect Ecology: An Ecosystem Approach, 2nd Ed.*, Elsevier.
72) Schweitzer, J. A. *et al.* (2005) *Oikos*, **110**: 133-145.
73) Simon, M. and Hilker, M. (2003) *Agri. For. Entomol.*, **5**: 275-284.
74) Sodhi, N. S. *et al.* (2009) *The Princeton Guide to Ecology* (Levin, S. A. ed.), pp. 514-520, Princeton University Press.
75) Southwood, T. R. E. and Henderson, P. A. (2000) *Ecological Methods, 3rd Ed.*, Blackwell Science.
76) Speight, M. R. *et al.* (2008) *Ecology of Insects: Concepts and Applications, 2nd Ed.*, Wiley-Blackwell.
77) Straub, C. S. *et al.* (2008) *Biol. Control*, **45**: 225-237.

78) Strong, D. R. *et al.* (1984) *Ecological Communities: Conceptual Issues and the Evidence*, Princeton University Press.
79) Tuomi, J. *et al.* (1991) *Phytochemical Induction by Herbivores* (Tallamy, D. W. and Raupp, M. J. eds.), pp. 85-104, John Wiley & Sons.
80) Turchin, P. (1990) *Nature*, **344**: 660-663.
81) Turchin, P. *et al.* (2003) *Ecology*, **84**: 1207-1214.
82) Utsumi, S. and Ohgushi, T. (2008) *Ecol. Entomol.* **33**: 250-260.
83) Utsumi, S. and Ohgushi, T. (2009) *Oikos*, **118**: 1805-1815.
84) Utsumi, S. *et al.* (2009) *Ecol. Lett.*, **12**: 920-929.
85) Utsumi, S. *et al.* (2013) *Ecol. Lett.*, **16**: 362-370.
86) Volterra, V. (1926) *Mem. Acad. Lincei Roma*, **2**: 31-113.
87) Waltz, A. M. and Whitham, T. G. (1997) *Ecology*, **78**: 2133-2144.
88) Whitham, T. G. *et al.* (2006) *Nat. Rev. Genet.*, **7**: 510-523.
89) Williams, K. S. and Myers, J. H. (1984) *Oecologia*, **63**: 166-170.

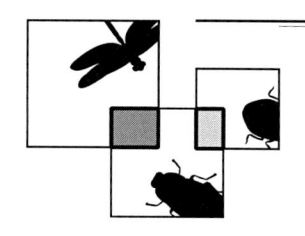

4 章 昆虫の行動生態

　昆虫の行動を調べることは，単に科学的知見から興味深いだけではない．植物保護（plant protection）の現場で実用化されている多くの害虫防除法（pest control methods）は，昆虫の行動（insect behavior）の知識なしに，的確な適用ができないことも多い（6 章参照）．

　例えば性フェロモンによる害虫防除法においては，合成された性フェロモンにおびき寄せられる行動（フェロモンへの定位行動と呼ぶ）の詳細を知ることなしに，適切なフェロモン剤の配置はできない．生物農薬や特定防除資材として天敵昆虫を使う場合には，その採餌能力と採餌行動を知る必要がある．有効な天敵の利用のためには，害虫がどのように天敵の攻撃を回避するのかという害虫の対捕食者戦術も知っておく必要がある．敵の行動を事前に察知できる者が，戦いに負けないのと同じである．

　花粉媒介昆虫によって果実の受粉を促す場合には，花粉媒介者がどのように花の蜜を吸うのか，その行動を熟知していれば効率的な花粉媒介者の利用が可能である．また侵入害虫の根絶を目指す不妊虫放飼法においても，野外に放した不妊オスがどのように野生メスと交尾するのか，対象害虫の交尾行動や配偶システムを知らなければその効力を発揮できない．このような昆虫のもつ行動と能力が進化の過程でどのように獲得されてきたのかを知るには，行動生態学を学ぶ必要がある．

4.1　行動生態学の趨勢

4.1.1　行動生態学の船出

　生物の行動を生態学的な観点から解き明かす学問を，行動生態学（behavioral ecology）と呼ぶ．「生物の行動は自然選択や性選択を主な要因とする進化によってつくられた適応的なふるまいである」という視点から，野外における選択の働き方によって行動を理解しようとする学問である．採餌行動，捕食回避行動，親による子の保護，交尾行動，社会行動といった生物の行動が研究対象となる．昆虫の行動の多くは，古くは J-H. C. Fabre による『昆虫記』の先駆的な観察によって博物学的な記述がなされており，また行動学については，S. W. Frost による昆虫の自然誌も博物学的な古典といえる[23]．

動物の行動を学問的な体系にする礎を築いたのは，K. Lorenz, N. Tinbergen, K. von Frisch の 3 人である．Lorenz は，生まれたての小ガモが親ガモに付き従って歩くことなど，動物の多くが生まれながらにしてもっている本能は「生得的」に備

「ある生物の行動がなぜ見られるのか」という問いには，以下の 4 つの答え方がある．

説明 1　至近要因による説明：**生理学**
説明 2　発生要因による説明：**発生学**
説明 3　究極要因による説明：**行動生態学・進化生態学**
説明 4　歴史要因による説明：**系統発生学**

図 4.1　生物における 4 つのなぜ

わっている行動であると説明した．一方，Tinbergen はイトヨの本能行動を研究し，動物の行動は複数の視点から説明が可能であるとした．この複数の視点は，至近要因（メカニズム）と究極要因に分けることができる．

ホルモンや生体アミンなど生物体内における物質の発現によって生物の行動が発現するという説明 (1) は，生理学的な至近要因による説明と呼ばれる．その行動が生物の発達に伴って，どのように発現するかの説明 (2) は発生（または発達）要因と呼ぶ．これに対して，ある行動を採択した個体は他の行動を採択した個体よりも，その子孫がより多く生き残ることができるために，その行動が発現されたという究極要因によって説明 (3) を与える答え方と，その行動は系統発生から見て，どのような分類群の生物に多く見られるかという歴史要因による説明 (4) がある．この 4 つの説明は，「生物における 4 つのなぜ」と呼ばれている（図 4.1）．

また von Frisch は，採餌から戻ってきたミツバチが巣の中で 8 の字に飛び回るダンスを踊り，その踊り方の「大きさ」と「向き」がそれぞれ餌のある場所の「距離」と「方角」を示すことを明らかにした研究で有名であり，生物の個体間に存在するシグナルについて先駆的な研究を示したと位置づけられる．3 人は動物の行動を科学の一分野とした功績から 1973 年にノーベル医学生理学賞を受賞した．彼らは動物行動の博物学を現代科学の土俵に乗せた人々であるといえよう．

4.1.2　行動生態学の勃興と隆盛

先に述べた「4 つのなぜ」のうち，説明 3（ある行動が，その個体にとって適応的かどうかという視点から，その行動が採択されたのか否かを説明する）について動物行動の理解を深め，広く普及させたのが J. R. Krebs と N. B. Davies の 2 人の鳥類研究者である．彼らは，行動の生理学的基礎や分子遺伝などのメカニズムは問わずに，ある遺伝形質が子どもに伝わって発現するか否かだけを考える，つまりある表現型が次世代の子どもの繁殖成功に寄与するのかどうかのみを考えた．これは phenotypic gambit という考え方[27]であり，メカニズムや遺伝子を調べなくても，適応度（fitness: 正確にはある個体が残せる孫の数）を比較し，どの行動を採択した場合にもっとも高くなる

かを指標にすればよいとされた．適用された動物行動には，移動分散，採餌，群れの形成，種間コミュニケーション，捕食者回避，交尾，配偶システム，シグナル，社会性の発展，群集形成の仕組みなど多くの形質がある．

後に2人が編集した『行動生態学』（*Behavioural Ecology: An Evolutionary Approach*）という教科書[33)]によって，多くの動物行動学の研究者が行動生態学に惹きつけられ，動物行動生態学の考え方は世界中に広まった．それまでの生態学において，生物のふるまいは個体の利益ではなく種の利益のために進化した，という解釈が定説であった．例えば配偶相手の子どもを殺す哺乳類のオスの子殺しや，自分の子どもよりも姉妹の子育てを手伝う鳥類の行動，自分は子どもを産まずに姉妹の子育てを助ける社会性昆虫に見られる行動などは，種族の絶滅を防ぐために進化したと説明されてきたのである．しかしこういった利他的な行動も，実は自分がもっている遺伝子を後の世代に多く増やすための進化として説明できることを，行動生態学は次々と明らかにした．1970年代後半から1980年代にかけて，多くの生物学者は，種の利益ではなく個体の利益という解釈で研究を次々と塗り替えていった．

4.2 行動生態学の基盤

行動生態学を理解する上では，自然選択，遺伝的浮動，戦略と戦術の使い分け，戦略モデル，表現型可塑性といった事柄が重要である．そのほか，トレードオフ（2.5節），移動分散（2.4節），社会性の進化（5.1節）なども重要であり，詳細は他章も参照されたい．

4.2.1 進化の定義と自然選択の条件

現代の生物学において，進化とは「世代を超えて伝わる遺伝子頻度の変化」と定義される．進化を引き起こす仕組みは，大きく選択（selection）と遺伝的浮動（genetic drift）の2つに分けられる．

選択は，次の3つの状況が満たされたときに生じると定義される．① 変異：ある形質について各個体の間には違いがある．② 選択：この形質の違いにより，個体の生存や繁殖にも違いが生じる．③ 遺伝：問題の各個体の形質の違いの少なくとも一部分は遺伝的である．また選択には自然選択（natural selection）と性選択（sexual selection）という2つの仕組みが存在し，両者とも選択が働く原理は同じであるが，選択するものが他種の生物を含む自然や環境である場合には自然選択，選択するものが同種の異性である場合は性選択と呼ばれる．

4.2.2 自然選択

自然選択とは，C. Darwin が『種の起源』で述べた概念である．例えば，同種・同性の個体との餌資源をめぐる競争，他種による捕食圧，寄生者の有無によって生存の有利・不利が決まったり，ある土壌環境に適した植物が生存したり，近隣の植物との競争，季節や天候などの自然現象によって生育の適不適が決まったりするなど，多くの事例が挙げられる．

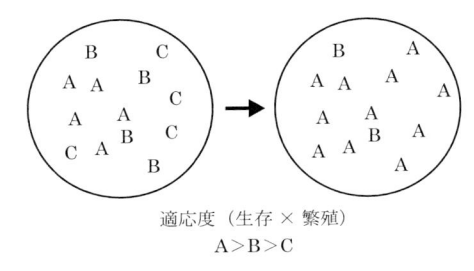

図 4.2 自然選択によって生じる進化（遺伝子頻度の変化）
A，B，C の 3 タイプの遺伝子型が，適応度の違い（選択）によって世代を超えて変化する．

適応度（生存 × 繁殖）
A＞B＞C

自然選択は適応進化を説明するための 1 つのプロセスであるといえ，適応度の高い遺伝子型をもつタイプの個体頻度が，世代を超えて増減する過程を指す（図 4.2）．自然選択を検出する直接的な方法は，個体の適応度の違いに影響している形質を見つけ，どのような要因が関与してその形質と適応度の間に関係が見られるのか，その形質の遺伝率はどの程度か，そして次世代でその形質をもつ遺伝子型の頻度はどのように変化したかを調べることである．

具体的な研究事例としては，昆虫ではないが，ガラパゴス諸島でのフィンチの研究が有名である[28]．フィンチの嘴の長さや高さは，どのような餌をうまく利用できるかと密接に関係しており，大雨や干ばつといった環境の変化が生じると利用できる餌の種類が変化し，嘴の長さや高さの違いが個体の適応度の差を引き起こす．さらに，嘴の大きさや形の遺伝率は高く，適応度の高い嘴は次世代でその頻度を増加させる．その結果，環境の変化によって，嘴の形が数年の間に進化していくことが明らかにされた．なお，行動形質における量的遺伝学的な研究結果については文献[11]を参照されたい．

4.2.3 遺伝的浮動

遺伝的浮動とは，集団の対立遺伝子の頻度がランダムに変動することで，集団内の遺伝子頻度が世代を経て変化することである（図 4.3）．ここでは選択の力は一切働かず，偶然によってある集団内から次の世代に特定の遺伝子型が伝わるだけでも，遺伝子頻度の変化が生じる．このような遺伝子頻度の変化は，特に集団サイズが小さいときに，ある遺伝子が次の世代に無作為に抽出される結果として生じる．

ある地域に最初に移住した集団サイズの遺伝子頻度が，その集団の後代の遺伝子頻度の変異の大きさを規定することを創始者効果（founder effect）と呼ぶ．例えば海底

で噴火が生じて，大洋に新しい火山島ができたり，地殻変動によって島嶼が新しく形成されたとする．すると，新しくできた島ではそこに漂着できた生物から，地殻変動によって切り離された島にはそこに取り残された生物から，生物の進化が始まる．したがってその島の生物相は，後世になっても地史的な成り立ちと深い関係を残

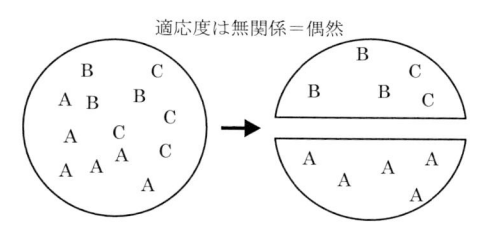

図 4.3 遺伝的浮動によって生じる進化（遺伝子頻度の変化）
A，B，Cの3タイプの遺伝子型が，適応度とは無関係（偶然）によって世代を超えて変化する．

すことになる．その例が日本の琉球列島でも見られ，分散力の弱いニイニイゼミ *Platypleura kaempferi* やクワガタムシ，バッタなどの種では，島ごとに姿形や行動の異なるものが生息している．また集団の個体数が一時的に減少すると，遺伝的浮動が働いて遺伝的変異が失われ，それ以降はたとえ集団サイズが増加しても遺伝的変異が小さいままであるというケースがある．これはボトルネック効果（bottleneck effect）と呼ばれる．創始者効果もボトルネック効果も遺伝的には同じ仕組みで，個体数の減少した状態での遺伝的な変異によって，その後の集団の行動や生態が制限される．そこで進化が生じるためには，新しい遺伝的な変異が生じ，それが自然選択，遺伝的浮動などで集団中に広まることが必要である．

4.2.4 戦略と戦術

ある生物が生存する上で，どのような行動様式を採択するのかを示す場合に，戦略（strategy）や戦術（tactics）といった用語が使われる．この2つの言葉は使用にあたり注意して区別するべきである．例えば，ある昆虫の種類の集団の中に，2つのタイプがいて，それぞれが採用する行動様式が異なるとする．2つの行動様式が遺伝的な基礎をもつ場合に，その2つの行動は戦略と呼ばれる．これに対してある昆虫の1個体が，状況に応じて異なる行動を発現させる場合に，その行動様式は戦術と呼ばれる．

ある昆虫のメスが複数のオスと交尾をする場合を考えてみよう（4.4.5項参照）．アズキゾウムシ *Callosobruchus chinensis* では，実験室で累代飼育されているいくつもの系統がある．これらの複数の系統のオスをメスと交尾させ，メスの受精嚢（精子を貯める袋）を解剖し射精された精子の数を比較すると，系統間で違いがある[69]．これは，集団が飼育されてきた環境において，どれだけの精子数をメスに射精するのが進化的にもっとも適応的かによってその系統の行動が決まる．この場合には，オスの射精「戦略」と呼べるだろう．一方，コオロギのオスでは交尾相手のメスが既交尾のメスか，未交尾のメスかによって，射精される精子の質が異なる．既交尾のメスに射精された

精子の中には，動きが鈍かったり死亡したと考えられる精子もある．ナンヨウクロコオロギ *Teleogryllus oceanicus* のオスは，交尾相手が未交尾のメスでは，射精する精子の中には活動性の高い精子の数が多くなる[55]．この場合，同じ個体が状況によって行動を変える．このケースでは，射精「戦術」と呼ぶべきであろう．

4.2.5 戦略モデルという考え方

生物の適応戦略を生理学や遺伝学などのミクロ生物学の諸分野と切り離すことに成功し，行動生態学の基盤を築いたのは，戦略モデルという考え方を取り入れたためである．上述のように集団を構成する生物個体の性質に違いがあり，その性質の違いによって生存あるいは繁殖に差が生じ，その変異の少なくとも一部は遺伝的である，という3つの条件が満たされると，次世代にはその性質をもつ個体の頻度が高くなる．このゲームのような単純な条件の下でシミュレートすると，集団中の性質の頻度が増えたり減ったりする．これが戦略モデルであり，ある集団に複数の生存戦略（性質）があるとき，どちらの戦略が次世代に広がりやすいかは，適応度の違いによって決まる．より適応度が高い戦略は次世代でもより広まりやすいし，ある戦略の適応度が他よりもいつも高いときには，その戦略を採用する個体の頻度が上昇し続け，ついにはその集団の全体を占めるようになる．この状態では，他のどのような戦略を採用する個体も，その集団中の個体と置き換わることができない．

ところが，ある戦略を採用する個体の頻度が下がると，他の戦略を採用する個体に比べて適応度が高くなることもある．少数派の方が，多数派よりも有利になる場合である．これを頻度依存選択（frequency-dependent selection）というが，このような場合でもいったんどちらかの戦略を採用する個体の適応度が高くなれば，集団はその戦略をもつ個体で占められる．集団中に安定して存続できるこういった戦略を，進化的安定戦略（ESS）と呼ぶ（2.4.6項参照）．

4.2.6 表現型可塑性

上で戦略と戦術の違いについて述べたが，ある個体が成長する過程で出会う状況に応じて，その表現型を変化させることを表現型可塑性と呼ぶ．これは，同じ遺伝子型の個体が環境の違いに応じて表現型を変えると言い換えることもできる．

昆虫の行動形質にも表現型可塑性が見られる．例えばバッタでは発生密度が高くなると相変異（2.4.3.b項参照）が見られ，より飛翔し，群れを形成しやすいという行動形質に変化する．他にも質のよい植物上で育ったアブラムシは翅のない無翅型の子どものみを産むが，寄主となる植物の質が低下したり，個体群密度が上昇すると翅をもつ有翅虫を産む．翅をもった子どもは質のよい寄主に移動することができる（2.4.5項参照）．

クワガタムシのオスでは大顎が，カブトムシのオスでは角が発達し，オスどうしで発達した体を用いて闘争行動を行う．これらの形質の発達程度にはオスの個体間で著しいばらつきが見られるが，この主な原因も表現型可塑性である[20]．幼虫期間によい栄養のもとで育ったオスは，大顎や角を著しく発達させることができる．一方，悪い栄養条件のもとで育ったオスは，オス間闘争のための武器をもつことができない代わりに，代替的な行動戦術を発達させることが多く，俊敏にメスに近づくスニーク（他者の交尾を盗みとる）戦術に長けていたり，よく飛翔分散できるようになったりする．

このように昆虫の形質に見られる変異には，遺伝による変異（戦略）と表現型可塑性による変異（戦術）が含まれる．また，表現型可塑性自体にも遺伝変異が存在することもある．環境条件と表現型との関係を反応基準（reaction norm）と呼ぶが（図2.22も参照），反応基準自体も遺伝的な支配を受けることがある[50, 68]．

4.3 捕食と被食

行動生態学の中で，餌を食うために適応すること（採餌戦略）と捕食者から食われないために適応すること（対捕食者戦略）は自然選択の好例である．餌は，食うものにとっては1皿の価値しかないが，食われるものにとっては命がかかっている．つまり，食うものよりも食われるものにとって，戦術や戦略の獲得がはるかに重要となる．

4.3.1 食うものと食われるもの

捕食（predation）とは，ある生物（捕食者）が他の生物（被食者）を餌にするために捕らえ，食べるという行為を示す．広義には，同種個体間の共食い，寄主を殺すタイプの捕食寄生なども捕食行動に含まれ，生物の分布や個体数変動の決定に重要な役割を果たす（3.2.4項参照）．行動生態学では，食う側がどのように餌を食べるのかを理解するために採餌行動（foraging behavior）と，食われる側がどのようにして捕食者に食べられないために工夫するかという対捕食回避行動（predator avoidance behavior）の研究が進展してきた．

また，複数の食うものと食われるものとの関係は食物網（food web）で描かれる（3.2.7項参照）．これは群集生態学のテーマであるが，採餌行動と対捕食者行動を食物網と関連づけた研究は，現在盛んに行われつつある[5]．

4.3.2 採餌行動

動物の生存にとって，採餌は基本的な行動である．行動生態学では，採餌行動に最適戦略のモデルを適用した最適採餌（optimal foraging）戦略の研究が早くから展開されてきた．効率よく餌をとる個体は，そうでない個体よりも進化的に有利であるため，

現在見られる生物は自らが置かれている条件下で，最適な行動を採用するような意志決定（decision making）に従って餌をとっていると考えられる．この最適採餌は，最適採餌理論（optimal foraging theory）と最適餌場滞在時間（optimal patch use time）の2つの概念で示すことができる．

捕食者は採餌行動を行う際に，目の前の餌を食べるべきか，次に出会う餌を食べるべきかという選択に迫られる．なぜなら出会う餌の質は同じではなく，うまい（よい）餌とまずい（悪い）餌があるからである．どの餌を食べるべきかを説明するには，最適採餌理論が用いられる[59]．餌の価値を，食べて得られるエネルギー量を餌を処理する時間で割った値として定義し，ある動物が採餌する範囲内によい餌と悪い餌の2種類があるとする．行動範囲内によい餌がたくさんあるとき，もしくはよい餌と悪い餌の価値の差が大きいときには，その動物はよい餌を食べ続けるべきである．この場合，悪い餌の頻度は捕食者の行動に影響しない．もし捕食者の行動範囲内に3種類以上の餌があると，捕食者はもっともよい餌のみを食べるのが最適となる．しかしよい餌の頻度がある値以下になった場合には，捕食者は悪い餌を食べるという行動にスイッチする．このような理論を実際に生物が採用しているかについては，シジュウカラを用いた研究で支持されている[34]．

捕食者は，必ずしも限られた場所で餌を探すわけではない．ある範囲にある餌の量は限られているため，どのような餌場でもいずれは餌の量は頭打ちになる．そうすると，ある時点でその餌場をあきらめ，別の餌場に移動することが餌の発見効率を上げるために最適となるだろう．一方で，あまり頻繁に餌場を移動すると，移動時間が増加するばかりで効率が悪くなってしまう．つまり，餌場から離れるタイミングが重要となるのである．このタイミングが最適なとき，最適餌場滞在時間が得られる．

4.3.3 対捕食者戦略

捕食者が餌を食うためにさまざまな戦略を進化させるのに対して，被食者も捕食者から逃れるためのさまざまな戦略を進化させている．昆虫の対捕食者回避行動は古くから研究されており，その中でも対捕食者戦略の記載を体系的にまとめたのはEdmunds (1974) である[18]．そこでは昆虫の防衛を，敵に襲われる前から備える一次防衛と，敵に襲われた後で発現する二次防衛に分類している．

近年では，この防衛は捕食者の行動と対応させて6段階に区別されている[60]．一次防衛としては，①捕食者に出会うと被食者は他個体や他種に対して警戒を行い，②捕食者に見つかると，被食者は不動，隠蔽，あるいは捕食者を混乱させる体色の変化や動きといった防衛行動を示す．この隠蔽には，体色を背景に合わせるカモフラージュ，分断色，光と影を利用する逆影，視覚以外の感覚刺激によるものも含まれる．二次防衛としては，③捕食者が被食者を見つけると，被食者は警告色をもつ体の一部をシグ

ナルとして敵に見せ，④ 捕食者が近寄ってきたり攻撃を仕掛けてくると，被食者は逃避したり，死にまねをしたり，あるいは威嚇によって対抗し，⑤ 捕食者に捕らえられると，被食者はそれでも逃げる行動をとったり，体を硬くしたり，棘を立てたりする物理的防衛，有毒物を噴出したりする化学的防衛，もしくは自分の体の一部を自ら切って逃げる自切などの手段で対抗する．最終的には，⑥ 捕食者に食べられてしまった後でも対抗的な行為として，捕食者に嘔吐を促すようにする．

一次防衛と二次防衛の区分については研究者によって意見が異なるが，いずれにせよ被食者は，捕食者の攻撃に対して徐々にその効力のレベルを上げた防衛行動を示すのが一般的である．また生得的な防衛手段としては，ミノムシのように常に隠れ家に籠もる生活をし続ける昆虫（隠遁）や，捕食者から目立たないよう，姿を背景にある何かに似せる隠蔽擬態，捕食されることの脅威を上位捕食者にアピールするための警告擬態などもある．では，これらの例を見てみよう．

a. カモフラージュ

一次防衛の代表的なものの1つはカモフラージュ（背景同調）であり，生物自身が景色にまぎれこむような，形や体色をとる．背景に同調させるために，地上徘徊性の昆虫は土の色に似た地味な体色をしており，草の上で過ごすバッタは緑葉が旺盛な季節には緑色に，秋には茶色になる．樹皮に止まるガ類の多くは，樹皮や樹皮に付着する地衣類と同じような体色をしている．

カモフラージュが捕食者からの回避として進化したことを示した例として，イギリスの産業革命の時代に白色型から黒色型への変化が生じ，煤煙を排出する煙突がなくなって再び黒色型から白色型に戻ったオオシモフリエダシャク *Biston betularia* が有名である．1950年代に行われた実験では，黒色型のガが黒い木の幹の上では鳥類に捕食されにくく，標識再捕法によって白色型よりも黒色型の方が生存率が高いことが明らかにされた．この仮説には疑問が呈されることもあったが，白色型と黒色型の生存率が異なることを実際に観察し，標識再捕法をやり直したM. Majerusによってカモフラージュの効果が認められ，これが自然選択による進化の実例であることがわかっている[14]．

b. 隠蔽色と警告色

隠蔽色の擬態としては，ガの翅色が樹皮に似ていることや，魚は腹側が白く背側が黒っぽい色をしているために下から見上げると空の色にとけ込み，上から見ると海の色に同化して発見されにくいといった例が挙げられる．

警告色の擬態には2つのタイプが知られている．1つはベイツ型擬態(Batesian mimicry)と呼ばれ，まずい餌である虫とまずくない餌である虫が色彩や模様などで似ている現象のことをいう．南米に生息するシロチョウの仲間は，同じ地域に住む味のまずいドクチョウに擬態して鳥による捕食を避けていると考えられている．北米では，

マダラチョウ科のオオカバマダラに擬態するタテハチョウ科のカバイロイチモンジ *Limenitis archippus* の例が有名である（後述）．日本でも，タテハチョウ科のツマグロヒョウモン *Argyreus hyperbius* やメスアカムラサキ *Hypolimnas misippus* のメスは，毒をもつことが知られているマダラチョウ科のカバマダラ *Danaus chrysippus* に擬態している．また南西諸島に棲むシロオビアゲハ *Papilio polytes* には，まずいチョウであるベニモンアゲハ *Pachiliopta aristrochiae* が生息する島では，それに似たタイプのメスの存在が知られている．

　このような擬態が生じる原因，特に多くのチョウで擬態がメスのみに見られるのは，メスはオスと違い植物上に産卵するためにゆっくりと飛翔するので，その際に鳥に捕食されやすいからと考えられている．もちろん擬態するには色素の発現などの生理的なコストを伴うため，コストを払ってでも擬態する方が生存に有利という条件でのみ，擬態は進化する．

　もう1つのタイプはミュラー型擬態（Müllerian mimicry）と呼ばれ，まずい動物どうしが色彩や模様などで似ている現象である．アシナガバチやスズメバチの仲間がみな黄色と黒の縞模様をもつのは，この現象であるとされている．

　上述したオオカバマダラに擬態するカバイロイチモンジは典型的なベイツ型擬態だと考えられてきたが，最近ではアメリカのタテハチョウ科の中にまずい成分を含む種も報告されており，ミュラー型擬態へと訂正されている[46]．これまでベイツ型，ミュラー型とされてきたものの中にも，再検討が必要な事例が含まれる可能性は高い．

c. 分断色

　捕食者の餌となる昆虫は，敵に探索像（searching image）をつくらせないためにいろいろな工夫をしている．例えばガの成虫の翅はしばしばストライプ模様をしているが，これは背景の色彩と自身の体の端の色彩を同調させて捕食を回避する術である．

　この分断色の効果は，アオガラという鳥に，三角に切った様々な色彩の色紙を貼りつけたイモムシを食べさせた実験によって実証された[15]．端に黒や濃い茶色の色彩を施したコントラストの強い三角形を背負ったイモムシは，一色だけや中央に暗い色彩を催した色紙を背負ったイモムシより食べられにくかった（図4.4）．

d. 眼状紋

　スズメガの成虫の後翅やナミアゲハ *Papilio xuthus* の5齢幼虫には眼状紋があり，対捕食者戦略として進化したと考えられている．例えば熱帯の森林には，さまざまな目玉模様をもったイモムシが数多く生息している（図4.5）．

　目玉模様をもつイモムシが進化した理由は，これまでベイツ型擬態かミュラー型擬態で説明できると考えられてきた．しかし，捕食者が抱く「怖れ」の感覚が進化の要因となったのではないか，という仮説が提唱されている[9]．

　ベイツ型擬態は，モデルとなるまずい餌がたくさん生息する中で，まれに擬態する

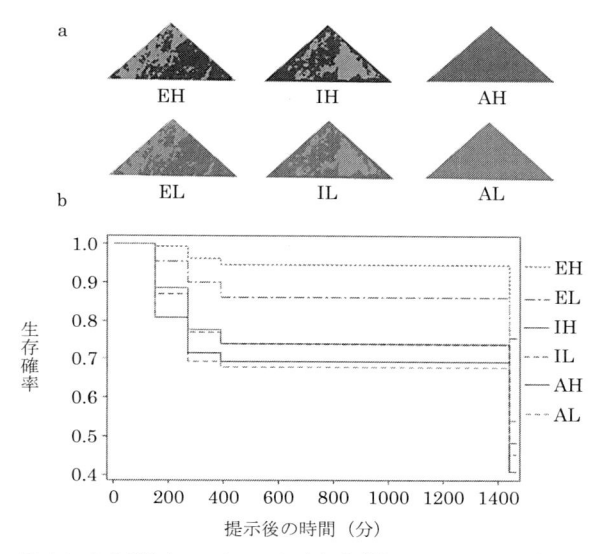

図 4.4 さまざまなコントラスト (a) を背負ったイモムシを鳥に提示したときの生存確率の経時的な変化 (b)（文献[15]を改変）1色（AL と AH）のものに比べて，コントラストの強い三角形（EH や EL）を背負ったものが捕食されにくいことがわかる．

個体がいるときこそ効果を発揮できる．そのため，熱帯林などで多くのイモムシが眼状紋をもっている状況下では，意味をなさないことになってしまう．そこで，彼らは目玉模様を捕食者に見せつけて怖れを抱かせることで，食われるのを回避しようとしているのではないかと考えられた．確かに，捕食者（主に鳥たち）が忍び寄る刺激に合わせて，多くのイモムシは目玉模様をまとった頭をもちあげる．後翅に目玉模様をもつガの成虫でも，敵による刺激を察知したときには地味な前翅をもちあげて，まるで写真のフラッシュをたいた効果のように後翅を見せる．人間でさえ一瞬ひるむような目玉模様に，捕食者が強い怖れを抱くとしても不思議ではない．

　自然選択はこのような捕食者の怖れの感覚を見逃さず，イモムシの目玉模様を進化させたのかもしれない[32]．ただ，目玉模様をもつ昆虫は熱帯林に限ったものではなく，温帯である日本にもたくさんいる．すべての目玉模様が「怖れ」によって進化したと断言できるわけではなく，どれが擬態によって進化したもので，どれが「怖れ」によって進化したものかは，今後の研究課題として残されている．

e. マスカレード

　食べ物ではないものに似ることで，捕食を免れる戦略はマスカレード（仮装，masquerade）と呼ばれる．マスカレードが実際に生存に対して効果があるかどうかについ

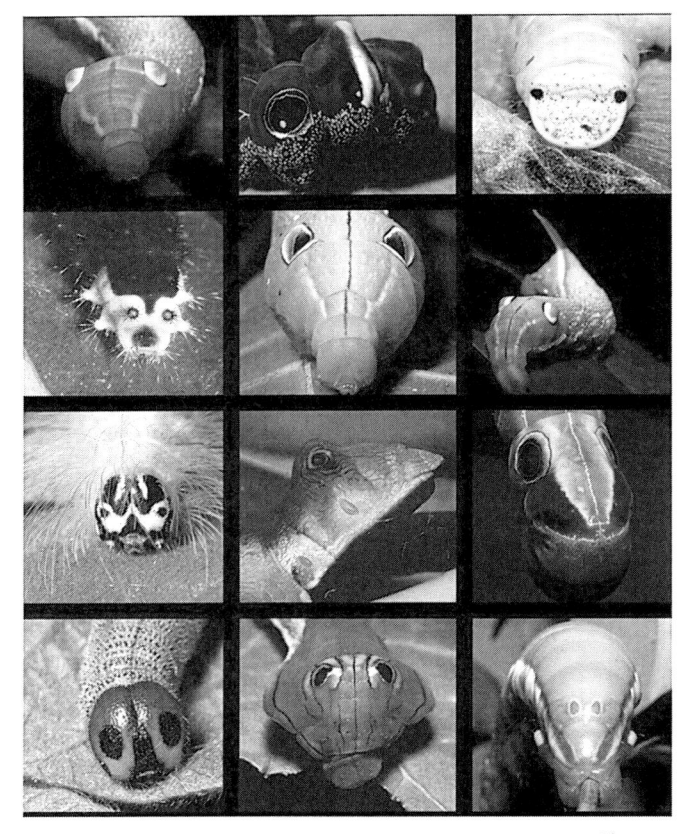

図 4.5 熱帯雨林に生息するチョウ目昆虫（幼虫）の目玉模様[32]
Fig. 3. (p. 11662) from Daniel H. Janzen, Winnie Hallwachs, and John M. Burns, A tropical horde of counterfeit predator eyes, *PNAS* **107**(26): 11659-11665, June 29, 2010

ては，実験によって実証されている[57]．木の枝にそっくりなエダシャクの幼虫をヒヨコに与えると，初めて見たヒヨコは何の躊躇もなくついばんで食べる．しかし前もってよく似た小枝をついばまされたヒヨコは，幼虫をついばむまでの時間と食べ終えるまでの時間が，未経験のヒヨコに比べて明らかに長い．これは，ヒヨコが小枝にそっくりな幼虫を発見できない（隠れている＝クリプシス）のではなく，食べられないと記憶した小枝と間違えて攻撃するのを躊躇した結果だといえる．つまり，捕食者の経験と認知のシステムが餌の容姿を進化させる源になるのである．野外で同じことが起きているとすれば，少しでも小枝に似た幼虫の方が食べられる確率が減るだろう．このわずかな差が長い年月のあいだ積み重ねられ，より小枝にそっくりな形の幼虫へと

進化したと考えられる.

マスカレード戦略をとっている生物は,昆虫だけでなく広く自然界に存在する.例えば,小枝にそっくりな昆虫のナナフシ,鳥の糞にそっくりなガの成虫,昆虫の糞にそっくりなハムシやゾウムシなど,その種類の豊富さと精緻さには目を見張るほどである.これらの昆虫も,小枝や糞などを間違って食べたことのある捕食者を躊躇させる効果をもつのだろう.

f. 襲われた後に防衛する戦略

敵から襲われた後に発現される防衛は二次防衛と呼ばれるが,敵から逃走したり,動かなくなって敵の目をはぐらかしたり,逆に敵に対して威嚇行動を示したり,反撃に転じたりするケースがある.

敵に襲われたらまず逃げるのが生物の本能である.飛行中のヒトリガの一種 *Arctia caja* やヤガなどは,捕食者のコウモリが発する超音波に反応し,急旋回や急降下して逃げようとする.バッタの仲間は,敵に襲われたときに脚を自分で切り放して逃げる,自切という行動をとることが知られている.

マイマイカブリ *Damaster blaptoides*,オサムシの仲間,ゴミムシ類,多くのカメムシ類では,化学的な方法で二次防衛を行う.捕食者に攻撃された瞬間,これらの虫は腹部の尾端を敵の方向に向け,刺激の強い酸性の毒物質を噴霧する.敵はその毒にひるんで,攻撃をあきらめる.なお捕食者の中にはこれらの行動をよく察知しているものもいて,ある種のネズミはゴミムシダマシの一種を捕食する際に,噴出攻撃を受けないよう頭の方をつかんで食べてしまう.

普段は枝に擬態しているナナフシの仲間には,敵に襲われると鮮やかな色彩の翅を立てて敵を威嚇するものもいる.このとき,中には音をたてて威嚇する種類もいる.

敵に対する防衛用の武器をもつ昆虫もいる.例えばハサミムシの仲間は,クモに襲われると腹部を頭の上にまであげて,ハサミで捕食者を挟みつける.

死んだふりをして敵から逃れることもあり,ヤゴ(トンボ),カワゲラ,コオロギ,ナナフシ,カマキリ,カメムシ,コウチュウ,チョウ,ハチといった多くの種類の昆虫で見られる.死んだふりをするコウチュウは,死んだふりをしないコウチュウに比べてハエトリグモによる捕食を有意に免れることが,コクヌストモドキ *Tribolium castaneum* を使った実験によって明らかにされており,この行動が被食者の生存にとって有利であることが示されている[38)].

4.4 性の起源と性選択

昆虫には,単為生殖で増えるものと有性生殖によって増えるものがいる.性があることで,配偶者を探し出して交尾し,繁殖することが昆虫にとって大きな選択圧とな

っている．では，なぜ性というものがあるのだろうか．

4.4.1　性の進化
　性をもつ有性生殖は無性生殖から生まれた．コウボ菌やヒドラなど無性生殖を行う生物は多く，もっとも身近な例は，サツマイモやタケなど，さし木や地下茎を通した栄養生殖によって1つの細胞から分裂しながら繁殖するクローン植物であろう．
　太古にはすべての生物に性はなかったが，あるとき生殖細胞が2つに分かれた．つまり，2本の染色体をもつ1個の細胞が，それぞれ1本しか染色体をもたない配偶子と呼ばれる2つの生殖細胞に分裂したのである．その2つの生殖細胞が出会うことで，初めて2本の染色体をもつ子どもをつくることができる．子孫ができるシステムが変わった，この出来事が性の始まりである．
　この2つの配偶子はもともと同じ大きさであるが，あるとき一方の配偶子が少し栄養を多くもち，より繁殖力が高くなるという現象が生じた．すると，栄養をもった配偶子の間で競争が起き，少しでも多くの栄養をもったより大きなものが生存競争では有利になる．
　資源を多くもったものが出現すると，その資源にあやかろうとするパラサイト（寄生者）が現れる．配偶子の進化も同様で，自身は栄養を投資せずに小さくなることで有利になろうとするタイプのものが現れる．いったん二極化が始まると進化は行き着くところまで止まらず，中途半端に資源をもつものや，中途半端に寄生するタイプは生存競争に負けていなくなる．その結果，配偶子の一方は資源を多くもち大型化し，もう一方は最小限の情報であるDNAと寄生先にたどり着くための鞭毛だけをもつものと化してしまう．今日では，この資源をたくさんもつ大きい方の生殖細胞が卵と呼ばれるメス配偶子，最小限のサイズとなってDNAの情報だけをもった生殖細胞が精子と呼ばれるオス配偶子となっている．

4.4.2　なぜメスとオスが必要なのか？
　生物は，自分のDNAを多く残せたものが勝つというとても単純なルールに従って増殖を競い合っており，増殖スピードから見ると性が2つあることは効率的でない．1つの生殖細胞だけで繁殖できる無性生殖ならば，自分だけでどんどん分裂でき，2倍，4倍，8倍と素早く増えることができる．しかしメスとオスという2つの種類の生殖胞をもつ有性生殖の場合，まずは2つの性が出会う必要がある．そしてうまく受精へと進んで，初めて1つの子どもができる．つまり有性生殖は，無性生殖に比べて増殖率が半分になる．
　生物界を見渡すと有性生殖の生物の方が多いが，なぜ増殖率が2倍の無性生殖ばかりになってしまわないのだろうか．言い換えれば，なぜ増殖率を2分の1に下げてで

も性が必要なのだろうか．これは「有性生殖の2倍のコスト」と呼ばれる問題であり，有性生殖というシステムが維持され続けるためには，2倍のコストを上回る利点がなければならない．

この疑問を説明するためにいくつかの仮説が提唱されているが[37, 40]，代表的なものに赤の女王仮説がある[64]．これは，交配によって遺伝子に組換えの生じる有性生殖は，突然変異によってのみ遺伝的な変化が生じる無性生殖に比べて，次々と現われる病原菌や捕食者などにさらされる変化しやすい環境に適応しやすいとする仮説である．つまり，遺伝子の組換えによって，突然変異が生じるのを待たずに変動する環境に適した新しい遺伝子型になることが可能となる．これが2倍のコストがあるにもかかわらず，多くの生物で有性生殖が見られる，つまり性が維持される主要因であると考えられている．

もう1つの主要な仮説は，Mullerのラチェット[40]と呼ばれる考え方である．DNAのコピーの際にはエラーが生じ，それが蓄積されていくが，無性生殖ではその状態を後戻りさせることができない．一方有性生殖では，あたかも一度まわってしまった歯車（ラチェット）をもとに戻すかのように，遺伝子コピーのエラーを修復できる分，有利になるというものである（5.3.6項も参照）．

4.4.3　同性内選択と異性間選択

性が進化したことで，一方の性が他方の性にとって選択圧（selection pressure）となる現象が生じた．これが性選択（4.2.1項参照）であり，それによって昆虫では成虫の体サイズ・形態・生活史・行動などの形質にメスとオスで違いが見られる．自然選択では説明できない，カブトムシのオスのみがもつ角や，クジャクの羽のような二次性的形質が適応進化したのはなぜかを説明するために，Darwinが提起した説である．

Darwinは性選択を，一方の性が他方の性との交配をめぐって競争する同性内選択と，一方の性の個体が他方の性の個体を選り好んで交配するために，その個体がもつ形質が進化する異性間選択とに分けた．オスで発達するシカの角やカブトムシの角は同性内選択の結果として，オナガドリの尾やグッピーの尾ひれは異性間選択の結果として進化したとされる．同性内選択については，性選択の対象となる性（多くの生物ではオス）において，闘争行動で勝てるように体サイズに比例して闘争のための武器となる形質が変化する（アロメトリーと呼ばれる）仕組み[10]，およびオス間闘争は交尾の達成で終わらず，メスの体内における精子競争にまで及ぶこと[53]の2点が，主に昆虫を材料として研究されてきた（詳細は文献[2]にまとめられている）．

4.4.4　オス間闘争と体サイズに依存したオスの戦略

多くの生物では，サイズの大きなオスと小さなオスが存在する．コウチュウやカメ

ムシなどオスどうしに同性内選択が見られる昆虫では，体サイズの変異幅はメスに比べてオスで著しく大きいのが一般的である．戦いの勝敗によってのみ交尾できるかどうかが決まるのなら，世の中にはなぜ小さなオスがいるのだろうか．小さなオスは，オス間闘争に勝利できず交尾に至ることなく死んでいくだけなのだろうか．

この疑問に初めて答えを見つけたのは Eberhard (1982) で，アゲノールサイカブト *Podischnus agenor* を用いた研究である[16]．本種のオスは，サトウキビの茎に2匹分の体が入れる程度の巣穴を掘ってメスを待ち，メスがやってくると交尾して卵を産んでもらうために招き入れる．うまくいけばオスはメスとの交尾に至り，巣穴で自分の子どもを育てることができる．ここに他のオスがやってくると闘争が生じ，発達した角を使って争う．勝ったオスが巣穴の主になるため，巣穴を横取りされてしまうこともある．

本種には，サイズが明らかに異なる2種類のオスがいることがわかっている．一方は発達した角をもった大型オスでメジャーオスと呼ばれ，もう一方は戦いには不向きな小さな角をもった小型オスでマイナーオスと呼ばれている．サトウキビ畑でオスの分布を調べたところ，メジャーオスはメスがたくさん集まってくる繁殖地の中心で見つかるのに対して，マイナーオスは繁殖地の縁に沿って分布していた．すなわち，オスどうしの闘争が盛んな繁殖地の中心を避け，周辺にさまよい出てくるメスを狙うため，マイナーオスたちは分布の縁に出現するのである．このように，大きなオスと小さなオスでは，メスを獲得するやり方が異なることが明らかになった．

日本でもおなじみのカブトムシ *Trypoxylus dichotomus* では，分布場所ではなく，交尾場所にもなる樹液が豊富な場所に現れる時間帯がメジャーオスとマイナーオス（図4.6）で異なっている．多くのメスは午後9～10時頃に樹液に集まってくるのに対し，メジャーオスも午後9時頃から樹液に集まりだす[56]．一方メスの中にも，数％程度だが午後8時頃からやってくるものもいる．マイナーオスは午後7時頃の早い時刻に樹液場所に現れ，早い時間帯にやってくる少数のメスとの交尾機会をうかがっていると考えられている．この交尾戦術は，大きく育つことができなかった場合でも，次善の策を講じてなんとか自分の遺伝子を後世に残そうとするものである．

またオーストラリアのセンチコガネ属 *Onthophagus* の仲間では，マイナーオスは別の手段を用いて積極的に，しかもメジャーオスと劣らぬ頻度でメスと交尾する．本種のオスは子どもを育てるためにトンネルを掘り，そこを巣穴としてやってくるメスを待ち受ける[54]．メジャーオスはトンネルの中でメスがやってくるのを待ち，別のオスがやってくると戦いを挑む．これに対してマイナーオスは，メジャーオスがつくったトンネルのすぐ横に別のトンネルを掘って潜んでいる．そしてメジャーオスが他のオスと地表近くで戦っている間に，その横穴からメジャーオスの掘ったトンネルに突入し，俊敏にメスと交尾してしまう．マイナーオスはメジャーオスに比べ体の割に大き

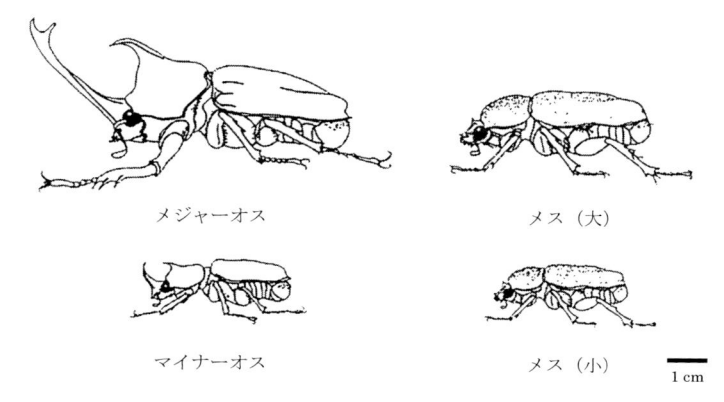

図 4.6 カブトムシのメジャーオスとマイナーオス（文献[56]を改変）
メスに比べてオスでは，体サイズの変異が著しく大きい．

な精巣をもっているため，短時間の俊敏な交尾でも多くの精子をメスに送り込むことができる．つまり，精子競争（後述）に有利なように進化したわけである．センチコガネを体重ごとに並べてみると，体サイズが大きく見事な角をもつ集団のピークと，体サイズが小さく，大きな精巣をもつ集団のピークが得られる．この2峰型の体サイズの分布様式は，マイナーオスもメジャーオスと同等に自分の遺伝子を後に残すことができることを証明している．

以上のようなオスの二型についての詳細は文献[19]を参照されたい．なお角などの武器をもつ甲虫の中で，大型と中型と小型の3タイプが存在するコガネムシも見つかっている[48]．樹液に集まるヨツボシケシキスイ *Librodor japonicus* のオスでは，大型が戦い，小型がスニークをし，中型が分散してメスを探す，という3タイプに分かれている[43]．

4.4.5 精子競争

昆虫では，メスの体の中に貯精嚢と呼ばれる受精した精子を蓄えておく器官がある．昆虫のメスには複数回交尾するものが多く，貯精嚢に入った精子は卵との受精のためにさまざまな使われ方をする．最初の交尾による精子が受精に使われる場合，最後の交尾による精子が受精に使われる場合，そして貯精嚢の中に送り込まれた精子が混合されてランダムに受精に使われる場合（シャッフリング）があり，貯精嚢内に送り込まれたどの精子が優先して受精に使われるかは，貯精嚢から排出される精子と，未受精卵が出会う場所の位置関係によるところが大きいと考えられている．

最初に交尾したオスの精子が受精に使われる場合，2番目以降に交尾するオスは，既

交尾メスと交尾する際にまず自分の生殖器をメスの生殖器の中に挿入する．オスの生殖器には精子をからめとるような返し状のトゲなどがついていて，生殖器を回転させたり引き抜いたりして，前に交尾したオスの精子をかき出した後に，自分の精子を注入する（精子置換）．この代表例としてはイトトンボが挙げられるが[65]，昆虫において特に精子置換が起こりやすいのは，精子の寿命が人間などに比べて長いことも理由の1つである．

一方で，最後の交尾による精子が受精に使われる種類の昆虫では，最初に交尾をするオスはさまざまな戦略をとる．例えば交尾後に長時間にわたってメスをガードする行動は，トンボなどで見られている[1]．精子を移送した後もずっと交尾を続ける，つまり自分自身が交尾プラグとなる昆虫も多い．ウリミバエ *Bactrocera cucurbitae*[63]やマルカメムシ *Megacopta punctatissima*[31]では数時間以上交尾が続くし，ナナフシの一種に至っては2週間も交尾を続ける[26]．また交尾後に，メスの生殖器官を交尾プラグによってふさいでしまうものもいて，2番目のオスの精子の侵入を100％防ぐ完璧な交尾プラグがギフチョウ *Luehdorfia japonica* で観察されている[36]．

メスの貯精嚢の中に複数のオスの精子が混ざってしまう場合には，できるだけ多くの精子を射精する戦略がとられ，卵との受精確率を上げる[45]．以上，詳細は文献[8, 53, 58]を参照されたい．

4.4.6 無核精子と有核精子

チョウ目の昆虫の精子には，2つのタイプがあることが古くから知られていた．1つは核をもつ有核精子であり，もう1つは核をもたない無核精子である．無核精子はDNA情報をもたないため，オスが無核精子を生産し，交尾時に有核精子と無核精子を混ぜて射精する理由は謎であった．

この謎は，ノシメマダラメイガ *Plodia interpunctella* の研究によって明らかにされた[25]．メイガのオスは相手が処女メスである場合，自分の精子を確実に受精させられる可能性の高い日齢の若いメスであるほど，多くの有核精子を射精する．次に，既交尾メスとの交尾の場合は，最初のオスの射精量が多いほど，新たに送り込む有核精子の量が多くなる．本種では貯精嚢で精子がシャッフリングされるので，2番目以降に交尾するオスは，精子を受精する確率を高めるためにたくさんの有核精子を送り込んでいるものと考えられている．

このガでは無核精子を貯精嚢に挿入されたメスは，他のオスとの交尾をしたがらない傾向が高い[66]．これは，最初に交尾したオスが有核精子とともに多量の無核精子でメスの貯精嚢を満たしてしまうことで，メスに交尾の充足感を与え，しばらくの間再交尾を抑制しているものと考えられる．

4.4.7 異性間選択

　性をもつ動物が配偶者を探索し，出会い，求愛やマウントなどの交尾前行動の過程を経て，交尾あるいは体外受精のための放精・放卵を行い，さらに長時間交尾などを含む特定の交尾後行動を行い，最終的に配偶者との接触を解除するまでの一連の複雑な行動を配偶行動と呼ぶ．交尾の前に働く性選択には2つあり，上述した同性内選択と異性間選択である．普通はメスが自分の子どもにとって有利なオスを選ぶが，子どもに対する時間や資源などの価値がオスとメスで逆転する場合には，メスどうしが戦うか，オスがメスを選ぶという逆転現象が起きる．コオイムシ *Appasus japonicus* やタガメ *Lethocerus deyrollei* では，メスがオスをめぐって争う．

　選ばれるオスの形質にも，大きく分けて2通りのケースがある．メスが直接そのオスの魅力に惹かれて選ぶ場合と，そのオスがもつ間接的な形質を選んで交尾する場合である．後者の例としては，大きななわばりをもつオス，子育てのためによい巣をもつオス，あるいは子どもの繁殖にとって栄養価の高い婚姻給餌（プロポーズのためのプレゼント）を与えてくれるオスを選ぶ場合が挙げられる．

　一方，オスもなるべくコストを払わないよう戦略を練っている．オドリバエの一種 *Empis borealis* のオスは，メスにプレゼントするためにカやハエなどを狩ってメスに渡す．この際，一般にメスは栄養価の高い大きな餌をもってくるオスを選り好むが，中には自分の体から噴出する糸で小さな餌をグルグル巻きにし，実際のサイズよりも大きく見せかけて，メスにより好まれようとするオスもいる．巣やプレゼントの他にも，オスは求愛のために華麗なダンスを踊ってメスにアピールすることがあるが，アピールせずに強制的にメスに交尾しようとする戦略をもつものもいる．

　複雑な儀式的求愛を経てやっと交尾に至っても，オスの精子がメスの卵を受精させるかどうかにはさらなる段階がある．それが，交尾後に起こるオス間競争とメスの選り好みである．上述したように，複数のオスと交尾するメスでは，交尾時に放たれた精子はメスの生殖器官の中で競争をする．これは交尾後に生じるオス間競争の1つであり，受精の機会をめぐって精子どうしが争う事例である．一方で，メスが受精嚢の中でオスの精子を選択している可能性もある．これは「隠されたメスによる選り好み（cryptic female choice）」と呼ばれており，今後の実証研究が望まれている[17]．

　メスがオスを選択する際，メスが選り好むオスの形質とメスの好みは同じ方向に進化していく．2つの形質が同方向に向かい正のフィードバックによって共進化する様子は，Fisher のランナウェイ過程と呼ばれる[22]．これは，二次性的形質において（多くの場合で）オスにとっては自然選択で不利と思えるほど発達した形質をもち，その結果として著しい性差が生じる理由を説明したモデルであり，自然選択説では説明できない事例を補う仮説として提唱された．

　他に片方の性（多くの場合にオス）で著しく形質が発達する理由として，自然選択

で不利な形質をもっていても，なお生存できる能力のある（多くのケースで）オスをメスが好むために，著しい性差が生じると説明したハンディキャップ理論もある[70]．

最後に，交尾の代償を示した古典的な研究を紹介しよう．ある種のコオロギのメスは，オスをその鳴き声から探し出して交尾する[12]．このコオロギには寄生バエがおり，そのメスは鳴いているコオロギの体にウジを産みつける．ウジはオスのコオロギの体に食い入って肉を食べてしまうので，寄生されたオスは1週間以内に死ぬことになり，求愛行動はときに命取りになる．一方このコオロギには，生まれつき，つまり遺伝的にあまり鳴かないオスもいて，他の鳴くオスの近くに潜んでいる．鳴き声に引き寄せられたメスを見つけると，鳴いているオスが寄生バエの餌食になっているあいだに交尾をすませてしまう．鳴くオスと鳴かないオスのどちらが増えるかは，寄生バエの数に左右され，寄生バエが多い年には鳴かないオスの方がたくさん子どもを残すことができ，少ない年には鳴くオスの遺伝子が集団の中に広まる．

4.4.8 性的対立

繁殖によって得られる価値をめぐって，ときとして雌雄の利害が対立することもある．交尾がメスにとってコストとなる場合には，この不一致の結果として性的対立が生じる[3]．交尾回数と残せる子どもの数において，メスとオスとでは大きく異なる．つまり，オスが残せる子どもの数は交尾相手の数に比例して直線的に増加するが，メスは複数のオスと交尾しても自分が残せる子どもの数は変わらない．このことは，キイロショウジョウバエ *Drosophila melanogaster* で明らかにされており[4]，基本的にオスとメスでは，交尾という投資行為を通じて，得られる子の数として計算される見返りが異なるのである．

性的対立は広義の意味において，性選択の一部である．以前は，オスとメスは協力して子育てをすると考えられていたが，主に昆虫を用いた研究から，むしろ繁殖をめぐってさまざまな場面で雌雄の利害が対立することが明らかになっている．繁殖戦略の研究に性的対立という視点を持ち込んだのは G. A. Parker であり[44]，その後実証的な研究として，キイロショウジョウバエのオスが交尾の際にメスに毒物質を移送することが見出されている[13]．

たくさん産卵したメスでは寿命が短くなることから，産卵はメスにとってかなり体力を消耗することは明らかであるものの，それだけでは産卵と交尾のどちらがエネルギーをより消耗するのかがわからない．そこで，メスの寿命に対するオスの交尾の効果と，オスの生殖器官の一部である付属腺物質の効果が調べられた．生殖器官を焼いてしまい交尾をできないようにしたオス，精子と付属腺物質をもたない突然変異のオス，そして交尾の際に付属腺物質だけを送り込む突然変異のオスをそれぞれメスと交尾させたところ，付属腺物質だけを送り込むオスと交尾したメスでは，他の系統のオ

スと交尾したメスよりも1週間ほども寿命が短かった．ショウジョウバエの寿命は40日程度なので，7日間も寿命が短縮するのは大きな影響である．次に，付属腺物質の保有量が異なる3段階のオスを準備し，交尾させたメスの寿命を比較したところ，付属腺物質をより多く送り込むオスと交尾させたメスほど寿命が短くなった．

なぜオスは自分が受精させた卵を産んでくれるメスの寿命を短くしまうのだろうか．一見全く適応的ではない戦略だが，オスの立場からするとメスの寿命が1週間程度短くなっても都合の悪いことはほとんどない．なぜなら，ショウジョウバエのメスは羽化後1～2週間でほとんどの卵を産卵するし，オスはメスの再交尾を抑制する化学物質を精液に混入して送り込んでいるので，自分の精子がほとんど受精に使われるからである．つまり本種では，メスよりもオスが性的対立に勝っているということができる．

W. R. Rice は，このキイロショウジョウバエの毒物質の実験結果を発展させ，メスとオスを小さな瓶の中に1匹ずつペアにして何世代も飼い続けた系統（これを単婚系統と呼ぶ）と，メスに何匹ものオスと交尾させ瓶の中で何世代も飼い続けた系統（これを乱婚系統と呼ぶ）を84世代の間，交配させてつくりあげた[47]．その結果，単婚系統のオスはおそらく精液の毒物質が弱くなってしまったため，交尾相手のメスが他の系統のオスと交尾するのを阻止できなくなってしまっていた．また，単婚系統のメスの毒物質に対抗する防衛は非常に弱くなっており，強い毒物質が進化した乱婚系統のオスと交尾させると，比較的短期間のうちに死亡した．

キイロショウジョウバエでは，先に交尾したオスが2番目以降に交尾するオスの精子を殺すため，精液の毒物質を生産すると考えられている．つまり，精子競争に打ち勝つために精液はより毒性の高い物質として進化し，その副作用でメスの寿命は縮まるのだろう．この精液の毒物質に対して，メスもより防毒性の高い受精嚢内環境を進化させていくことになる．こういったオスの毒物質の強さと，メスの毒物質に対する抵抗性の強さは，性的対立がもたらした軍拡競走の顕著な例だと考えられている．

性的対立がもたらす終わりのないメスとオスの螺旋的な追いかけっこのシステムを，Rice のチェイスアウェイ（図4.7）と呼ぶ[30]．交尾はしばしばコストがかかるため，メスはなるべく交尾回数を増やしたがらない．その結果，オスの選り好みはより厳しくなるが，実際はたいていのメスは何度も交尾する．この矛盾は，今でも未解決な部分の多い魅力的な研究テーマである．

肝心なのは，オスに対抗するメスの抵抗力に振り回されてオスどうしが競い合った結果，自分の配偶相手をも殺してしまうという適応的ではない進化が生じてしまうことである．このようなオスの極端な形質は，軍拡競走でも共進化でも進化する．交尾自体がメスにとってコストならば対立による軍拡競走（チェイスアウェイ）が生じるし，交尾自体がメスにとって利益であれば（選り好みのコストが少々含まれてもよい）

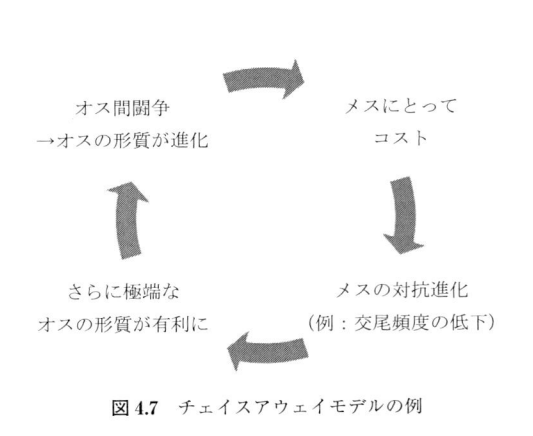

```
            オス間闘争
        →オスの形質が進化           メスにとって
                                  コスト


         さらに極端な            メスの対抗進化
        オスの形質が有利に       （例：交尾頻度の低下）
```

図 4.7 チェイスアウェイモデルの例

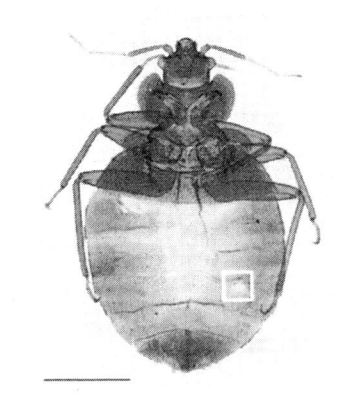

図 4.8 トコジラミのオスの交尾器に挿入されたメスの腹部[61]
Fig. 1B. (p. 5684) from Alastair D. Stutt and Michael T. Siva-Jothy, Traumatic insemination and sexual conflict in the bed bug Cimex lectularius, *PNAS* **98**(10): 5683-5687, May 8, 2001, Copyright (2001) National Academy of Sciences, U.S.A.

メスとオスの協調による共進化（ランナウェイ）が生じることになる．

　俗にナンキンムシとも呼ばれるトコジラミ *Cimex lectularius* の交尾はかなり特異的である．オスが交尾器をメスの腹に刺し，精子と精液を血液中に注入するという交尾様式をもつこの昆虫でも，オスの精液に毒があると考えられており，トラウマを被った受精（traumatic insemination, 図 4.8）と呼ばれている．メスの腹に空けられた穴はそのうちふさがるのだが，体に穴を開ける交尾が何度も行われると，当然ながらメスは早く死んでしまう．1 回だけしか交尾をさせなかったメスと，何匹ものオスと何度も交尾をさせたメスの寿命と産卵数が比較されており，多回交尾させられたメスは，1 回だけのものに比べて寿命がかなり短くなった．しかし多回交尾のメスは，死ぬ直前までにより多くの子どもを産んだ．これは，傷を負ったために少しでも多くの子どもを産んでおく方へ，生理状態のスイッチが切り替わった結果だと考えられている．

4.5 繁殖戦略

　昆虫において多様な交尾の様式が見られるのには生態学的な理由がある．現存する多様な繁殖様式は，親が子に対して配分できる資源の量や質，メスにとって産む子ど

もの量を決める資源の多さ，オスにとって自分の遺伝子を残すことができるメスの個体数と分布によって説明できる．

4.5.1 配偶システム

集団レベルで見たときに，生物が時間的・空間的に示す繁殖パタンの仕組みを配偶システム（mating system）と呼ぶ．生物のメスやオスがどのような繁殖様式を採用するかは，基本的にはオスにとっての資源であるメス，もしくはメスを惹き寄せる餌資源の分布に依存している[21]．配偶システムに影響する要因を図4.9にまとめた．これまで配偶様式には種固有のシステムがあるとされてきたが，近年では資源分布の動態に従って配偶システムもダイナミックに変化するとされている[51]．

昆虫では一夫一妻（monogamy）は珍しいが，ミツバチのオスは生涯に一度しか女王バチと交尾しないという意味で一夫一妻である．また，ヤマトシロアリ *Reticulitermes speratus* は典型的な一夫一妻制をもつ（5章参照）．

オスにとっての資源が集中している場合に，一夫多妻（polygyny）の配偶システムが進化しやすい．オスはその資源を守るべく，なわばりを張るタイプの配偶システム，あるいはメスそのものを囲いこむタイプの配偶システムが進化する．前者を資源防衛型の一夫多妻（resource defense polygyny），後者をメス防衛型の一夫多妻（female defense polygyny）と呼ぶ．

資源防衛型の配偶システムは，バッタ，コウチュウ，カメムシ，チョウなど多くの昆虫で見られる．メス防衛型の一夫多妻としては，ハレム型配偶システムが有名であり，ホオズキカメムシ *Acanthocoris sordidus* が代表的な例である[24]．

メスがまばらに分布しており，オスにとってメスの集まりを知るのが難しい場合では，オスどうしがある場所に集まってメスを惹きつける交尾集団を形成する．ウリミバエのオスは，夕方になるとウリ類の近くにある寄主植物以外の草本や樹木の葉に集合し，1匹ごとに1枚の葉裏に陣取るようになる（図4.10）．これはオスのなわばりで

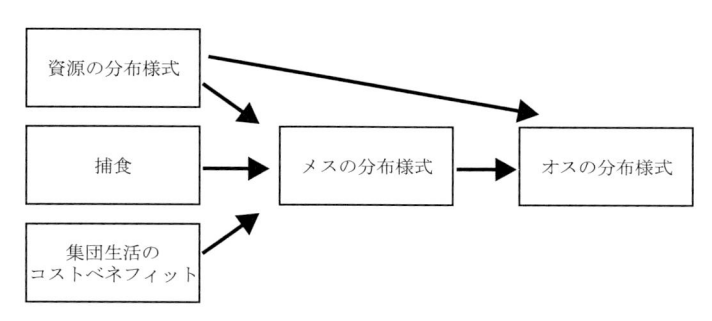

図 4.9 配偶システムを決める要因

図 4.10 ウリミバエのオスによるレック形成（左）とウリミバエの交尾（右）
（写真提供：宮竹貴久（左）・新垣則雄（右））

あり，他のオスが葉に着地するとフェロモンを相手オスに向けて噴出したり，前脚で蹴り合ったりして闘争する．一方メスがやってくると，フェロモンを噴出して求愛を行ってマウントを試みる．メスはすべてのオスを交尾相手として受け入れるのではなく，配偶相手を選択して受け入れる．

オスが集まる場所は決まっており，そこに集団求愛場（レック）をつくるのが，メスにとってはフェロモンを発するレックが，交尾相手を探す目印の役割を果たしている．また，夕方になると道ばたによく生じる蚊柱は，オスの交尾集団でスワームと呼ばれる．スワームやレックの中では，オスはメスともっともよく交尾できる場所をめぐって常に争っている．

メスが複数のオスと交尾する昆虫は多く，この現象は一妻多夫と呼ばれる（polyandry）．上述したように多くの場合に交尾がコストになるにもかかわらず，なぜメスが多回交尾をするのかはまだ明らかにされていない．コオロギやバッタのように，オスがつくる精包に栄養があるならば多回交尾には明らかに意義があるが，そうでない場合は，不妊のオスとの交尾に対する保険のため，あるいは遺伝的に多様な子どもを残すためなのかもしれない．

4.5.2 性 比

多くの昆虫の親は，普通同じ数の息子と娘を産むが，性比が1:1になるのには次のような進化的な理由がある．

オスよりもメスを多く産むという突然変異の個体が現れたとすると，集団中のメスの数がオスよりも増える．そこにオスを多く産む変異個体が現れると，性比はメスに偏るため，オスが交配できるメスの平均数は1以上となって有利となる．オス1個体あたりの子の数の方がメス1個体あたりの子の数より多くなり，孫の数で比較するとオスを多く産む個体が有利になる．

さて性比が遺伝するなら，その集団中にオスが徐々に増えてくる．しかし，オスを多く産む形質が有利となるのは性比が1:1に達するまでであり，オスが多い集団では今度は逆にメスが有利となり，メスを多く産む個体が増える．メスが増えると少数派のオスを産む個体が再び有利となり，何度も繰り返すうちに集団の性比は結局1:1に落ち着くことになる．性比のバランスがこのような仕組みで保たれることを説明したのはR. A. Fisherであり[22]，これを性比におけるFisherの原理とも呼ぶ．

性比は配偶システムによって変わることがある．例えば一夫多妻のもとでは，少数のオスがほとんどのメスと交尾することができるが，メスが栄養などでよい状態に置かれているとき，メスはオスの子どもを多く産むことで自身の適応度をより上げることができる．一方，メスが悪い状態であれば，いくら多くのオスを産んだとしても，その子どもは質がよくないので他のメスを惹きつけることができず，結局メスの子どもを多く産んだ方が得になる[62]．

性比は局所的配偶競争（local mate competition）によっても歪む[29]．これは寄生蜂の多くに見られる現象で，産まれる子どもの数はオスに比べてメスが圧倒的に多い．寄生蜂のメスは宿主昆虫の体内にたくさんの卵を産み，1個体の寄主に複数のメスが産卵することもしばしば見られる．この場合配偶相手をめぐって兄弟姉妹間で競争が起こるが，メス親からすれば姉妹をめぐる息子どうしの争いには意味がないため，メス親はオスを少なくしメスを多くするように産み分けをする．その結果，子どもの性比がメスに偏るのである．

4.5.3 繁殖干渉

近接して分布する2種類の生物において，一方がもう一方にマウントなどの繁殖行為を試み，生殖行為に介入することがある．このとき，仕掛けられた方で繁殖における適応度の低下が生じる現象を繁殖干渉（reproductive interference）と呼ぶ[35]．

この現象がよく見られるのは，近縁種の間で一方の種類のオスが他方の種のメスに間違って求愛や強制的な交尾の試みをするときである．言い換えると，交尾相手としての種の不完全な認識があるときに繁殖干渉が生じる．野外で実際に他種のメスに対して強制的に交尾の試みが行われている実例として，オサムシによる種間交尾などがある（2.6.4項も参照）．

繁殖干渉は，干渉された他種の密度や分布に大きな影響を与える可能性が高い．普通2種類の近縁種どうしでは，相手との交尾認識が低下すると，繁殖干渉によって干渉された種類の適応度が低くなってしまう．そのため，近縁種間では繁殖干渉が起こらないような生殖隔離の強化（配偶相手の誤認識を防ぐメカニズム）が進化することがある．

近年，外来昆虫の侵入が世界的な問題となっているが，侵入した昆虫には，従来そ

の地に生息していた近縁種の認識システムが発達していないことがよくある．その場合に，在来種の分布や密度に著しい影響が出る可能性がある．

4.6 寄　　　生

ある生物が他の生物から資源を搾取する行為を寄生と呼び，寄生される生物を宿主と呼ぶ．また，寄生されることで宿主にも利益がある場合は共生と呼ぶ．私たちも腸内細菌を宿しているように，あらゆる生物は共生もしくは寄生の影響を受けている．

共生関係は，それが築かれる部位によって2種類に分けられる．宿主の細胞内や体内で共生する関係を内部共生と呼び，根粒菌や動物の皮膚上に存在する菌など，宿主の外側の表面などに付着する場合を外部共生と呼ぶ．昆虫では，内部寄生として宿主の卵に産卵する寄生蜂や，ハリガネムシやボルバキア（後述）があり，外部寄生としてはクワガタムシの外皮に付着して分散を広めているダニ類などが挙げられる．

4.6.1　寄生による宿主の行動変化

カマキリやカマドウマが昼間に道路などで見つかることがあるが，たいていの場合腹部にハリガネムシ（線形虫の一種）が寄生している．普段は草むらなどに隠れている昆虫は，ハリガネムシに寄生されると日中に日向に出てくるようになる．これは，寄生したハリガネムシが宿主の行動を変えるためである．ハリガネムシは水生生物であるが，生活史の一部を昆虫類に寄生して過ごす．寄生されたカマキリを水につけると腹部からハリガネムシが出てくるため，宿主の行く先を水辺に向けさせる操作の一環として，日向へ出て行くよう操作していると考えられている．

4.6.2　ボルバキア

宿主昆虫の生殖システムに影響を及ぼし，性比を変える寄生生物として有名なものに共生細菌のボルバキアがいる．この細菌は，初め S. B. Wolbach によってアカイエカ *Culex pipiens pallens* で感染が発見され，節足動物の25〜75％が感染していることがわかっている[67]．

ボルバキアが宿主の生殖システムに及ぼす影響は，次の4つに分けられる（図4.11）．① 感染したメスの集団が単為生殖になるもので，キチョウ *Eurema hecabe*，オンシツツヤコバチ *Encarsia formosa*，アリガタシマアザミウマ *Franklinothrips vespiformis* などに見られる．② 交尾したメスとオスの細胞質が不和合になるもので，ショウジョウバエ，ヒラタコクヌストモドキ *Tribolium confusum*，スジコナマダラメイガ *Ephestia kuehniella*，ナミハダニ *Tetranychus urticae* などに見られる．③ 感染した子どものオスが発育の途中ですべて死んでしまう，「オス殺し」と呼ばれる現象を引き起こし，カ，

```
①単為生殖化
  感染♀ → 感染♀,感染♀

②細胞質不和合
  感染♀×非感染♂   → ○(感染)
  感染♀×感染♂     → ○(感染)
  非感染♀×非感染♂ → ○(非感染)
  非感染♀×感染♂   → ×

③オス殺し
  感染♂ → ×

④オスのメス化
  感染♂ → 感染♀
```

図4.11 ボルバキアの宿主に対する生殖への影響

ハエ，チョウ，テントウムシなどで観察されている．④感染した子どもが，遺伝的にオスのまま細胞がすべてメスになってしまうため性転換が生じるもので，キタキチョウ *Eurema mandarina* やオカダンゴムシ *Armadillidium vulgare* などで観察されている．

これらの現象のすべてにおいて，感染したメス個体が集団中に多くなるため，ボルバキアにしてみれば適応的である．

ボルバキア以外にも，③のオス殺しを引き起こす共生微生物が存在する．例えば，ヒメトビウンカ *Laodelphax striatellus* に感染するスピロプラズマは，宿主の幼虫ステージのときにオスを殺すことが報告されている[49]．

4.7 個性の行動学

2000年代の中頃から，生物がもつ個性が行動生態学的に解析されるようになってきた．上述した表現型可塑性のように，これまで個体の行動は，個体が置かれた環境の刺激によって多くの変化が生じると考えられていた．しかし近年になり，個々体ごとに変化できる程度には限りがあることが明らかになった．その理由は，生物には個体ごとに決まった個性（personality）があるからである．

4.7.1 個 性

個性（パーソナリティ）とは，広義には異なる環境の下に置かれても個体間における一定した行動の違いがあることを示し，ある個体が他の個体よりも繰り返して特定の行動を示すことと定義される[6]．世の中には気が強い人と気弱な人，活発な人と大人しい人が存在する．このような個体が生来もっている性質は，哺乳類ではもちろんのこと，魚類や鳥類，さらに昆虫においても見られ，どのような行動形質に個性が見られやすいのか調査が進んでいる[7]．

4.7.2 行動シンドローム

一般に，活動性の高い個体はボルド（気が強いもの）と呼ばれ，活動性の低い個体

はシャイ（気が弱いもの）と呼ばれている[52]．個性を遺伝的に固定した系統も作製できる．貯穀害虫であるコクヌストモドキでは，脳内ドーパミンの量が遺伝的に少なく，長く死んだふりをする系統の個体は普段から動きが遅く，敵に出会うと死んだふりをすることで捕食を免れている[39]．またアズキゾウムシでも，長い時間死んだふりを行う系統の方が，短い時間しか死んだふりをしない系統よりも活動性は低い．加えて，長い系統の方が短い系統に比べて産卵数が多く，長生きである．これは，普段の活動量を低くしてエネルギーを温存できる系統が，繁殖や生存により多くのエネルギーを投資できたのだと説明できる．一方，普段から活動量が多く，死んだふりが長くできない系統は，敵に目立ってしまうため食べられる頻度が高くなる[41]．

では高い活動量の見返りに，産卵数が少なく，寿命が短くなってしまう系統には何かメリットがあるのだろうか．その答えは交尾にある．死にまね時間の短い系統のオスは，長い系統に比べて交尾できる確率が有意に高い[42]．つまり，捕食回避と求愛行動に負の遺伝的なトレードオフが存在する．

行動形質間の関係は，同じ資源をめぐって 2 つの形質が相争うというトレードオフの関係にあるものばかりではない．行動形質を制御する生体物質は，しばしば複数の形質を同時に正の方向に制御する．例えばドーパミンやオクトパミンなど活動量を制御する生体アミンは，捕食者から逃げるスピード，敵と戦うモチベーション，交尾意欲など複数の行動形質に同時に作用していると考えられる．このように，ある行動を支配する生体メカニズムが同時に他の形質をも制御する現象は，行動シンドローム（behavioral syndrome）と呼ばれている[52]．

行動シンドロームに内在する生理と発生，そして遺伝子の特定に関する研究はまだ多くない．神経伝達物質などの生体物質では，1 つの物質が複数の行動に影響を及ぼすことがある一方で，複数の生体物質が相互作用しながら 1 つの行動の活性と抑制を制御している場合などもある．このような相互作用の関係を特定していく作業が，これからの行動生態学で切り開くべき 1 つの道であろう．

4.8 昆虫における行動生態研究の将来

行動生態学は，成長・発展しつつあるこれからの学問というよりも，すでに確立された学問分野として認知されている．では，これからの行動生態学はどこに向かって行けばよいのだろうか．

行動生態学では適応という概念を使って，動物の行動が進化する仕組みの理解を進めてきた．これまでの動物行動学では個体レベルの動物の行動に主眼が置かれることが多かったが，今後は個々の動物の行動が群集の構造にどのような影響を及ぼしているのか，あるいは群集構造が個体の行動にどのように影響するのかといった，生態系

の中での行動の意義を探ることも重要である．また行動を引き起こす個体内での生理学的あるいは発生学的メカニズム，あるいは遺伝子レベルでのメカニズムと個体の行動がどのようにかかわっているのかという，ミクロの研究との接点も新しい行動生態学の理解には必要となる．いうまでもなく，地球上に生息する生物の多様性はまだほとんど解明されておらず，それゆえに私たちが知らない新たな行動や生態がこれからも発見されていくに違いない．

また，昆虫の行動生態が応用研究と深くかかわる分野も多い．フェロモンの発信と誘引される害虫の行動研究，捕食者としての天敵の行動，被食者側の捕食回避行動，光に対する昆虫の誘引を利用した害虫防除では昆虫の光応答行動など，昆虫の行動研究は害虫管理とのかかわりも深い．昆虫がもつ特異的な行動能力を，人工的なセンサーやロボティクスに応用しようとする研究も進められている．昆虫の行動生態の研究の新しい展開には，私たちの暮らしがより豊かになる可能性も秘められている．

■ 引用文献

1) Alcock, J. (1994) *Annu. Rev. Entomol.*, **39**: 1-21.
2) Andersson, M. (1994) *Sexual Selection*, Princeton University Press.
3) Arnqvist, G. and Rowe, L. (2005) *Sexual Conflict*, Princeton University Press.
4) Bateman, A. J. (1948) *Heredity*, **2**: 349-368.
5) Beckeman, A. et al. (2010) *Funct. Ecol.*, **24**: 1-6.
6) Bell, A. M. (2007) *Nature*, **447**: 539-540.
7) Bell, A. M. et al. (2009) *Anim. Behav.*, **77**: 771-783.
8) Birkhead, T. et al. (2009) *Sperm Biology: An Evolutionary Perspective*, Elsevier.
9) Blest, A. D. (1957) *Behaviour*, **11**: 209-256.
10) Blum, M. S. and Blum, N. A. (1979) *Sexual Selection and Reproductive Competition in Insects*, Academic Press.
11) Boake, C. R. B. (1994) *Quantitative Genetic Studies of Behavioral Evolution*, The University of Chicago Press.
12) Cade, W. (1975) *Science*, **190**: 1312-1313.
13) Chapman, T. et al. (1995) *Nature*, **373**: 241-244.
14) Cook, L. M. et al. (2012) *Biol. Lett.*, **8**: 609-612.
15) Cuthill, I. C. et al. (2005) *Nature*, **434**: 72-74.
16) Eberhard, W. G. (1982) *Am. Nat.*, **119**: 420-426.
17) Eberhard, W. G. (1996) *Female Control: Sexual Selection by Cryptic Female Choice*, Princeton University Press.
18) Edmunds, M. (1974) *Defence in Animals: A Survey of Anti-predator Defences*, Longman.
19) Emlen, D. J. (2008) *Ann. Rev. Ecol. Evol.*, **39**: 387-413.
20) Emlen, D. J. et al. (2007) *Proc. Natl. Acad. Sci. USA*, **104**: 8661-8668.
21) Emlen, S. T. and Oring, L. W. (1977) *Science*, **197**: 215-223.
22) Fisher, R. A. (1930) *The Genetical Theory of Natural Selection*, Clarendon Press.
23) Frost, S. W. (1942) *Insect Life and Insect Natural History*, Dover Publication.
24) Fujisaki, K. (1981) *Res. Popul. Ecol.*, **23**: 262-279.
25) Gage, M. J. G. and Cook, P. A. (1994) *Funct. Ecol.*, **8**: 594-599.
26) Gangrade, G. A. (1963) *Entomologist*, **96**: 83-93.
27) Grafen, A. (1984) *Behavioural Ecology, An Evolutionary Approach, 2nd. Ed.* (Krebs, J. R. and Davis,

N. B. eds.), pp. 62–84, Wiley-Blackwell.
28) Grant, P. R. (1986) *Ecology and Evolution of Darwin's Finches*, Princeton University Press.
29) Hamilton, W. D. (1967) *Science*, **156**: 477–488.
30) Holland, B. and Rice, W. R. (1999) *Proc. Natl. Acad. Sci. USA*, **96**: 5083–5088.
31) Hosokawa, T. and Suzuki, N. (2001) *Ann. Entomol. Soc. Am.*, **94**: 750–754.
32) Janzen, D. H. *et al.* (2010) *Proc. Natl. Acad. Sci. USA*, **107**: 11659–11665.
33) Krebs, J. R. and Davies, N. B. (1978) *Behavioural Ecology, An Evolutionary Approach, 1st Ed.*, Wiley-Blackwell (1984: 2nd Ed., 1991: 3rd Ed., 1997: 4th Ed.).
34) Krebs, J. R. *et al.* (1977) *Anim. Behav.*, **25**: 30–38.
35) Kuno, E. (1992) *Res. Popul. Ecol.*, **34**: 275–284.
36) Matsumoto, K. (1987) *Res. Popul. Ecol.*, **29**: 97–110.
37) Maynard Smith, J. (1978) *The Evolution of Sex*, Cambridge University Press.
38) Miyatake, T. *et al.* (2004) *Proc. R. Soc. Lond. B*, **271**: 2293–2296.
39) Miyatake, T. *et al.* (2008) *Anim. Behav.*, **75**: 113–121.
40) Muller, H. J. (1964) *Mutat. Res.*, **1**: 2–9.
41) Nakayama, S. and Miyatake, T. (2009) *Evol. Ecol.*, **23**: 711–722.
42) Nakayama, S. and Miyatake, T. (2010) *Biol. Lett.*, **6**: 18–20.
43) Okada, K. *et al.* (2007) *Anim, Behav.*, **74**: 749–755.
44) Parker, G. A. (1979) *Sexual Selection and Reproductive Competition in Insects* (Blum, M. S. and Blum, N. A. eds.), pp.123–166, Academic Press.
45) Parker, G. A. (1990) *Proc. R. Soc. Lond. B*, **242**: 120–126.
46) Ritland, D. B. and Brower, L. P. (1991) *Nature*, **350**: 497–498.
47) Rice, W. R. (1996) *Nature*, **381**: 232–234.
48) Rowland, J. M. and Emlen, D. J. (2009) *Science*, **323**: 773–776.
49) Sanada-Morimura, S. *et al.* (2013) *J. Heredity*, **104**: 821–829.
50) Schlichting, C. D. and Pigliucci, M. (1998) *Phenotypic Evolution: A Reaction Norm Perspective*, Sinauer Associates.
51) Shuster, S. M. and Wade, M. J. (2003) *Mating Systems and Strategies*, Princeton University Press.
52) Sih, A. *et al.* (2004) *Trends Ecol. Evol.*, **19**: 372–378.
53) Simmons, L. W. (2001) *Sperm Competition and Its Evolutionary Consequences in the Insects*, Princeton University Press.
54) Simmons, L. W. *et al.* (1999) *Proc. R. Soc. Lond. B*, **266**: 145–150.
55) Simmons, L. W. *et al.* (2007) *Biol. Lett.*, **3**: 520–522.
56) Siva-Jothy, M. T. (1987) *J. Ethol.*, **5**: 165–172.
57) Skelhorn, J. *et al.* (2010) *Science*, **327**: 51.
58) Smith, R. L. (1984) *Sperm Competition and the Evolution of Animal Mating Systems*, Academic Press.
59) Stephens, D. W. and Krebs J. R. (1986) *Foraging Theory*, Princeton University Press.
60) Stevens, M. and Merilaita, S. (2009) *Phil. Trans. R. Soc. B*, **364**: 481–488.
61) Stutt, A. D. and Siva-Jothy, M. T. (2001) *Proc. Natl. Acad. Sci. USA*, **98**: 5683–5687.
62) Trivers, R. L. and Willard, D. E. (1973) *Science*, **179**: 90–92.
63) Tsubaki, Y. and Sokei, Y. (1988) *Res. Popul. Ecol.*, **30**: 343–352.
64) Van Valen, L. (1973) *Evol. Theor.*, **1**: 1–30.
65) Waage, J. K. (1979) *Science*, **203**: 916–918.
66) Wedell, N. and Cook, P. A. (1999) *Proc. R. Soc. Lond. B*, **266**: 1033–1039.
67) Werren, J. H. (1997) *Annu. Rev. Entomol.*, **42**: 587–609.
68) West-Eberhard, M. J. (2003) *Developmental Plasticity and Evolution*, Oxford University Press.
69) Yamane, T. and Miyatake, T. (2008) *J. Ethol.*, **26**: 225–231.
70) Zahavi, A. (1975) *J. Theor. Biol.*, **53**: 205–214.

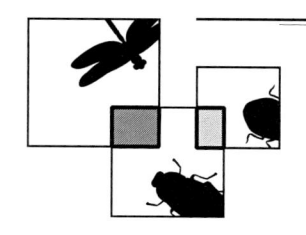

5 章
昆虫の社会性

　アリやハナバチ，カリバチ，そしてシロアリなど社会性昆虫の生態は，多くの人々の興味を惹きつける．彼らの複雑なコロニーには，繁殖する個体と，自分では繁殖をせず，労働に従事する個体がおり，この繁殖の分業こそが社会の基礎となっている．中には人間の活動に匹敵するほどの複雑な一連の活動を行う社会性昆虫もいる．牧畜や農業などは，人間が行うはるか以前からアリによって行われてきた．菌類を栽培するハキリアリでは，菌園を雑菌から守るために抗生物質を使っている．他種のアリを襲撃し，さらってきた個体を奴隷にするアリもいる．アフリカのカメルーンでは，$1\,m^2$あたり1万匹ものシロアリがいる．地球上のシロアリをすべて足すと，24京匹にもなるという見積りもある．一方アリの総計は1京匹といわれている．いずれにしても，これらの数を目にすると，地球は社会性昆虫の惑星と呼ぶにふさわしい．

　これから生態学について学ぼうとしている人や，研究を始めたばかりの人にとって，社会性昆虫の研究は魅力的に映る一方で，他の昆虫の研究に比べて難解なイメージがあるかもしれない．その理由は，彼らの複雑な社会構造であったり，難しそうな解析手法であったり，あるいは研究者たちの独特の雰囲気であるかもしれない．実際，生態学や行動学関係の多くの学術雑誌では，社会性昆虫の研究を審査できる編集委員を特別に置いているほどであるから，そこにある程度の敷居があることは否定できない．しかし，その中にある社会性昆虫ゆえの面白さ，広大な未知の領域の魅力に比べれば，敷居は些細なものである．本章では，その敷居を飛び越え，社会性昆虫の生態の奥深い面白さを楽しんでいただきたい．

　では，この敷居の実体，つまり社会性昆虫の研究にあって他の研究にはない特殊性とは何だろうか．それは単純に，「扱う階層が1つ増える」というだけである．社会性昆虫は，コロニーという1つの巣の中に棲む家族を単位として生活している．そのため彼らの生態や進化，つまり「世代を越えて伝わる遺伝子頻度の変化」について理解するには，遺伝子，個体，個体群，群集という階層に加えて，コロニーレベルの挙動が重要な意味をもつ．コロニーを単位として繁殖活動を行っているものでは，4章の昆虫の行動生態で述べられた「適応度」をどのように適用すればよいのだろうか．特に，個体とコロニーの間で利害が対立する場合，どう折り合いをつけるのか．その研究の根底には，「自分で繁殖しないワーカーや兵アリなどがなぜ進化したのか」とい

う，C. Darwin をも悩ませた難題が横たわっている．初めにこの基本的な点を押さえておけば，社会性昆虫ゆえの特殊性は容易に超えられるだろう．

そもそも社会性昆虫に限らず，すべての生物は等しくその生物たる特殊性を備えている．それぞれの特殊性を超えた普遍的な力学，あるいはその特殊性の中にこそ存在する力学を見出すことに，生態学の学問的意義は存在する．生態学の面白さをより深く味わっていただくには，個別の現象を羅列して覚えるよりも，そこに働く力学を見抜いて理解することを重視していただきたい．

5.1 血縁選択と社会性の進化

社会性（sociality）の生態学における定義は，以下の3つの基準による．
① 共同育児：同種の複数個体が協力して子を育てる．
② 世代重複：世代の異なる個体が労働に寄与している．
③ 繁殖分業：繁殖する個体と繁殖しない個体が存在する．

これらすべての条件を満たすような生活様式を本当の社会性という意味の「真社会性（eusociality）」と呼ぶ[69]．この3条件に当てはまらないものが単独性（solitary）で，真社会性との間にはさまざまな中間段階があり，表5.1のように定義されている．社会性の発達とともに，女王や兵アリなどの役割分業が進むが，このようなコロニー内での役割のことをカースト（caste）と呼ぶ．例えば，条件③の中で繁殖を役割とする個体を生殖カースト（reproductive caste），繁殖しない個体を非生殖カーストあるいは不妊カースト（sterile caste）と呼ぶ．

親が一定期間，自分の子を育てるような生活様式は，亜社会性（subsocial）と呼ばれ，オスが卵保護を行うタガメやコオイムシ，母親が卵や幼虫の保護，給餌を行うツチカメムシ類，ハサミムシ類，ハナバチ類，両親が育児を行うクロツヤムシ類，養菌性キクイムシ類，クチキゴキブリ類などが該当する（図5.1）．

表 5.1 社会性の発達段階による分類

社会性の段階	社会性の条件		
	共同育児	世代重複	繁殖分業
単独性（solitary）	−	−	−
亜社会性（subsocial）の段階 I	−	−	−
亜社会性の段階 II	−	+	−
亜社会性の段階 III	+	+	−
擬似社会性（quasisocial）	+	−	−
半社会性（semisocial）	+	−	+
真社会性（eusocial）	+	+	+

図 5.1　亜社会性昆虫
a：卵と幼虫を保護するハマベハサミムシ *Anisolabis maritima* の母親，b：朽ち木の中に生息するクロツヤムシ *Odontotaenius disjunctus*，c：キゴキブリ *Cryptocercus punctulatus* の雌雄ペアとその子．

単独性から真社会性が起源するまでの進化経路については，2通り考えられる．1つは，上述のような親が子を保護するという段階から親子世代の共存が生じ，ついで子が親の巣にとどまり仕事を手伝うようになり，最終的に親子間で繁殖の分業が起きたというもので，亜社会性ルート（subsocial route）と呼ばれる．もう1つは，一部のアシナガバチやハナバチに見られるように，同世代の複数の個体が1つの巣内で共同育児を始め，次に同世代個体間の繁殖分業が生まれ，最終的に世代間の繁殖分業が起きたというもので，半社会性ルート（semisocial route）と呼ばれる．いずれの進化経路にしても，社会性の3条件すべてを満たした時点で真社会性とみなされるが，各条件についてどの程度の幅を認めるかについては研究者の間でも議論がある．特に繁殖分業については，一生繁殖を行わない不妊カーストの存在を条件とする考え方から，コロニー内の個体間で繁殖の偏り（reproductive skew）が認められるものに広く適用する考え方まで幅がある．

5.1.1　血縁選択と包括適応度

なぜ真社会性昆虫のアリやハチ，シロアリなどでは，不妊カーストが進化したのか．これは Darwin 自身が自然選択説に対する重大な挑戦と認める難問であった（『種の起

源』第7章).自然選択説による進化の説明（4章参照）では，生存や繁殖に有利な形質をもつ個体がより多くの子を残し，集団中でその形質をコードする遺伝子が頻度を増す．つまり，個体の適応度を子の数と生存率で表す場合，自分の子を残さない不妊のワーカーの適応度はゼロであり，そのような形質は進化しえないことになる．

しかし，ある個体がもつ対立遺伝子が次の世代に伝わるのは，その個体の子を通じてだけであろうか．例えば二倍体生物で，母親がある対立遺伝子を片側だけ（ヘテロで）もっており，母親と父親に血縁関係はなく，父親はこの対立遺伝子をもっていない場合を考えてみよう．この対立遺伝子が，有性生殖によって母親から子に伝わる確率は1/2である．その子に兄弟がいる場合，兄弟がこの対立遺伝子をもっている確率も同じく1/2である．したがって，その子が自分自身の子を全く残さなかったとしても，兄弟やその子（甥や姪）を通じて，この対立遺伝子が後世に伝えられるルートが存在する．このように，共通の祖先から伝わってきた対立遺伝子を同祖遺伝子と呼ぶ．そして，個体間でごく稀な同祖遺伝子を共有する確率を，血縁度（relatedness）と定義する．ただし，これは「同祖性による血縁度」という説明のための便宜的なもので，集団全体の遺伝子頻度がゼロと近似できるような低頻度を意味する．真の血縁度については5.1.2項を参照されたい．

Hamilton（1964）は，進化とは遺伝子の頻度の変化であり，個体が自分自身で繁殖する場合の適応度だけでなく，遺伝子を共有する血縁者を通じた間接的な適応度も考慮すべきことに気づいた[21]．自分自身の適応度を犠牲にして，他個体の適応度を上げるような行動を利他行動（altruistic behavior）と呼ぶ．そして自分自身の適応度に，血縁者への利他行動で増えた分の間接的な適応度を加えたものが包括適応度（inclusive fitness）である．自分の子ではなく血縁者の繁殖を介した進化メカニズムを血縁選択（kin selection）と呼ぶ．

利他行動をする個体の包括適応度 IF は，次式で表すことができる．

$$IF = W_0 - C + rB \tag{5.1}$$

ここで，W_0 は他個体との相互作用が全くなく，自分で繁殖した場合の適応度，C は利他行動に費やした適応度上のコスト（その分だけ自分の産子数が減るなど），r は上述の血縁度，B は血縁個体が助けられたことによる適応上の利益（その分，血縁者の産子数が増えるなど）である．このとき $W_0 - C + rB > W_0$ が成り立つならば，つまり全く相互作用をしない場合よりも利他行動を行った方が適応度が高くなるならば，この利他行動の遺伝子は集団中に広まるはずである．この不等式を解くと，

$$\frac{B}{C} > \frac{1}{r} \tag{5.2}$$

となり，利他行動が進化する条件を表す．これは Hamilton 則（Hamilton rule）と呼ばれ，r が大きくなるほど，あるいは B/C（いわば利他行動の費用対効果）が大きく

なるほど，利他行動が進化しやすいことがわかる．

5.1.2 血縁度

家系図から血縁度を計算する方法を学ぶ場合には，上述した近似的な定義で理解しておけば十分である．ただ，この近似的定義のために血縁度の意味が誤解されてしまう場合もあるので，そもそも本来血縁度が意味するところが何であるのか説明する．

真の血縁度（r_{yx}）とは，相互作用するある個体 X とその相手 Y が，注目する対立遺伝子を集団の平均頻度（μ）よりどれだけ高頻度にもつかによって決まり，以下のように定義される．

$$r_{yx} = \frac{Y の遺伝子頻度 - \mu}{X の遺伝子頻度 - \mu} \tag{5.3}$$

つまり，X から見た Y の血縁度は図 5.2a に示された回帰直線の傾きのことである．この直線が引けるためには，その遺伝子座に多型が存在しており，注目する対立遺伝子が固定していないことが前提条件となる．集団内で固定した遺伝子（全員が共有する遺伝子，つまり $\mu = 1$）のような場合（図 5.2c），回帰直線は引けないため，血縁度の概念の適用外である（そもそも集団内に固定している遺伝子は，利他行動の有無に関係なく遺伝子頻度は 1 なので，血縁選択を考える対象とはならない）．同祖性による血縁度の定義の中で，ごく稀な遺伝子（$\mu \approx 0$）の共有率に注目した理由は，X の遺伝子頻度と Y の遺伝子頻度さえ決まれば，原点からその座標に直線を引くことができ，簡単に血縁度を求めることができるからである（図 5.2b）．利他行動の進化の初期にお

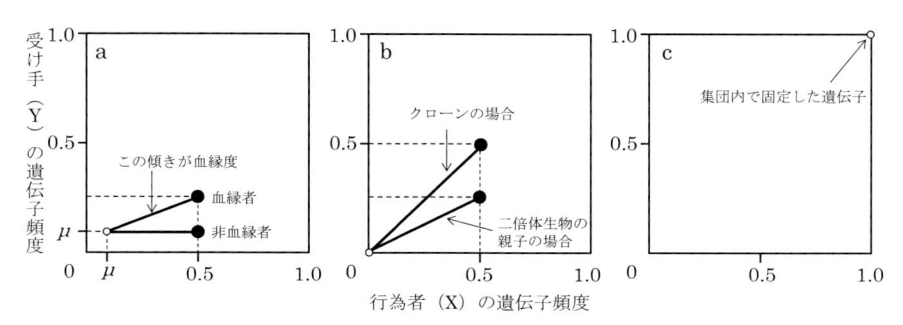

図 5.2　血縁度の概念図

a：X がある対立遺伝子をヘテロでもっており，受け手 Y が非血縁者（赤の他人）であった場合．Y がこの対立遺伝子をもつ頻度の期待値は集団の平均頻度と等しい（$y = \mu$）ので，回帰直線の傾き（つまり血縁度）はゼロである．b：ごく稀な遺伝子（$\mu \approx 0$）について，二倍体生物の母親がこの対立遺伝子をヘテロでもっている場合，非血縁者との有性生殖で産んだ子がこの対立遺伝子をもつ頻度の期待値は 0.25，クローン繁殖で産んだ子では 0.5 となり，直線の傾きから血縁度は有性生殖の親子では 0.5，クローン繁殖では 1 となる．c：集団内で固定した遺伝子（$\mu = 1$）の場合，回帰直線を引くことができないため，そのような対立遺伝子は血縁度計算の適用外である．

いて，その行動の遺伝子が集団内に広まるかどうかを考える場合には，まさにこの状況が当てはまる．

「血縁度＝単なる遺伝子の共有率」という勘違いこそが多くの誤解の原因であり，「集団の平均頻度よりどれだけ高頻度でその着目する対立遺伝子をもつか」という重要な部分が見落とされている．血縁度はゲノム内の全遺伝子の共有率でも，塩基配列の相同性でもないのである．

5.1.3　二倍体生物と半倍数性生物の家系図から求める血縁度

ヒトをはじめ，多くの有性生殖の動物では，母親と父親からそれぞれ卵と精子を介して染色体セットの半分ずつを受け取り，受精して二倍体となる．真社会性昆虫のシロアリも二倍体生物である一方で，ハチ目のような半倍数性（haplodiploidy）の生物では二倍体の受精卵からメスが生まれ，半数体（一倍体）の未受精卵からはオスが生まれる．ここで，二倍体生物と半倍数性生物の血縁構造の違いについて，家系図を見ながら比べてみよう．

まず両性二倍体の生物で，メス（母親，AB 型）が非血縁の 1 匹のオス（父親，CD 型）と交配して子を産んだ場合，兄弟姉妹間の血縁度を求めてみよう（図 5.3a）．遺伝子型 AC の個体を自分として考えると，自分の兄弟姉妹の遺伝子型は，等しく 1/4 の確率で AC，AD，BC，BD である．AC 型の兄弟姉妹は対立遺伝子の両方が同じ（共有率 1），AD は半分同じ（共有率 0.5），BC は半分同じ（共有率 0.5），BD は両方異なる（共有率 0）．したがって，自分がもっている対立遺伝子 A と C をある兄弟姉妹がもっている確率，つまり兄弟姉妹間の血縁度は $1/4 \times (1+0.5+0.5+0) = 0.5$ となる．

次に半倍数性の生物で，メス（AB 型）が非血縁の 1 匹のオス（C 型）と交配して

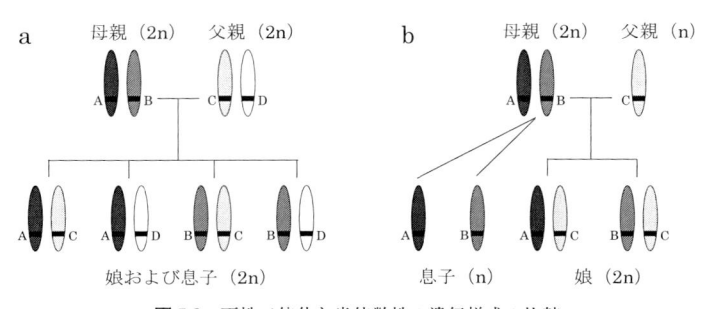

図 5.3　両性二倍体と半倍数性の遺伝様式の比較
a：両性二倍体のメス（AB 型）が非血縁の 1 匹のオス（CD 型）と交配して子を産んだ場合の家系図．b：半倍数性のメス（AB 型）が非血縁の 1 匹のオス（C 型）と交配して子を産んだ場合の家系図．

子を産んだ場合の家系図をもとにして，娘間（姉妹間）の血縁度を求めてみよう（図5.3b）．遺伝子型ACの娘を自分として考えると，自分の姉妹の遺伝子型は，等しく1/2の確率でACかBCである．AC型の姉妹は対立遺伝子の両方が同じ，BC型の姉妹は半分同じである．よって姉妹間血縁度は，$1/2 \times (1 + 0.5) = 0.75$ となる．

さらに，娘から見た息子の血縁度を求めてみよう．上と同じく，遺伝子型ACの娘を自分として考える．自分の兄弟の遺伝子型は，等しく1/2の確率でAもしくはBである．A型の兄弟は対立遺伝子Aのみ（半分）を共有し，B型の兄弟とは対立遺伝子を共有しない．したがって，娘–息子間の血縁度は，$1/2 \times (0.5 + 0) = 0.25$ となる．同様に計算すると，母–娘間の血縁度と母–息子間の血縁度はどちらも0.5となる．

5.1.4 血縁選択と社会性の起源

繁殖する個体としない個体という繁殖分業の見られる真社会性は，ハチ目（カリバチ，ハナバチおよびアリ）で十数回，シロアリで1回，アブラムシで17回以上，養菌性キクイムシ（アンブロシア甲虫）で1回，ゴール性（虫こぶの中で生活する）のアザミウマで1または2回，多胚形成のトビコバチで1回以上独立に進化したことが明らかになっている（表5.2）．このように，真社会性は系統的に離れた分類群で独立に複数回起源しており，これらの種の生活史や遺伝構造を比較して共通点を探ることは，真社会性の起源に必要な条件を理解する上で重要である．

ここで注意しなければならないのは，「高いコロニー内血縁度は，真社会性が起源する推進力となったのか」という問題と，「いったん真社会性が確立された後に，コロニ

表5.2 真社会性昆虫の種数と真社会性の起源回数

分類群	種数		真社会性の起源回数	遺伝様式
	真社会性種	総種数		
ハチ目 Hymenoptera				
アリ科 Formicidae	9538	9538	1	半倍数性
ハナバチ上科 Apoidea	1000	30000	7〜9	
スズメバチ科 Vespidae	880	6000	1	
アナバチ科 Sphecidae	1	6000	1	
トビコバチ科 Encyrtidae	2	3735	>1	多胚形成（クローン）
シロアリ目 Isoptera	2600	2600	1	両性二倍体
カメムシ目 Hemiptera				
アブラムシ上科 Aphidoidea	60	4400	>17	アポミクシス（クローン）
アザミウマ目 Tysanoptera				
クダアザミウマ科 Phlaeothripidae	6	2500	2	半倍数性
コウチュウ目 Coleoptera				
ナガキクイムシ亜科 Platypodinae	1	550	1	両性二倍体

ー内のメンバー間の血縁度が高くなるような繁殖システムが維持され続けているかどうか」という問題は別だということである．実のところ，真社会性の起源の問題と，その後の進化の方向性の問題が混同されたことによる議論の混乱がこれまで存在し，整理され始めたのはごく近年のことである[29]．

また，真社会性の起源の要因について議論する際，遺伝的要因（血縁度 r）に関する議論と生態的要因（利他行動の利益とコスト B/C）に関する議論は区別されなければならないが（(5.1) 式)，その分離は必ずしも容易ではない．例えば上述の真社会性の生物の多くは，朽木の中，ゴールの中，寄主昆虫の体内，海綿の中や地中の巣穴など，外敵などから守られた閉鎖空間で生活している．巣から出て独立するには天敵による捕食などのリスクが大きいため，こういった外圧は個体を巣内に押しとどめる方向に作用するだろう．それは同時に，血縁個体間の相互作用の機会を増し，巣内での近親交配など，血縁度を高める要因としても働く．さらに真社会性の起源を考察する上では，現在の真社会性の種がどのような特徴をもつかではなく，真社会性を獲得する直前の祖先がどのような特徴をもっていたかが重要となる．

a. 半倍数性と真社会性の起源

Hamilton (1964) はハチ目の半倍数性という性決定システムに着目し，なぜハチやアリで社会性が進化しやすかったかを説明した[21]．ハチやアリのメスは，貯えた精子を使って受精させるかどうかを決定できるため，結果的に産む子の性をコントロールできる．このような性決定システムでは，上述の通り姉妹間の血縁度 (0.75) は自分が外交配（outbreeding：非血縁者との交配）をして産む子の血縁度 (0.5) よりも高くなるため，自分の子を産むよりも親の繁殖を助けてより血縁度の高い妹の繁殖虫をつくる方が，より高い包括適応度を得られる（図 5.3）．そのため，ハチ目ではメスのワーカーが進化しやすい．これが「Hamilton の 3/4 仮説」の骨子である．

b. クローン繁殖と真社会性の起源

Hamilton 則では，個体間の血縁度が高いほど利他行動が進化しやすいと予測される (5.1.1 項参照)．この仮説が正しければ，クローン繁殖（親と子の遺伝子型が完全に同じになる繁殖）をする生物では，親子間や兄弟姉妹間の血縁度は常に 1 であるため，最も利他行動が進化しやすいはずである．さらには，コロニー内個体間の血縁度が高いほど，メンバーは利他行動によって高い包括適応度を得ることができる．ならば，そもそも女王は有性生殖をせずすべて単為生殖（parthenogenesis：メスのみで子を産むこと）で繁殖すれば，最もコロニー内の血縁度が高くなり，メンバーの包括適応度も高くなるだろう．このように考えると，血縁選択の問題と性の維持の問題 (4.5.2 項参照) はきわめて密接に関係していることに気づく (5.3 節で詳述)．社会性昆虫は，生物にとっての性の適応的意義を理解する上でも重要な位置を占める[45]．

社会性昆虫の生活には，さまざまなタイプの単為生殖が関係しており，その細胞遺

5.1 血縁選択と社会性の進化

伝学的メカニズムによって産まれる子の遺伝子型も全く異なる．単為生殖の細胞遺伝学的メカニズムと，その遺伝様式については5.1.5項で説明する．

ここで，上述の「クローン繁殖する生物では社会性が進化しやすい」という予測に当てはまるケースを2つ紹介する．1つ目の例は，アポミクシスと呼ばれるタイプの単為生殖（5.1.5項参照）でクローンコロニーを形成するアブラムシの不妊の兵隊カーストである（図5.4）．アブラムシの生活環は有性生殖世代と単為生殖世代からなる．真社会性が見られるのは単為生殖世代で，メスはアポミクシスによって遺伝的に全く同じ子を生産する．

Aoki（1977）は，ボタンヅルワタムシ *Colophina clematis* が不妊兵隊カーストをもち，天敵からコロニーを守ることを発見した[3]．こういった報告を皮切りに，アブラムシにおける真社会性の進化に関する研究が活発に行われた．現在までに約4700種のアブラムシのうち，ヒラタアブラムシ亜科とタマワタムシ亜科の合計約60種で兵隊カーストが見つかっている[15]．兵隊は発生的には幼虫で，ほとんどのケースでは1齢幼虫であり，コロニーに侵入したヒラタアブの幼虫などの天敵に対し，口針を突き刺すなどして攻撃する．ハクウンボクハナフシアブラムシ *Tuberaphis styraci* では，兵隊が攻撃毒として働くカテプシンBというプロテアーゼをもっており，口針を通じて捕食者に注入し攻撃することが知られている（図5.4）．

兵隊を産出するアブラムシが，真社会性の定義に当てはまるかについては議論もある．特に，給餌や栄養交換の全く必要ないアブラムシが共同育児を行っているといえるのか，という点で賛否が分かれる．最近の研究では，いくつかの種で兵隊アブラムシはゴールの修復や病原微生物に対する防衛なども行っていることが明らかになっており，こうした行動は共同保育につながると解釈できる[57]．また，アブラムシの社会性と相関のある生態学的要因の1つにゴール形成があるとされ，ゴール形成種にだけ社会性種が見られる．ゴールという閉鎖空間で血縁個体が長期にわたって集団生活をすることが，密な個体間相互作用を生じさせ，社会性の進化を促したと考えられている[57]．

図5.4 兵隊アブラムシ[36]
ハチノスツヅリガ *Galleria mellonella* の幼虫を攻撃するハクウンボクハナフシアブラムシの兵隊．
Fig. 5. (p. 11341) from Mayako Kutsukake, Harunobu Shibao, Naruo Nikoh, Mizue Morioka, Tomohiro Tamura, Tamotsu Hoshino, Satoru Ohgiya, and Takema Fukatsu, Venomous protease of aphid soldier for colony defense, *PNAS* **101** (31): 11338–11343, August 3, 2004, Copyright (2004) National Academy of Sciences, U.S.A.

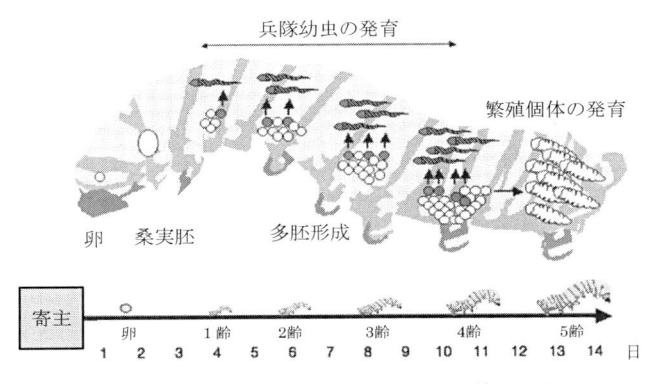

図 5.5 多胚性トビコバチの兵隊幼虫（文献[16]を改変）
トビコバチ科の一種 *Copidosoma floridanum* の生活史．寄主のコナガに産み付けられた卵は，まず桑実胚となり，遺伝的に同一な多数のクローン胚子をつくり出す．胚子の一部は形態的に異なる兵隊幼虫に分化し，それ以外の胚子は繁殖幼虫となって成虫まで発育する．

2つ目の例は，寄生蜂のトビコバチ科における不妊の兵隊カーストである．この寄生蜂は，単為生殖ではなく多胚形成（polyembryony）という方法でクローン集団をつくり出す（図5.5）．多胚形成とは，一卵性双生児のように1つの卵から複数の胚がつくられ，遺伝的に完全に同じ複数の個体が産まれてくることで，結果的に上述のアブラムシと同じようなクローン集合となる．Cruz（1981）は，多胚性のトビコバチ科の一種 *Pentalitomastix* sp. において，1つの卵から産まれてくる多数のクローンの中から一部の個体が不妊の兵隊幼虫となり，競争者となる他の内部寄生者を排除して血縁者を助けることを発見した[8]．またトビコバチ科の一種 *Copidosoma floridanum* では，同じ寄主個体に他種の内部寄生蜂がいる，つまり種間競争があると兵隊の比率が高くなる．このハチは血縁個体と非血縁個体を識別することができ，兵隊は血縁度の低い同種の競争者に対しても攻撃行動を示す[16]．

c. シロアリにおける真社会性の起源

シロアリは「白蟻」という言葉からアリの仲間だと誤解されやすいが，分類上は全く異なる昆虫で，シロアリ目（Isoptera）に属する昆虫の総称であり，1億数千万年前に起源したと考えられている[13]．現在，約3000種が記載されているが未記載種も多く残っており，研究が進めば5000種に達すると考えられている．アリはミツバチやスズメバチなどのハチ目に属するのに対し，シロアリは系統的にはゴキブリに近い昆虫である．どちらも高度な社会性を営むが，その食性，形態，遺伝様式，発生様式，社会構造は大きく異なる．

古くから，シロアリにおける真社会性の起源を考察するために，系統的に近縁で亜社会性のキゴキブリ科（Cryptocercidae）の *Cryptocercus* 属（図5.1c）との比較が行わ

れてきた．最近の分子系統解析の研究によって，シロアリは食材性のゴキブリから進化したことが判明しており[38]．また Cryptocercus とシロアリがもっているトリコニンファ目の共生原生動物は，共通の祖先から受け継いでいることが明らかになっている．両者は腐朽材の中に営巣すること，世代が重複して家族生活を営むこと，セルロース分解性の原生動物をもつことなどの共通点が多い．

しかし，これらの共通点が真社会性の起源に必要な条件ならば，なぜ Cryptocercus 属に真社会性の種がいないのだろうか．ここで Cryptocercus 属とシロアリの間には，前者が1回繁殖（semelparous）であるのに対し，後者が多数回繁殖（iteroparous）であるという大きな違いがある．Cryptocercus 属では親と子が同居するが，齢の異なる子が共存することはない．一方シロアリの社会では年上の子が年下の子を世話する．このように，1回繁殖か多数回繁殖か（異なる年齢の子が共存するか否か）の違いが，真社会性の起源にとっても1つの重要な分かれ目であっただろう．また，不完全変態であり，長い幼虫期に労働に寄与できるということも重要な要因の1つだったと考えられる．シロアリと Cryptocercus 属の生活史の比較による真社会性の起源に関する考察については文献[40,61]を参照されたい．

上述のように，半倍数性生物では血縁度の関係で不妊ワーカーが進化しやすかったのだが，両性が二倍体のシロアリでも高度な真社会性が進化したのはなぜだろうか．この点について Hamilton（1964）は，シロアリの社会進化における近親交配（inbreeding）の重要性を指摘した[21]．シロアリでは一般的に，群飛後にペアとなった雌雄の有翅虫（alate：羽アリ）が一夫一妻で新たなコロニーを創設する．初期のコロニーは創設王と創設女王，これらの子であるワーカー，兵アリおよびニンフ（nymph：将来有翅虫になる個体の幼虫段階）で構成され，単純家族（simple family）と呼ばれる．コロニーが大きく成長すると，創設女王の単独産卵では卵の生産速度が間に合わないため，これを補うために補充女王（supplementary queen）と呼ばれる新たな女王が出現する．また，創設王や創設女王が死亡した場合にも，替わりの王や女王が出現して繁殖を受け継ぐ（図5.6）．このような二次生殖虫は，置換生殖虫（replacement reproductives）や補充生殖虫，あるいは発生学的に成虫になる前の幼虫から分化するのでネオテニック生殖虫（neotenic reproductives）と呼ばれる．これまで長年にわたって，二次生殖虫はコロニー内のメンバーから分化するので，近親交配によって繁殖を継承しているものと考えられてきた．つまり，有翅虫が群飛して外交配によりコロニーを創設し，その後二次生殖虫の近親交配によってコロニーが存続するという，いわゆる近親交配説によってシロアリの生活史は理解されてきた[4]．

近親交配の繰り返しによってコロニー内の血縁度が上昇すると，社会的結合の程度が増す可能性が考えられる．何代も近親交配が続いた場合，兄弟姉妹間の血縁度は1に近づき，巣を離れて外交配をして産んだ自分の子の血縁度よりも高くなる．血縁選

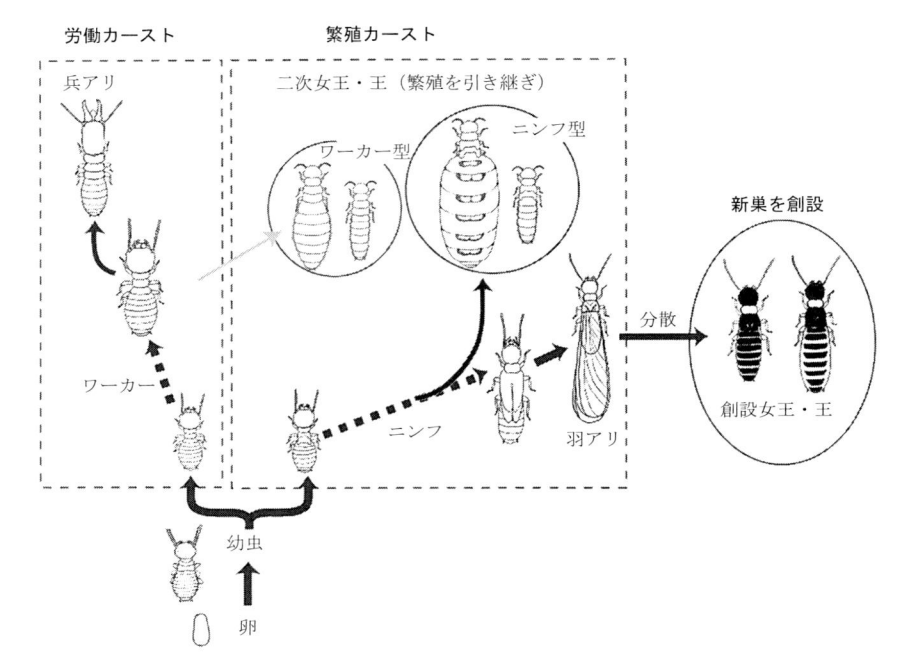

図 5.6 シロアリのカースト分化経路

ヤマトシロアリ属のシロアリの発育経路の例．孵化後，2齢の幼虫期を経て，労働経路（非生殖経路）と繁殖経路に分かれる．労働経路はワーカーと兵アリからなる．繁殖経路の個体は最終的に有翅虫に成長して巣を飛び立ち，新たなコロニーの王と女王になる．一次生殖虫が死亡する，あるいは生殖虫数が足りなくなると，主にニンフから補充生殖虫が分化する．ワーカーも補充女王への分化能力をもっているが，自然状態ではほとんどワーカー型補充生殖虫は生じない．

択の観点で見ると，このような状況下では，自分の子を産むよりも生殖を放棄して，血縁度の高い繁殖虫を助けるワーカーが進化しやすい（図 5.7）．ただし，祖先的には近親交配によって血縁度が高い状況であった可能性はあるが，現在そのような高い血縁度を維持している種は稀である（5.3.3 項参照）．

5.1.5 昆虫の単為生殖

単為生殖とはメスが単独で子を産むことであるが，これは必ずしもクローン繁殖のことではない．二倍体生物の有性生殖では，減数分裂の最終産物である卵の核相（染色体のセット数）は単相（n）であり，単為生殖によって複相（2n）の子を生産するためには核相を維持または回復するメカニズムが必要である．減数分裂のプロセスをすべて，あるいは部分的に省き，体細胞分裂と同様の均等的分裂で卵を生産する単為

5.1 血縁選択と社会性の進化

生殖のタイプはアポミクシス（apomixis）と呼ばれ，産まれた子の遺伝子型は母親と完全に同じになる．一方で，減数分裂の前か後に染色体を倍化するか，減数分裂で生じた単相の産物どうしを融合させ，核相回復によって行う単為生殖をオートミクシス（automixis）と呼ぶ．

オートミクシスの中でも，核相回復のメカニズムによって産まれる子の遺伝子組成は大きく異なり，その結果，生態学的な意義も異なる．末端融合型（terminal fusion）のオートミクシスでは，第二減数分裂で単相となった卵核が第二極核と融合して複相に核相回復する．図 5.8 のように，ある遺伝子座について親の遺伝子型が AB であったならば，ほとんどの子の遺伝子型は AA か BB となり，ヘテロ接合度が急激に低下する．ただし組換え（recombination）があると，子のヘテロ接合体の頻度は組換え価と等しくなる（組換え価は遺伝子座によって異なる）．

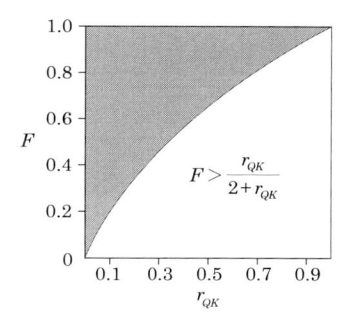

図 5.7 近親交配によって真社会性が起源しうる領域（文献[4]を改変）
グレーの部分は，包括適応度上，兄弟姉妹の価値が自らの子の価値より高くなる領域．r_{QK} は王と女王の血縁度，F は近交係数．

[Figure 5.7: Graph showing F vs r_{QK} with shaded region where $F > \dfrac{r_{QK}}{2+r_{QK}}$]

中央融合型（central fusion）のオートミクシスでは，第二極核が第一減数分裂でいったん分離した第一極核の産物と融合し，二倍体に核相回復する（図 5.9）．ある遺伝子座について親の遺伝子型が AB ならば，ほとんどの子の遺伝子型は AB となる．ただし組換えがあると，AA もしくは BB の子が産まれる．どの遺伝子座も組換え価が低いと，クローン繁殖に近い結果をもたらす．

生殖核倍加型（gamete duplication）のオートミクシスでは，第一卵割でできた 2 つの半数体の卵割核が融合して核相回復するため，組換えの有無にかかわらず子は完全ホモ型（すべての遺伝子座がホモ型）となる（図 5.10）．

単為生殖のタイプについては，系統的制約が強くかかっている．現在知られている限りでは，アブラムシはアポミクシス，ハチ目の産雌単為生殖は中央融合型のオートミクシス，シロアリ目は末端融合型のオートミクシスであり，それぞれで産まれる子の遺伝子型や単為生殖の適応的意義が異なっている．

5.1.6 巣仲間認識と血縁認識

ここまで，真社会性における利他行動は，血縁者の繁殖を助けることが自らの包括適応度の増加をもたらすがゆえに起源し，維持されていると述べてきた．当然，血縁選択によって利他行動が進化するには，利他行動が血縁者に対して行われることが条件である．利他行動が非血縁者に向けられた場合，そのコストが包括適応度上の利益

5章　昆虫の社会性

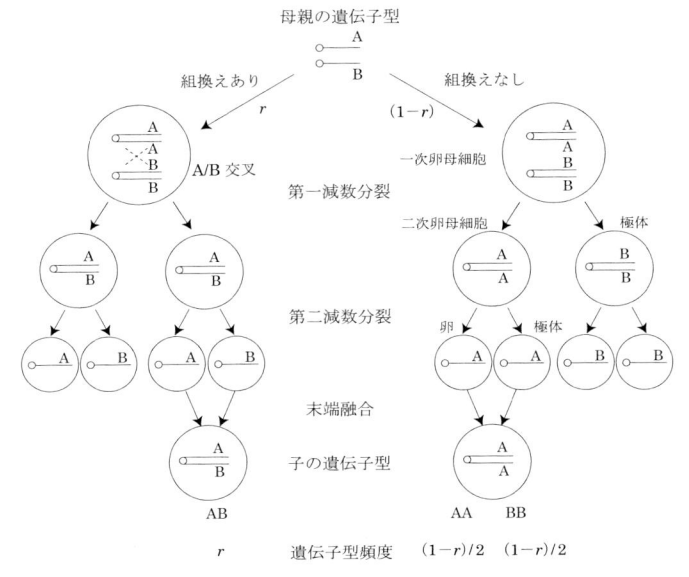

図 5.8　末端融合型オートミクシス

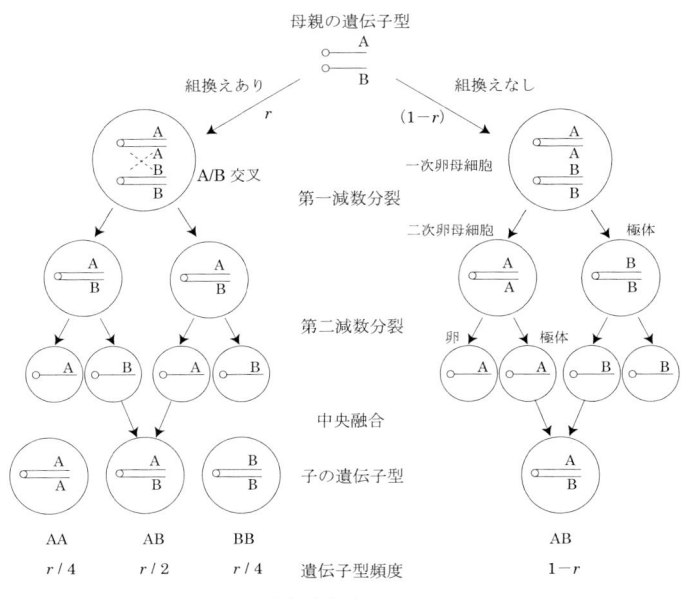

図 5.9　中央融合型オートミクシス

5.1　血縁選択と社会性の進化

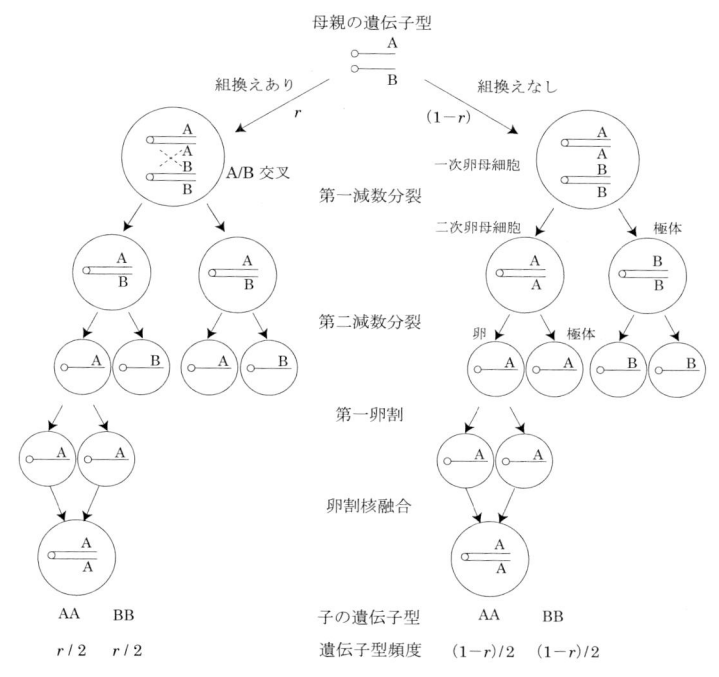

図5.10　生殖核倍加型オートミクシス

として戻ってくることはなく，社会寄生を受けたことになる．つまり，コロニー内の利他行動と非血縁者への排他性はコインの裏表のようなもので，一体として進化してきたと考えられる．実際に，社会寄生は種内でも種間でもさまざまな社会性昆虫に見られる現象であり，寄生者の侵入からコロニーを守るには，（例えばアブラムシのゴールのように）完全に閉鎖されたコロニーであるか，あるいは血縁者だけが出入りできるようなセキュリティーシステムをもつ必要がある．後者の場合，血縁者であることを証明するような，いわば身分証が必要になる．これが血縁認識能力と呼ばれるものである．

　血縁認識（kin recognition）という言葉から，動物が何か血縁度を認識できるような手がかりをもっているかのように誤解されやすい．しかし，血縁認識という言葉は，血縁者である巣仲間と非血縁者である巣外からの侵入者の識別，つまり巣仲間認識（nestmate recognition）のことを指すことが多い．ここで，いったん血縁者と非血縁者が同じ巣内に混在すると，認識の手がかりとなる物質が混ざり合って非血縁者を識別できなくなることがある．逆に，同じ巣仲間であっても，隔離して飼育するうちに手がかりが異なってしまい，再び遭遇すると攻撃し合うこともある．

アリやハチは，巣仲間認識には主に体表炭化水素（cuticular hydrocarbon）の組成を手がかりとしていることが明らかになっており，異なる炭化水素の混合比で巣仲間と非巣仲間を識別する．体表炭化水素の組成は，コロニー内の個体間では同じでコロニー間では異なる，つまりコロニー特異的であることが必要であり，遺伝的要因と餌などの環境要因によって影響を受けるが，コロニー内の個体どうしで頻繁に炭化水素を混ぜ合わせることで特異性を保っている．例えばアルゼンチンアリ Linepithema humile では，異なる昆虫を餌として与えると，体表炭化水素の組成も餌昆虫の炭化水素組成に似てしまうため，もとの巣仲間どうしが攻撃し合うようになる（図 5.11）．環境条件によっても影響を受けることから，体表炭化水素の組成は血縁関係を識別するものではなく，巣仲間か否かを識別するものであると考えられる．

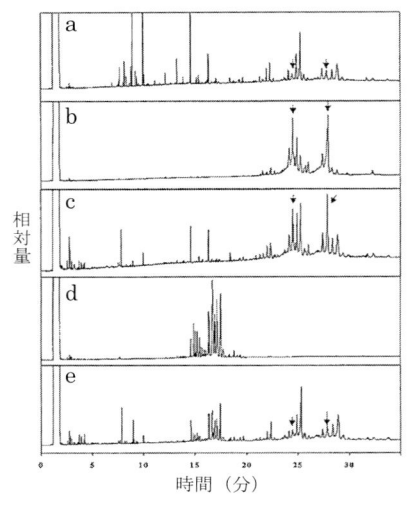

図 5.11 体表炭化水素組成と巣仲間認識に対する餌の影響（文献[37]を改変）
a：野外で採集されたワーカー，b：チャオビゴキブリ Supella longipalpa，c：チャオビゴキブリを餌として与えたワーカー，d：チャバネゴキブリ Blattella germanica，e：チャバネゴキブリを餌として与えたワーカー．

　この体表炭化水素は，あらゆる昆虫の体表にあるワックス成分であり，元来は体表から水が蒸発するのを防ぐ役割をもっている．社会性が起源する以前のアリやハチの祖先も体表のワックス成分として炭化水素をもっていたはずであり，起源した後に，社会寄生者との軍拡競走によりその組成が複雑化していったと考えられる．もともと別の機能のためにあった化学物質を，シグナルとして利用するようになるというプロセスは，フェロモンの進化を考える上で重要なポイントである．炭化水素は炭素鎖が多少修飾されても本来のワックスとしての機能が損なわれず，身分証としての機能が進化する条件がそろっていたのだろう．

　アリでの研究が進んだことから，シロアリの巣仲間認識も体表炭化水素の組成で行われていると予測されていたが，これまでにそれを裏づける証拠は得られておらず，別の物質である可能性が高い．そもそもシロアリの巣仲間認識は個体を水洗しても変わることから，以前から炭化水素ではないと指摘されていた．また，シロアリの体表炭化水素の組成はコロニー内のカースト間で異なるため，カースト特異的ではあってもコロニー特異的ではなく，そのまま巣仲間認識の手がかりにはなりえない．

シロアリは巣の内壁に糞を塗布して，いわば抗菌性の漆喰として用いており，おそらくそれによるコロニー特異的な巣の匂いが存在する[41]．また，シロアリの腸内バクテリアの組成は営巣材やコロニーの状態によって変化するが，コロニー内のメンバー間では頻繁に肛門食による栄養交換が行われるため，腸内のバクテリア組成にはコロニー特異性があることが明らかになっている．さらに，同じ巣に由来するシロアリを別の培地で飼育し，異なる抗生物質処理を行った場合，あるいは別のコロニーのバクテリア代謝産物を含む水溶液を体表に塗布した場合に，もとの巣仲間から激しい攻撃を受けるようになる．以上のことから，腸内の微生物組成が巣仲間認識の手がかりに影響していることがわかっている．なお，腸内微生物が巣仲間認識に影響するという結果は，ヤマトシロアリの他，シュウカクシロアリ科の一種 *Hodotermes mossambicus* や，イエシロアリ *Coptotermes formosanus* でも知られている．

　昆虫には自然免疫が備わっており，バクテリアの細胞壁成分であるペプチドグリカンの多様性を識別し，感染するバクテリアに対応した免疫応答を誘導するペプチドグリカン認識タンパク質（PGRP）をもっている．このようなバクテリア特異的な免疫応答の存在は，エンドトキシンやペプチドグリカンといった多様性の高い細胞壁成分により異物認識ができることを意味する．5.3.1項で述べるが，社会性昆虫の進化において，さまざまな病原性生物からコロニーを守ることがきわめて重要な選択要因となったと考えられている．進化的な合理性，つまりどのように血縁認識のメカニズムができあがったのかを考えると，コロニー内の病気に感染した個体を速やかに検出して処理したり，見知らぬ菌を巣内に持ち込ませないためのシステムが，進化の前適応的な基盤となっていた可能性が高い．

　生物の血縁認識について正確に理解する上で，血縁認識とその結果として起こる血縁識別は別のものであることに注意しなければならない．血縁認識とは，手がかりから「相手の素性がわかること」であり，血縁識別とは，その認識に基づいて相手を受け入れるか排除するかという「反応の違い」を意味する．例えば，非血縁者であることが区別できていても，攻撃をせず受け入れることがしばしば観察される[42]．この場合，攻撃行動が起きずに共存できるのは，彼らが血縁認識をできなかったからではなく，排除するのにかかるコストなど，他の要因が関係している．排除するよりも受け入れた方が個体の包括適応度から見て有利だと被侵入コロニーの個体が判断する場合，非血縁であることを認識しても攻撃しないケースが出てくる．血縁認識のメカニズムに関する膨大な研究がなされてきたにもかかわらず，多くの謎が残されたままである理由の1つは，血縁認識とそれに基づく行動を区別してこなかった点にあるのかもしれない．

5.1.7 緑髭選択

巣仲間認識や血縁認識は，利他行動の相手が血縁者であること，つまりある注目する遺伝子の共有率が高い個体であることを保証するものである．もし，その遺伝子をもっていることが何らかの特徴（例えば緑の髭など）から識別できるとしたら，その特徴をもつ個体に対して優先的に利他行動をとることによって，その利他行動の遺伝子は集団中に広まりやすくなるだろう．

このアイデアは Hamilton（1964）によって考案されたものであり，そのたとえにちなんで緑髭効果（green beard effect）と呼ばれる[21]．この仕組みによって利他行動が進化するには，① 互いに認識できる特徴をもたせ，② その特徴を認識させ，③ その特徴をもつ個体に利他行動をとらせる，という3つの条件を1個の対立遺伝子（あるいは遺伝子群）が同時に発現させることが必要となる．長らく，このような仮定は非現実的だと考えられていた．

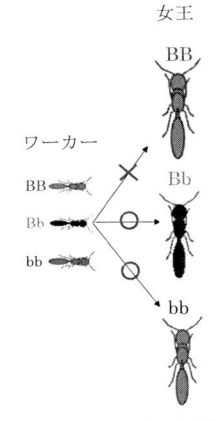

図 5.12 ヒアリの緑髭選択 ○は受け入れ，×は拒否を表す．

ところが Keller and Ross（1998）はヒアリ Solenopsis invicta において，緑髭遺伝子の存在を明らかにし，Gp-9 という遺伝子座の遺伝子型が緑髭遺伝子とリンクしていることを示した[34]．多女王のコロニーにおいて，Gp-9 遺伝子型が Bb 型の女王は産卵を許されるが，BB 型の女王は Bb 型のワーカーに殺される（bb 型はもともと生理的に死亡しやすく，まれである）．ワーカーは，体表の匂いによって BB 型と Bb 型の女王を識別し，対立遺伝子 b をもたない BB 型女王を攻撃していると考えられる（図 5.12）．このヒアリのケースでは，緑髭遺伝子は1つではなく，ごく近い位置にリンクした複数の遺伝子の集合体であることがわかっている．

5.2 繁殖分化制御と女王フェロモン

Hamilton（1964）の血縁選択説では，包括適応度を考えると，ワーカーの利他行動はワーカー自身の適応的形質として説明される[21]．これに対し Alexander（1974）は，親が強制的に子の妊性を奪い，ワーカーとして自分（親）の適応度を上げるために働かせているという，操作説を提唱した[2]．子を強制的に働かせた親が，そうしない親よりも最終的に多くの繁殖虫を生産できるならば，この形質は集団中に広まるだろう．ワーカーの利他行動の進化を考える上で，血縁選択と女王の操作説は対立仮説として論じられてきた．繁殖虫の性比をめぐる女王とワーカーの対立を見た場合（5.4.1 項参

照），血縁選択を支持する結果が得られている．しかし，これは血縁選択を支持する結果ではあっても，女王による操作の可能性を棄却できるものではない．なぜなら，女王による操作は繁殖虫の性配分以外にもさまざまな場面で生じうるものであり，特にコロニーの他のメスの生殖器官の発達抑制など，繁殖の抑制が女王の操作によってなされている可能性は十分に残っている．

このような血縁選択説と操作説の問題を念頭に置いた上で，繁殖カーストと非繁殖カーストの分業を制御している具体的なメカニズム，特に女王が巣のメンバーに存在を知らせる物質「女王フェロモン」の機能について，ミツバチ，アリおよびシロアリの例を紹介する．

5.2.1 女王フェロモンは正直なシグナルか？

ワーカーが自らの包括適応度を高めるべく利他行動をとっているとしても，その包括適応度は女王がワーカーの労働力に見合うだけの繁殖を行うときにのみ保障される．多くの真社会性の生物では，繁殖個体が死亡すると新たな繁殖個体が出現する．例えば，ミツバチの女王が死亡するとワーカーの卵巣が発達して産卵を開始するし，シロアリの女王が死亡すれば新たな女王が分化して繁殖を継承する．逆にいうと，十分な繁殖能力をもつ女王は，他の個体が繁殖することを何らかの方法で抑制していることを意味している．

高度な社会性を営む昆虫では，フェロモンによる化学コミュニケーションを主な情報交換の手段としている．フェロモンとは，同種の他個体に生理的，行動的作用をもたらす情報化学物質である．性フェロモン（sex pheromone）の他にも警報フェロモン（alarm pheromone），道しるべフェロモン（trail pheromone），集合フェロモン（aggregation pheromone）など，さまざまな種類を用いて情報伝達を行っている．また受信者の行動に影響するフェロモンをリリーサーフェロモン（releaser pheromone），受信者の生理過程や内分泌系に作用し，個体の発達，特に生殖機能などに影響を与えるフェロモンをプライマーフェロモン（primer pheromone）と呼ぶ．生殖能力をもつ女王が他のメンバーの繁殖分化を抑制する物質としては，プライマーフェロモンの代表ともいえる「女王フェロモン」が古くから知られていた[32]．

この女王フェロモンは女王の産卵能力を示す正直なシグナルで，ワーカーは自分の包括適応度を高めるべく反応している可能性が高く，逆に女王フェロモンによるワーカーの操作や不正直なシグナルによる「騙し」は，進化的に安定ではなく可能性が低い[33]，という考え方が大勢を占めている．

5.2.2 ミツバチの女王フェロモン

ごく最近まで女王フェロモンの成分が特定されたのはミツバチだけであった．それ

は女王の顎腺から分泌される大顎腺フェロモン (queen mandibular gland pheromone) であり，9-ODA という不飽和カルボン酸といくつかの芳香族化合物が含まれている．このうち 9-ODA は，ワーカーによる王台（新たな女王をつくる部屋）の形成を抑制，あるいはワーカー産卵を抑制している[58]．

近年，9-ODA の量は女王の産卵能力にかかわらず一定であり，女王の産卵能力を正直に示すシグナルではないという報告がなされている．しかしこの結果は，9-ODA が単に女王の「存在」を示すシグナルであり，「産卵能力」を反映したシグナルは別にある可能性を残している．また女王になる幼虫は，若い育児ワーカーの下咽頭腺と大顎腺からの分泌物を混合してつくられる，ローヤルゼリーという栄養価に富んだ餌を与えられて育つ．この中に存在するであろう女王誘導物質の特定に，これまで多くの研究者が取り組んできたが，近年になって，ローヤルゼリー中の分子量 5700 のタンパク質ロイヤラクチンが女王決定因子として特定された[31]．

5.2.3 アリの女王フェロモン

アリはミツバチと同じハチ目に属し，Vargo (1997) がヒアリの毒腺に含まれる物質に女王フェロモンの活性があることを明らかにしたものの，肝心の女王フェロモンがどのような物質なのかはまだ特定されていない[67]．

一方，体表炭化水素については興味深い報告が得られている．ケアリの一種 *Lasius niger* において，体表炭化水素の成分である 3-MeC$_{31}$ は，女王の卵生産能力と強い相関がある．女王の体表炭化水素には，ワーカーの 6 倍の比率で 3-MeC$_{31}$ が含まれており（図 5.13），卵の表面にもワーカーの 9 倍という高い比率で含まれている．加えて，人工的に合成された 3-MeC$_{31}$ をコーティングしたガラス製の擬似女王の周りにはワーカーが集まるだけでなく，女王がいないグループにこの物質を与えると，ワーカーの卵巣発達が抑制される[25]．

また，フロリダオオアリ *Camponotus floridanus* のワーカーは，女王が産んだ卵に特異的な炭化水素組成を認識し，自らの卵巣発達を抑制している（図 5.14）．炭化水素組成の違いによってワーカーが産んだ卵が見破られ，他のワーカーによって食べられてしまうこと（ワーカーポリシング，worker policing）も知られている[12]．

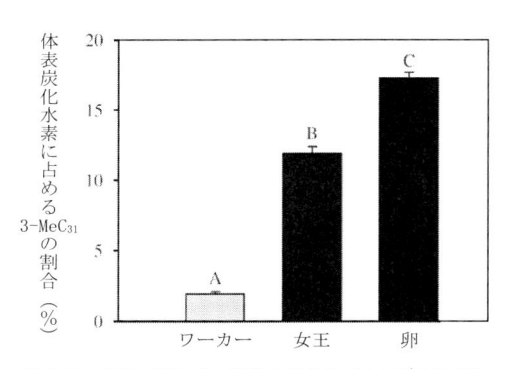

図 5.13 女王と卵に多い炭化水素成分（文献[25]を改変）

女王の産卵能力をもっとも正直に反映する指標は卵の存在そのものであり,女王によるワーカーの産卵抑制フェロモンが卵の表面物質であるということは,女王フェロモンの進化を考える上でも重要である.

5.2.4 シロアリの女王フェロモン

アリやハチとは違ってシロアリは不完全変態の昆虫で,ワーカーやニンフは発生学的には幼虫である.そのため,多くのシロアリではワーカーやニンフは繁殖虫に分化する能力をもっている(図5.6参照).ワーカーの労働力に見合った十分な産卵能

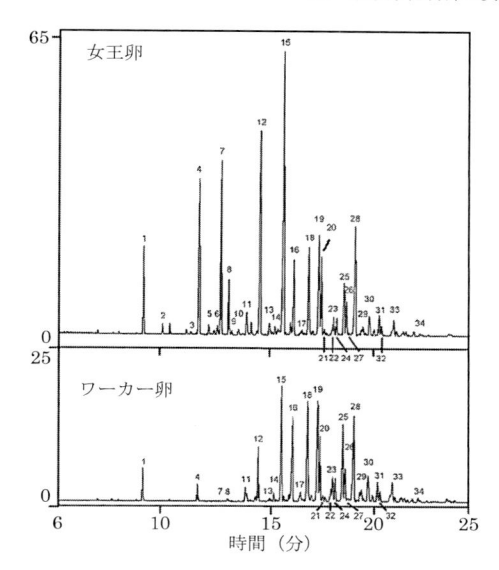

図5.14 アリの女王とワーカーが産んだ卵の表面の炭化水素の組成比較(文献[12]を改変)

力がある女王は他のメスが女王に分化するのを抑制しているが,女王が死亡したり,産卵能力が低下した場合には,上述のように二次女王(補充女王)が出現する.

女王が二次女王の出現を抑制する物質はきわめて微量であること,成熟した女王の採集が困難なことなどから長年同定には成功しておらず,いわば幻のフェロモンであった.近年,その懸案であったシロアリの女王フェロモンが特定された[44].

二重の金網越しに女王がいる状況であっても新たな女王の出現が抑制されることから,この成分が揮発性であることはわかっていた.ヤマトシロアリの野外コロニーからの成熟した女王の大量採集とヘッドスペースGC-MSによる化学分析,および新たに工夫した生物検定法によって,その成分が2-メチル-1-ブタノールとn-ブチル-n-ブチレートという2つの揮発性化学物質であることが特定された(図5.15).また,この2成分をブレンドした人工フェロモンを用いると,女王による抑制と同じように二次女王の分化を抑制することが可能である(図5.16).

さらにこれと全く同じ2成分が卵からも放出されており,ワーカーが卵を育室に集めて保護する際の卵への定位シグナルとして,別の機能も果たしていることが明らかになっている.卵の存在は女王の産卵能力を直接的に示す情報であって,女王がいなくても,一定量の卵を人為的に加え続けると二次女王の分化を抑制することができる.このように,女王と卵が同じ揮発成分を放出し,他のメスの繁殖を抑制していると考

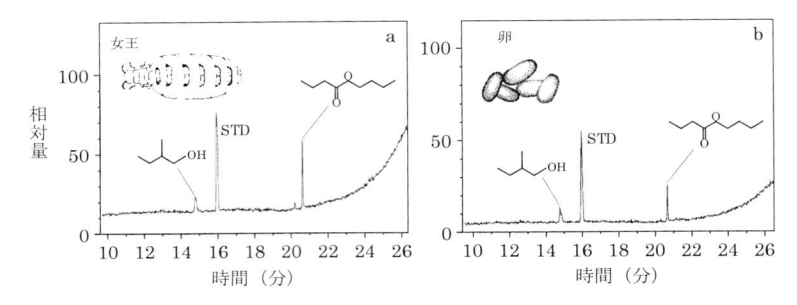

図5.15 ヤマトシロアリの女王フェロモン
a：二次女王が放出する揮発性フェロモン成分，b：女王フェロモンと同じ揮発性物質が卵からも放出される．

えられる．

女王からのフェロモン分泌量は，産卵能力をきわめて正直に反映している．野外のコロニーから取り出され，実験室で少数のワーカーに世話をされている女王は産卵速度が急激に低下するが，この女王からはもはや検出できる量のフェロモンは出ていない．また産卵シーズンを終えた女王からも，ほぼフェロモンは放出されていなかった．シロアリの女王フェロモンに関しては，その時点での女王の産卵能力を正直に示すシグナルである可能性がきわめて高い．

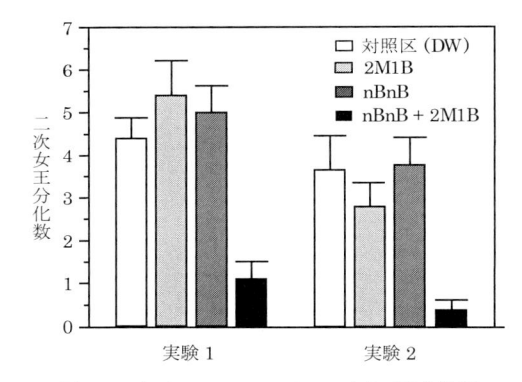

図5.16 人工フェロモンによる二次女王分化抑制
2M1B：2-メチル-1-ブタノール，nBnB：n-ブチル-n-ブチレート．

5.3 繁殖システムの進化

ここまで，真社会性の起源と維持を説明する血縁選択理論と，その基盤となる巣仲間認識や繁殖分業の維持メカニズムについて述べてきた．上述のように，アリ・ハチの仲間（ハチ目）とシロアリの仲間（シロアリ目）は異なる遺伝様式と社会構造をもっており，この2つの分類群を対比して説明してきた．しかし，ハチ目の中でも，シロアリ目の中でも，さらに多様な繁殖システムが進化しており，実際には図5.3にあるような典型的な遺伝様式では説明できない種が多い．そこで，ハチ目とシロアリ目

にそれぞれ見られる変則的な繁殖様式を紹介し，これらを比較しながら，真社会性が起源した後に彼らにどのような選択が働いているのか考えてみよう．

5.3.1 血縁度と遺伝的多様性のトレードオフ

高い血縁度が真社会性の起源の重要な要因であったことは 5.1 節で解説した通りである．しかし分業の発達に伴い，社会性昆虫の繁殖システムの進化の方向は，むしろ血縁度を下げ，コロニーの遺伝的多様性を高める方向に向いていることが明らかになってきた[29]．

昆虫の社会は，それを取り巻くさまざまな生物との相互作用の中で形づくられてきたのである．したがって，真社会性の進化と維持に関しても，血縁構造や性比といった種内の要素だけではなく，天敵や病原性微生物など他の生物との関係を含めて議論しなければならない．社会性昆虫では，同じような遺伝子型の血縁個体が密集して生活しているため，病原生物が侵入すると一気に増殖してしまう恐れがある[56]．つまり，血縁個体間の利他行動で成り立っている昆虫社会では，高い血縁度はコロニー内の統一性を維持するために不可欠であるが，一方で構成員の遺伝的な均一性は，病気の伝染を容易にするというリスクを伴っている．より血縁度が高く高密度の集団であるほど，その社会を維持するためには，病原菌や寄生者に対する防御に多くのコストを払わなければならない．

5.3.2 真社会性ハチ目の多回交尾と多女王制

Hamilton の 3/4 仮説（5.1.4.a 項参照）が成立する条件として，単婚（monogyny：1 匹のオスとだけ交尾すること）の女王が，単独で繁殖していなければならない．しかし多くの真社会性ハチ目の種において，実際には多回交尾（複数オスと交尾すること）や多女王制（polygyny：1 つのコロニーに複数の機能的な女王が共存すること）が見られる．近年 E. O. Wilson は，高い血縁度が真社会性の起源の原動力となったのではなく，むしろ真社会性の結果として血縁度が高くなったのではないか，と血縁選択説を否定したが[70]，一方で Hughes *et al.* (2008) は，ハチ目の交尾回数と系統樹の関係から，単婚の方が祖先的で多回交尾や多女王性が派生的であることを示した（図 5.17）．

a. 多回交尾

恒常的な多回交尾は，ハキリアリ（*Atta* 属，*Acromyrmex* 属），シュウカクアリ（*Pogonomyrmex* 属），グンタイアリ（*Dorylus* 属，*Eciton* 属，*Neivamyrmex* 属，*Aenictus* 属），クロスズメバチ（*Vespula* 属），ミツバチ（*Apis* 属）で知られている．女王が複数のオスと交尾することは，交尾を介した病気の感染リスクの増加など女王自身にとってコストを伴う．そのため，女王の多回交尾が進化した背景には，コストを凌ぐ利益があったはずである．

アリ

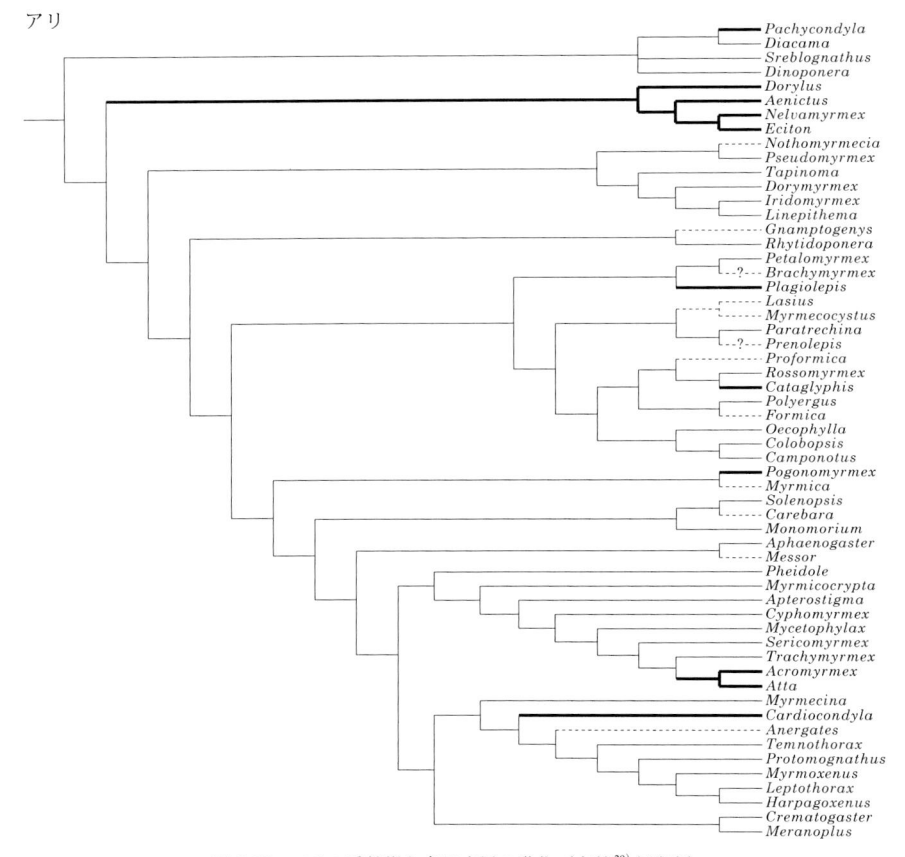

```
Pachycondyla
Diacama
Sreblognathus
Dinoponera
Dorylus
Aenictus
Nelvamyrmex
Eciton
Nothomyrmecia
Pseudomyrmex
Tapinoma
Dorymyrmex
Iridomyrmex
Linepithema
Gnamptogenys
Rhytidoponera
Petalomyrmex
Brachymyrmex
Plagiolepis
Lasius
Myrmecocystus
Paratrechina
Prenolepis
Proformica
Rossomyrmex
Cataglyphis
Polyergus
Formica
Oecophylla
Colobopsis
Camponotus
Pogonomyrmex
Myrmica
Solenopsis
Carebara
Monomorium
Aphaenogaster
Messor
Pheidole
Myrmicocrypta
Apterostigma
Cyphomyrmex
Mycetophylax
Sericomyrmex
Trachymyrmex
Acromyrmex
Atta
Myrmecina
Cardiocondyla
Anergates
Temnothorax
Protomognathus
Myrmoxenus
Leptothorax
Harpagoxenus
Crematogaster
Meranoplus
```

図 5.17 アリの系統樹と多回交尾の進化（文献[29]を改変）
1回交尾の種は細線，常に多回交尾を行う種は太線，時々複数のオスと交尾する種は破線で表す．

多回交尾の利益としては，次の4つの仮説が考えられてきた．① より多くの精子を貯めておくため，② 性配分をめぐるコロニー内対立を軽減するため，③ 二倍体オスができるリスクを下げるため，④ 遺伝的多様性を高めてコロニーのパフォーマンスを高めるため．

まず①であるが，1匹のオスから受け取る精子量を増やすことも可能なはずであり，異なる複数のオスと交尾することが進化した説明にはならない．②については一部のFormica属のアリには当てはまるが，すべての女王が多数のオスと交尾するような絶対多回交尾の種では，血縁度非対称性（ワーカーにとって兄弟より姉妹の価値が高くなること）の程度がコロニー間で変わらなくなるため，当てはまらない（5.4.1 項参

照).

③は半倍数性の性決定メカニズムのうち，相補的性決定（complementary sex determination, CSD：性決定遺伝子座がヘテロ接合型である場合のみメスへと分化し，ホモ接合型あるいはヘミ型（半数体）である場合はオスへと分化するような性決定システム）に伴うリスクに関するものである．セイヨウミツバチのような CSD の種では，女王が単婚であると，性決定遺伝子がオスと一致していれば，本来二倍体のメスが産まれるところにホモ接合型の二倍体オスが産まれてしまう．ただしコロニーレベルで見ると，二倍体オスの出現頻度という要因だけでは多回交尾の利益はなく，また多くのハチ目では性が複数の遺伝子座によって決まるため，選択肢としては弱い．

近年，新たな証拠が蓄積されているのは④の適応的意義についてである（5.3.4, 5.3.5 項参照）．③も遺伝的多様性の低下に伴うコストの1つなので，④の一部とみなすこともできる．今後の発展を期待したい．

b. 多女王制

多女王制には，複数の女王がコロニーの創設時から共存する一次多女王制と，コロニーの成長後に新たな女王が追加される二次多女王制があり，日本やヨーロッパでは多女王制の種が約半数を占めるという報告がある[6,71]．

二次多女王制の種には，分巣によって増殖し，多くの巣からなる多巣性コロニーを形成するものがある．この多女王・多巣性は，アルゼンチンアリをはじめ，ツヤオオズアリ *Pheidole megacephala*，ヒアリなど侵略的外来アリの侵略性や，撹乱依存性とも関連していると考えられている[49,65]．適応的意義としては，① 女王がワーカーを率いて分巣することで，コロニーの死滅リスクが高い創設期を省き，早く確実に繁殖期に達することができる，② 複数の女王が産卵することでコロニーの繁殖力を増大できる，③ コロニーの一部が破壊されても複数いる女王の一部が生き残ってコロニーを存続できる，④ コロニー規模が拡大することで，同所的に生息する他種や同種の他コロニーとの競争に有利である，といった点が挙げられる．

5.3.3 シロアリの近親交配の回避

シロアリにおける真社会性の起源には，巣内の近親交配によって血縁度が高い状況にあったという近親交配説[4]が有力だと考えられている．しかし，シロアリの中には一次生殖虫の死亡後に補充生殖虫が現れず，コロニーが終わる種も多い[48]．原始的な種として知られるムカシシロアリ *Mastotermes darwiniensis* でも，創設王と創設女王が17年以上生きて繁殖を続けた事例もある．

また，近年のマイクロサテライトマーカーを用いた血縁構造解析により，補充生殖虫が現れる種でも近親交配頻度がそれほど高くないことも報告されている．例えば，アメリカのヤマトシロアリ属の一種 *Reticulitermes flavipes* の個体群に関する遺伝解析

からは，ワーカー間の血縁度は 0.5 と有意な差がなく，ほとんどのコロニーは 1 匹の創設王と 1 匹の創設女王が外交配で生殖している単家族であり，補充生殖虫が近親交配でコロニーを引き継ぐ頻度は低いことがわかっている[68]．5.3.7 項で紹介するような，単為生殖による女王継承の仕組みを獲得し，近親交配を完全に回避するような繁殖システムを発達させた種も見つかってきており，社会進化のベクトルは近親交配によって血縁度を高める方向に向いていないことは明らかである．

以上のように，真社会性の起源においてはいずれの分類群でも血縁度の高い状況にあったと考えられるが，いったん真社会性が退行できないレベルまで発達した後には，むしろコロニーの遺伝的多様性を高める方向に選択が働いているようだ．この傾向は，アリ・ハチ・シロアリだけでなく，真社会性アザミウマでも見られる．

5.3.4　コロニーの遺伝的多様性と病気

近年，コロニーの構成員の遺伝的な多様性と病気に対する抵抗性の関係に関心が向けられている．系統の異なる病原体への抵抗性をもつさまざまなタイプの個体がコロニーにいると，コロニー内の伝染を抑止できる可能性がある[22]．

昆虫の免疫反応が遺伝子型によって異なることは，いくつかの昆虫で立証されている．セイヨウオオマルハナバチ *Bombus terrestris* では，コロニーの遺伝的多様性が増すと腸内寄生原虫の伝染が抑えられる．しかし本種は通常 1 回交尾であり，この結果だけで多回交尾の意義を問うことは難しかった．その後，セイヨウミツバチの多回交尾でコロニーの遺伝的多様性が増すと，病原性糸状菌のコロニー内感染が抑えられることが示された[60]．同様の結果は，アメリカ腐蛆病の病原バクテリアを用いた実験でも報告されている．またハキリアリの一種 *Acromyrmex echinatior* の女王は多回交尾をすることが知られているが，このアリのコロニーに低濃度の昆虫病原菌 *Metarhizium anisopliae* を与えた場合，高い遺伝的多様性をもったコロニーの方が，低い遺伝的多様性をもつものよりも生存率が有意に高くなる[26]．さらに多くのアリでは，平均コロニー内血縁度と，その種を利用する寄生者の種数は有意な正の相関を示し，遺伝的多様性の低下がさまざまな寄生者に対する耐性レベルを下げているようである[15]．

以上のようなコロニーの遺伝的多様性の利益仮説は，何度も提起され続けてきたにもかかわらず，それを裏づける証拠は少ない．選択圧を検出しにくい理由の 1 つとして，真社会性昆虫が遺伝的多様性の影響を受けない恒常的な病気に対する防御メカニズムを備えていることが挙げられる．そもそも病原体を巣内に持ち込まないようにさまざまな衛生行動を発達させ，個体どうしで体表を舐め合うグルーミングという行動によって物理的，化学的に病気の感染を予防している．さらに，万一死亡する個体があっても，埋葬行動や，埋葬を行うワーカーの移動範囲の制約など，病原体の拡散を防ぐための手段も発達している．こういった恒常的に高い防御メカニズムがあるため

に，たとえ実験的にコロニーの遺伝的多様性を下げたとしても，即座にその影響を検出するのは難しい．病気に対するコロニーの遺伝的多様性の利益は，実験的には過小評価されやすいことを理解しておく必要がある．

5.3.5 遺伝的な役割分業

コロニー内の遺伝的多様性を維持しなければならないもう1つの理由として，遺伝的な役割分業（genetic task specialization）が考えられている．この仮説は，ある特定の仕事に従事する傾向が，各個体の遺伝子型によって異なるというものである．例えばある遺伝子型のワーカーは，他の遺伝子型のワーカーよりも採餌を行う傾向があり，また別の遺伝子型は巣の防衛を行う傾向がある．つまり，さまざまな得意分野をもつ個体が多様な仕事を効率的に行うことができる上，環境変動に対して柔軟に対応できる．その至近メカニズムとしては，ある仕事の必要性を示す刺激に対する反応閾値が，遺伝子型によって異なることを想定している[5]．

遺伝子型によって従事する仕事の種類に有意な違いがあるという結果は，ミツバチ，ハキリアリ，シュウカクアリなど女王が多回交尾をする真社会性ハチ目で報告されている．ハキリアリの一種 *A. echinatior* では，同じコロニー内でも父系の違い（遺伝子型の違い）によって大型ワーカーになるか，小型ワーカーになるかが潜在的に異なっている[28]．シュウカクアリの一種 *Pogonomyrmex occidentalis* では，多回交尾の程度とコロニーの成長速度の間に正の相関があるという報告もあり，同様の結果はクロスズメバチ属の一種 *Vespula maculifrons* でも示されている．近年，コロニーサイズの小さいハリアリの一種 *Pachycondyla inversa* でも，多雌創設コロニー内で異なる母系のワーカーが異なる労働に従事するという遺伝的な労働分業が明らかにされている[24]．

5.3.6 真社会性の進化とラチェットの原理

コロニー内の高い血縁度が真社会性の起源の推進力であり，高度な組織化と統合を可能にしたのであれば，なぜ血縁度が低下した種が社会を維持できるのだろうか．

ワーカーが完全不妊になる種では，女王が多回交尾する傾向が示されている[29]が，そこには社会進化のある段階を超えるごとに逆戻りができない，ラチェットの原理が働いていると考えられる．ここで逆戻りを阻止する歯止めの1つは，ワーカーの全能性（totipotency）の喪失である．巣を離れて自分で生殖を行う能力を失ったワーカーにとって，血縁度が低いからといって利己的にふるまう選択肢はない．また，ワーカーポリシングのような，メンバーの利己的な行動を相互に監視し，抑制し合うメカニズムも歯止めの1つとなるだろう．

では，このようなラチェットの原理が働かない真社会性の生物ではどうだろうか．社会性アブラムシの一種 *Pemphigus obesinymphae* は，ゴール内に形成したコロニーに

しばしば他のコロニーからの侵入を受ける．このとき，非血縁のコロニーに侵入した個体は危険な防衛行動をせず，利己的に自分で繁殖をするようになることが明らかになっている[1]．このように，ラチェットの原理が働かないまま血縁度が低下すれば，真社会性は維持できなくなる．

5.3.7 真社会性昆虫の産雌単為生殖と繁殖システムの多様化
a. アリの産雌単為生殖による新女王生産と性的対立

サバクアリの一種 *Cataglyphis cursor* では，女王を欠いたコロニーで未交尾のワーカーが新女王とワーカーを産雌単為生殖で生産することが知られていた．加えて，既交尾の女王も産雌単為生殖を行う上，女王が1回交尾であるコロニーの詳細な遺伝解析から，女王はほぼ単為生殖で生産される一方，ワーカーはほとんど有性生殖で生産されていることが見出されている[52]．このアリの産雌単為生殖は中央融合型のオートミクシス（図5.9参照）であるため，親の遺伝子型がABであるならば，ほとんどの子の遺伝子型はABとなる．上記の *C. cursor* で女王がAB，オスがCであったとすると，ワーカー（有性生殖）の遺伝子型はACかBC，新女王（産雌単為生殖）はAB型となる（図5.18）．

女王は産雌単為生殖で新女王を生産することにより，自分の遺伝子を次世代の生殖虫に最大限に伝達することができる．一方で，オスは二倍体のメスの子を通じてのみ自分の遺伝子を次世代に伝達することができる．したがって，女王による産雌単為生

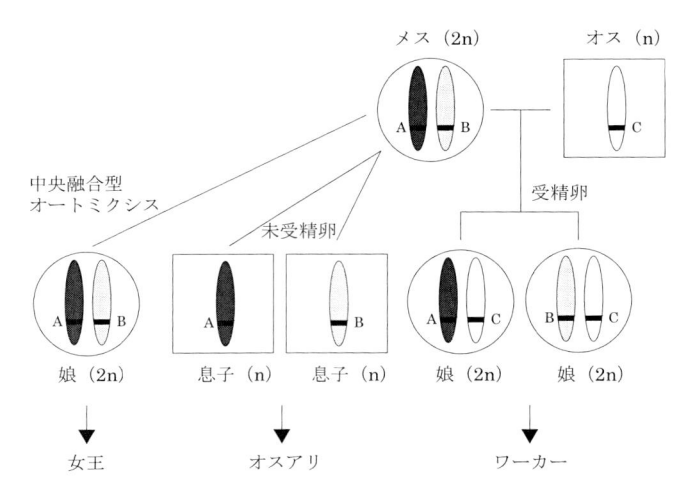

図5.18 アリの産雌単為生殖による女王生産
サバクアリの一種 *C. cursor* では，女王は中央融合型オートミクシスによる産雌単為生殖で生産される一方，ワーカーは有性生殖で生産されている．

5.3 繁殖システムの進化

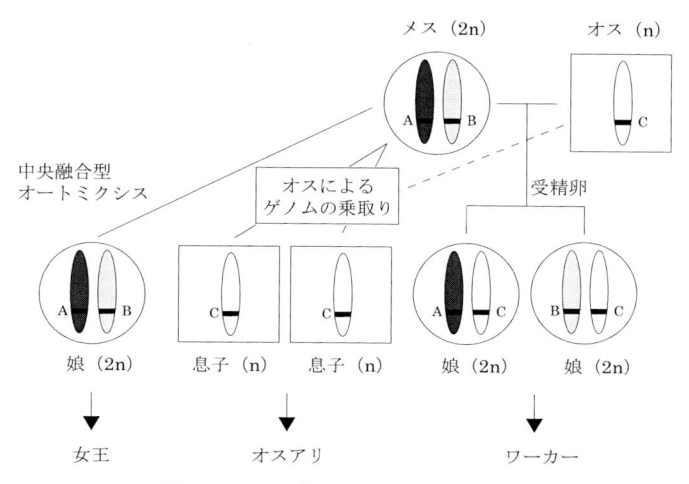

図 5.19 アリの女王とオスのクローン繁殖
コカミアリでは，女王が単為生殖で新女王を生産し，有性生殖でワーカーを生産する．一方で，オスは未受精卵のゲノムを乗っ取ることで，次世代に遺伝子を残す経路を確保している．各々がクローン生産を行うので，雌雄間の遺伝子交流はない．

殖は，オスアリにとっては自分の繁殖成功度をゼロにしかねない脅威であり，女王とオスアリの間に大きな性的対立をもたらす．

　コカミアリ *Wasmannia auropunctata* では，女王とオスアリの熾烈な軍拡競走の結果，特異な繁殖システムに行き着いている[14]．このアリも *C. cursor* と同様に新女王が産雌単為生殖で生産され，ワーカーは有性生殖で生産されるのだが，女王が産む卵のゲノムを乗っ取ることで，オスアリ（父親）もまたオスアリ（息子）をクローンで生産する（図 5.19）．その結果，女王もオスアリも遺伝的交流を介さずクローンで生産されていることになり，女王とオスアリが系統樹上の別のクレードに分かれるという奇妙な現象を生んでいる．オスアリのクローン繁殖の細胞学的メカニズムは明らかになっていないが，母ゲノムを除去するか，無核卵に精核を入れている可能性がある．

　いずれにしても，雌雄ともにクローン繁殖をすることは進化的軍拡競走の袋小路のように見える．しかし，数多くの野外個体群の調査から通常の有性生殖を行っている個体群も見つかっており，それに隣接して単為生殖の個体群が複数回独立に進化したことが示唆されている．また系統解析の結果，単為生殖個体群と有性生殖個体群は入れ子状に分布しており，完全には分かれていないことが明らかになっている．このコカミアリによく似た繁殖システムは，日本のウメマツアリ *Vollenhovia emeryi* でも見つかっている[50]．

b. 産雌単為生殖と社会寄生

真社会性の要素の1つに女王とワーカーの繁殖分業があるが，アミメアリ *Pristomyrmex pungens* では女王の存在そのものが二次的に失われ，すべてのメスが無翅のワーカー（Sタイプと呼ぶ）となって未交尾で産雌単為生殖を行っている（図5.20）．若い時期には繁殖を行い，年をとると防衛や採餌などに従事するようになる[30, 64]．

しかし，二型がなく皆が繁殖も労働もするという社会では，利益だけを得て自分でコストを払わない利己的なチーター（cheater）が進化しやすい．実際にアミメアリの野外コロニーでは，Sタイプのメスに混ざって，大型で単眼をもち卵巣の発達したLタイプと呼ばれるメスが見つかる[10]．このLタイプのメスはもっぱら繁殖を行い，労働には寄与しないが，種内から分化したものである．LタイプはSタイプのコロニーに侵入して産卵し，Sタイプに子を育てさせる．Sタイプにとっては，Lタイプの子を育てても包括適応度の利益はなく，Lタイプの割合が増すと社会寄生のコストも大きくなりコロニーの存続が危うくなる．ただLタイプのコロニー間の移動は困難であるため，Sタイプの地域個体群は絶滅するまでには至らない．同様の産雌単為生殖による社会寄生は，ケープミツバチ *Apis mellifera capensis* でも知られている．ケープミツバチのワーカーは養蜂種であるアフリカミツバチ *Apis mellifera scutellata* のコロニーに寄生し，産雌単為生殖で二倍体の娘を産んで増殖することでホストコロニーを潰してしまう[39]．

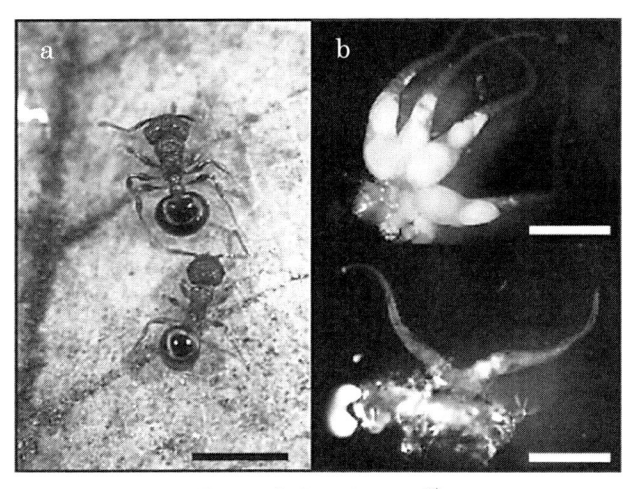

図5.20 女王のいないアリ[10]
a：アミメアリのワーカー（Sタイプ，下）とチーター（Lタイプ，上）．
b：それぞれの卵巣．

5.3 繁殖システムの進化

ケープミツバチの寄生的ワーカーやアミメアリのチーターに見られるような利己的な産雌単為生殖は,「社会のガン」にもたとえられる[10, 39]. これらは種内から派生し, ホストコロニー内で擬似クローンとして増殖し, 最終的にはコロニーを滅ぼすという, まさに感染するガンである.

c. シロアリの産雌単為生殖による女王継承

多くのシロアリでは, 成熟したコロニーは1ヶ所の巣に収まっているのではなく, 複数の採餌場所（倒木など）を蟻道で連結し, 広範囲の資源を利用している. このような営巣様式をもつ種を複数ヶ所営巣性種 (multiple-site nester) と呼ぶ. 例えば, *Reticulitermes* 属のシロアリは複数ヶ所の木材を地中の蟻道でつないで摂食しており, 食べ尽くすと巣場所を移動する. 王室は地中や営巣材の奥まった場所にあるので, ワーカーとは違って容易に女王や王を採集することができない. したがって, シロアリの繁殖システムの研究では, 主にワーカーの遺伝子解析や室内の飼育コロニーの状況から間接的に王や女王の組み合わせを推測していた.

しかし, 実際にヤマトシロアリの野外の巣から王や女王を採集して血縁構造解析を行った研究から意外な事実が明らかになった. 王室を見つけることができた野外のヤマトシロアリの巣で王と女王の組成が詳しく調べられたところ, 王についてはほぼすべてのコロニーで創設王が生きており, 1匹で繁殖を続けていた（有翅虫で体色が黒く, 巣内でニンフから分化する二次王とは外見からも容易に区別でき, 加えて遺伝子分析によって確認される）. 一方で, 創設女王はほとんどのコロニーで多数の二次女王に置き換わっており, 二次女王と創設王の交配で繁殖が継承されていた. この二次女王が創設王の娘だとしたら, その近親交配では創設王の遺伝子が多く伝達され, 逆に亡き創設女王の遺伝子が目減りしていることになる.

実態は, 驚くべきことに女王が有性生殖と単為生殖を使い分け, 二次女王を単為生殖で生産する一方, ワーカーや有翅虫をもっぱら有性生殖で生産していた (図 5.21). 二次女王は創設女王が自分の遺伝子のみでつくった, いわば創設女王の分身であり, 創設王とは非血縁であった[43]. この仕組みで, 創設女王は自らの死後も次世代への遺伝的寄与を維持できる. 亡き創設女王とワーカーとの血縁度は $r = 0.49$, 有翅虫との血縁度は $r = 0.58$ であり, これらの値は 0.5（生存中に王との間にできた有性生殖の子に対する血縁度）と有意差はなかった. この単為生殖による女王位継承システムは, AQS (asexual queen succession) と呼ばれる.

AQS は, 自分の死後も次世代への遺伝的貢献を維持できる女王のみに利益があるのではなく, 近親交配の回避という効果もある (図 5.22). 二次女王によって生産されたワーカーのヘテロ接合度は, 創設王と創設女王の外交配から期待されるヘテロ接合度と同等の高いレベルのまま維持されていた. 同様に, 有翅虫のヘテロ接合度にも有意な低下は認められなかった. また, ワーカーの近交係数はゼロと有意差がなく, 近親

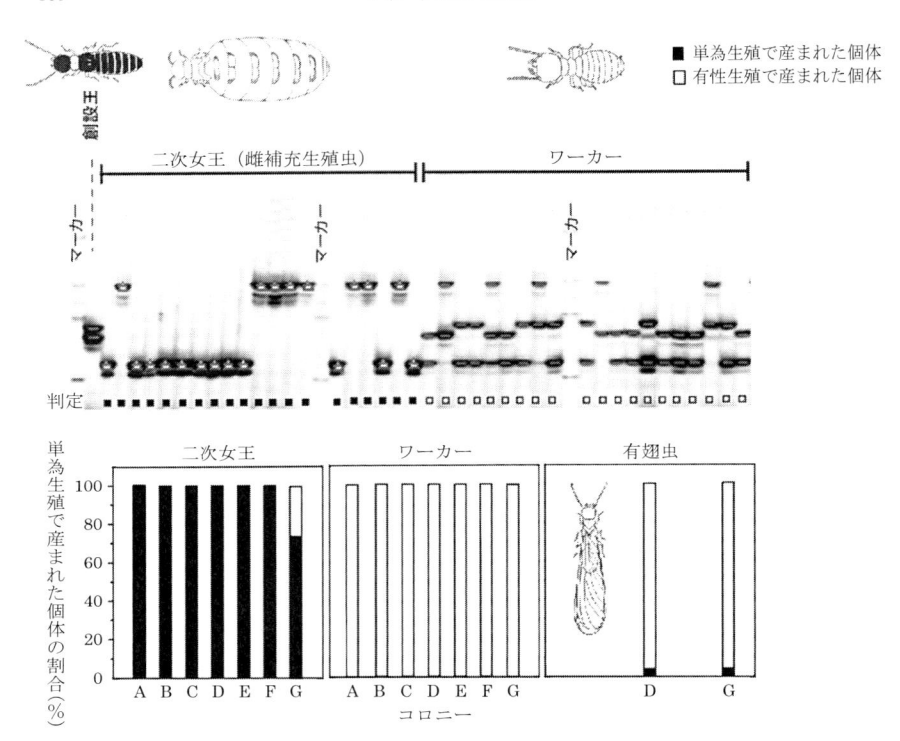

図 5.21　ヤマトシロアリの遺伝子解析結果

二次女王は末端融合型オートミクシスによって創設女王から単為生殖で生産される一方，ワーカーはすべて有性生殖で生産されており，父系と母系の遺伝子を有するヘテロ型になっている．母巣を飛び立って独立創設を行う有翅虫は，有性生殖で生産される．単為生殖の子が二倍体であることは，染色体観察から明らかになっている．

交配が全く起きていないことを意味する．このように，ヤマトシロアリは単為生殖を女王位の継承に限定的に用いることによって，個体レベルおよびコロニーレベルの遺伝的多様性を維持することに成功している．

5.4　コロニー内対立

　社会性昆虫では，遺伝子レベル，個体レベルの選択に加えてコロニーレベルの選択も働くのであり，コロニーレベルの選択「だけ」が働いているのではない．そのため，コロニーの中ではより自分の包括適応度を高めようとする個体の間で対立が生まれる

5.4 コロニー内対立

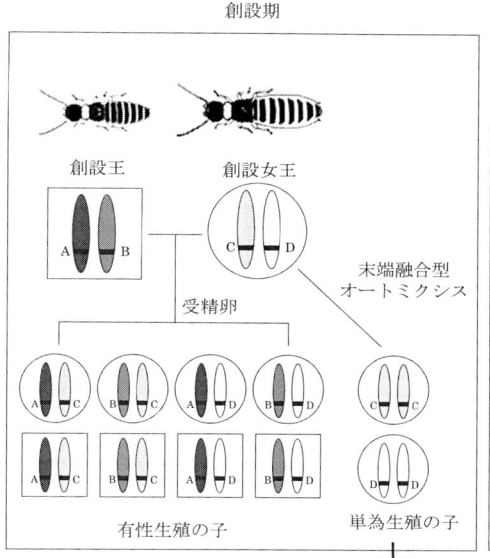

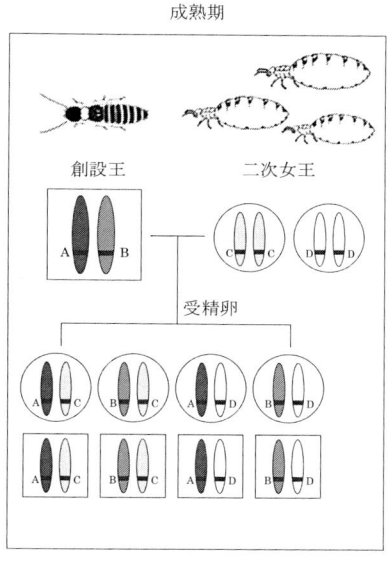

創設期 / 成熟期

図 5.22 シロアリの単為生殖による女王位継承システム（AQS）
創設女王は単為生殖で二次女王を生産することによって，自らの死後も次世代への遺伝的寄与を高いまま維持する．また，コロニーとしては女王の死後も近親交配を完全に回避でき，創設王と二次女王の間に産まれる子は，創設女王の生前と変わらず高い遺伝的多様性をもつ．

し，個体の中ですら母系遺伝子と父系遺伝子の利己的な対立が存在する．一見，強固な結束のもとに協力し合っているようなコロニーでも，内部にはさまざまな利害対立がある．ここからは，コロニー内に存在する対立を見ることで社会進化の本質を探ってみよう．

5.4.1 アリの性比をめぐる女王とワーカーの対立

Trivers and Hare (1976) は，半倍数性ではメスから見た兄弟姉妹の血縁度が雌雄非対称になり，生産する個体の性をめぐって女王とワーカーの間で対立が生じることに着目し，初めて血縁選択を検証する方法を考案した[63]．半倍数性では，メスから見て姉妹間の血縁度は 0.75 と高いが，弟の血縁度は 0.25 でしかない．そのため，女王が 1：1 の性比で妹と弟を産むと平均の血縁度は 0.5 となり，両性二倍体生物が外交配する場合と変わらなくなる．ワーカーが不妊化して利他行動をとることが包括適応度を最大化するためだとしたら，ワーカーは性比を制御して，オスよりもメスの繁殖虫へ

の投資を 3 倍多くしていなければならない．さもなければ，ワーカーは戦略として自ら繁殖を放棄しているのではなく，女王による操作で繁殖能力を奪われているという対立仮説[2]が有力となるだろう．実際のところ，単女王制のアリではおよそ 3:1 でメスに偏った投資がされており，血縁選択説は一応証明された（図5.23）．

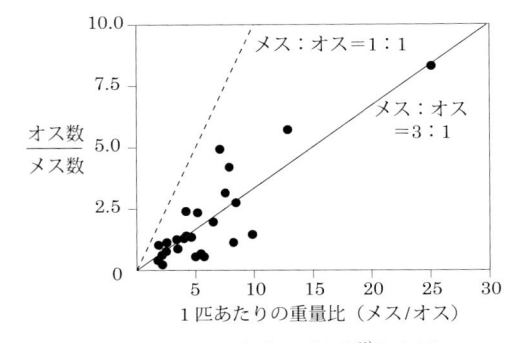

図 5.23 アリの性投資比（文献[63]を改変）
破線は 1:1 の投資配分予測を表す．

性比をめぐる女王とワーカーの対立について，詳細は文献[23, 66]を参考にしてほしいが，ここ 30 年ほどの真社会性膜翅目での研究は，だいたいワーカーによるコントロールを支持するものである．しかし近年では，ワーカーの制御下にあると考えられていた種でも，オス卵よりメス卵を多く産む，メス卵のワーカーまたは女王への発育を JH ホルモンで操作するなど，女王が部分的に性比をコントロールしていることが明らかになっている．またオスを専門に生産するコロニーでは，ワーカーにしかなれないメス卵を産むことによって，女王が性比を制御している可能性もある．コロニーの成長やワーカー産卵をめぐるコロニー内対立など複数の要因も関係してくるため，今後の進展が望まれる課題である．

5.4.2 オス卵の生産をめぐる対立

5.3 節で述べたように，真社会性ハチ目では女王が単婚で巣を創設する祖先的な繁殖様式から，多回交尾のものが複数回進化している．特にミツバチやハキリアリなど，コロニーサイズが大きく高度な分業を発達させたもので顕著な多回交尾が見られる．

ワーカー間の血縁度 r_{ww} は，女王の交尾回数 k によって次式のように表される．

$$r_{ww} = \frac{1}{4} + \frac{1}{2k}$$

つまり，女王の交尾回数が 1，2，3 回と増えるにしたがって，ワーカー間の血縁度は 3/4，1/2，5/12 と低下していくことになる．

ワーカーが卵巣小管をもち未受精卵（オス卵）を産むことができるような種では，女王の多回交尾に伴い，誰がオス卵を産むかをめぐるコロニー内の血縁対立が起きる．ワーカーから見ると，女王の交尾回数にかかわらず女王が産んだオス卵（兄弟）の血縁度は 0.25 のまま，自分自身が産むオス卵（息子）の血縁度は 0.5 のまま変わらない．

5.4 コロニー内対立

しかし，他のワーカーが産むオス卵（甥）の血縁度 r_{wn} は，ワーカー間の血縁度の低下とともに減少する．

$$r_{wn} = \frac{1}{2} r_{ww} = \frac{1}{8} + \frac{1}{4k}$$

つまり，女王の多回交尾によって，ワーカーにおける兄弟の包括適応度上の価値と甥の価値が逆転することになる（図5.24）．女王が単婚ならば，ワーカーから見た血縁度は息子＞甥＞兄弟の順であるが，交尾回数が増すと息子＞兄弟＞甥の順となる．

ここで，それぞれのワーカーは自分でオス卵を産みたい衝動に駆られつつも，他のワーカーにはオス卵を産ませたくないという対立状況が生まれる．このような状況では，ワーカーがお互いの産卵を監視し，抑制し合うワーカーポリシングが進化する[54]．

ミツバチでは単女王が複数のオスと交尾してコロニーを創設するため，上のような状況に相当する．実際に，卵巣を発達させたワーカーは他のワーカーによって攻撃され，またワーカーは女王が産んだオス卵とワーカーが産んだオス卵を識別し（おそらく卵表面の炭化水素組成によって），ワーカーが産んだオス卵を選択的に食べてしまう．結果的に，女王のいるコロニーで生産されるオスバチのうち，ワーカーが産んだものはわずか0.1％である．ハリアリの一種 *P. inversa* でも，ワーカーが炭化水素組成の違いによってワーカーの産んだ卵と女王の産んだ卵を識別し，女王がいるとワーカー由来の卵のほとんどはワーカーの食卵によって排除される．

コロニー内の血縁対立によって，ワーカーポリシングという行動のメカニズムは部分的には説明できるが，他にもいくつか実効的な機能がある．例えば，ワーカーが娘を産雌単為生殖（中央融合型オートミクシス）で生産するケープミツバチでは，血縁度上の利益はないにもかかわらず，ワーカーポリシングが観察される．またハリアリの一種 *Platythyrea punctata* では，すべてのワーカーが産雌単為生殖によってクローンメスを生産する能力をもつが，繁殖は1個体（まれに2個体）の繁殖ワーカーによって独占されており，新たな繁殖個体が出現すると攻撃される．このようなクローン社会に見られるワーカーポリシングは，コロニー内

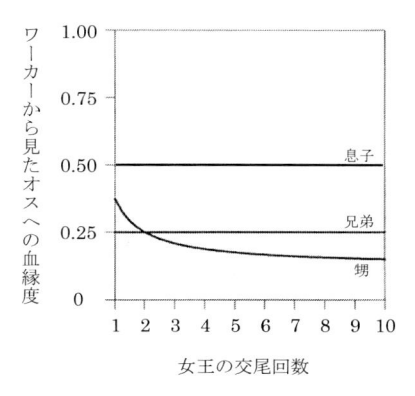

図 5.24 女王の交尾回数とワーカーから見たオスへの血縁度

ワーカーにとって，自分が産んだオス卵（息子），女王が産んだオス卵（兄弟），および他のワーカーが産んだオス卵（甥）の価値は，女王が1回交尾なら息子＞甥＞兄弟の順であるが，交尾回数が増すと息子＞兄弟＞甥の順となる．

の血縁対立のみでは説明しきれない．

コロニー内で多くの個体が繁殖するようになると，1個体が繁殖を担っている状態よりもコロニーの生産性が低下する場合が考えられる．例えば，ワーカーが自分で産卵を始めることにより，採餌や育仔などの労働にあてるコストが減少すると，ワーカーポリシングによってお互いの利己的繁殖を抑制し合う行動が進化する[54]．また，繁殖スケジュールの視点から見ると，血縁度に関係なくコロニー成長の初期段階ではワーカーだけを育て，コロニーをより大きくすることが適応的である[51]．ワーカーが産んだ卵は労働に寄与しないオスアリになるため，ワーカーを生産してコロニーサイズを大きくすべき段階（ergonomic stage）では，ワーカーは産卵すべきでないしワーカーが産んだ卵を育てるべきではないという結論は当然であろう．

血縁対立で合理的に説明できると考えられてきたミツバチのワーカーポリシングについても，血縁構造とは無関係に起きているという主張がある．ワーカーが産んだオス卵の生存率は女王が産んだオス卵に比べて著しく低く，その違いだけでポリシングの結果とみなされてきた現象（ワーカー産卵がオス卵の7％を占めるが，オスバチ成虫の99％は女王が産んだ卵由来）が説明できる．

5.4.3　新女王の座をめぐる父系の対立

ハキリアリ A. echinatior の女王は，平均で5.3匹のオスと交尾する．アリは半倍数性なので，基本的に父親の遺伝子は娘が新女王になることによってのみ次世代へと伝えられる．そのため，ハキリアリのような多回交尾の種では，どの父親の遺伝子をもった娘が女王になるか，あるいはワーカーになるかということをめぐって，父系間の対立が生じる．

例えば，1匹の女王が5匹のオスと交尾して生んだ娘たちには，父方の遺伝子の異なる5つの父系が存在する．同じ父系の娘どうしは完全姉妹，異なる父系の娘どうしは半姉妹である．もし父系の染色体上に，その遺伝子をもっている個体を優先的に女王にさせるような遺伝子，つまりチーター遺伝子が存在すれば，他の父系を出し抜いて利益を得ることができる．実際にハキリアリでは，大型ワーカーになるか小型ワーカーになるかは遺伝的に決まるが，さらにワーカーと女王の分化にも遺伝的な影響があり，2割程度の父系が他の8割の父系よりも高率で女王に分化することで，他の巣仲間を出し抜いている[27]．このチーター父系の頻度が比較的低いレベルに抑えられているのは，コロニーの生産効率上のコストによるコロニーレベル選択が行われているか，あるいはチーター遺伝子型の幼虫を協力遺伝子型のワーカーが直接的に抑圧しているからだ，と考えられる．

5.5 シロアリにおける血縁選択の検証

5.4.1 項では半倍数性の真社会性昆虫における血縁選択の検証について説明したが，全く独立に進化した両性二倍体のシロアリではどうなっているのだろうか．

上述のように，半倍数性のハチ目では性投資比に着目して血縁選択の検証が行われ，アリやハチの血縁度非対称性（relatedness asymmetry）による性比の偏りこそが血縁選択理論を支持する証拠とされてきた．その後，血縁選択理論の一般性に疑問の目が向けられ論争が加熱する一方で，血縁選択の実証研究は停滞していた．特に，両性二倍体のシロアリにおいて検証が行われていなかったことが，血縁選択理論の研究に大きな空白を生んでいた．

ところが近年になって，シロアリの巣内で起きる近親交配の性非対称と羽アリの性比の関係から，両性二倍体の生物での新たな血縁選択の検証法が確立された[35]．シロアリの巣は，オスとメスの羽アリがペアになり，一夫一妻で創設される．創設王や創設女王が死亡すると，巣のメンバーの中から二次王や二次女王が出現し，繁殖を引き継ぐ．このとき，創設王と創設女王で寿命が異なるならば，父－娘，母－息子の近親交配のどちらか一方が起きやすくなる．例えば，創設女王が創設王よりずっと長生きするならば，母－息子の近親交配が生じ，産まれる子は創設女王の遺伝子を創設王の遺伝子よりも 3 倍多くもつことになり（図 5.25），創設女王の方がより多く次世代に遺伝子を残すことができる．創設王や創設女王はもともとオスとメスの有翅虫であるから，

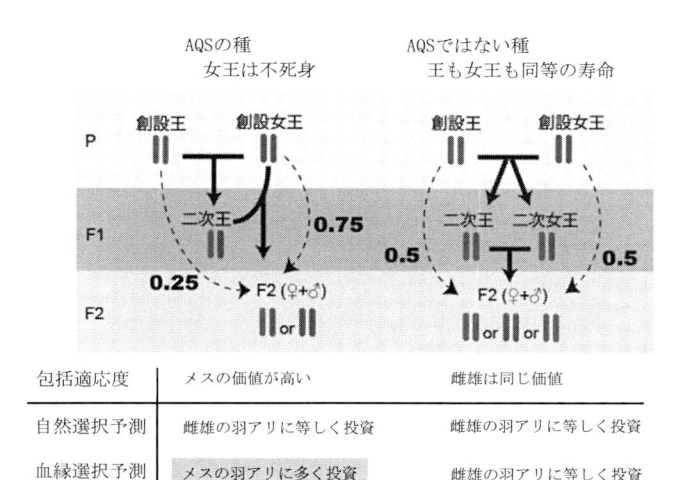

図 5.25 シロアリにおける性非対称な近親交配と血縁選択説の予測

巣のメンバーにとって、オスの有翅虫よりメスの有翅虫を多くつくる方が自分たちの遺伝子を次世代に伝える上で有利になる。

5.3.7.c 項で紹介したように、ヤマトシロアリなどでは創設女王の遺伝子のみをもつ若い二次女王が次々と交代で繁殖するため、遺伝的に創設女王は不死かつ不老であるといえる。このような繁殖様式（AQS）をもつ種では、母-息子の近親交配の方が父-娘の近親交配よりもずっと起きやすい状況にある。実際、AQSをもつ種では有翅虫の性比がメスに有意に偏っているが、逆にもたない種では偏りがない（図5.26）。両性二倍体のシロアリでは半倍数性のアリやハチのような兄弟姉妹間での血縁度の非対称はないものの、性非対称な近親交配（sex-asymmetric inbreeding, SAI）が遺伝子の伝達率に性差を生み、性比の偏りをもたらす。

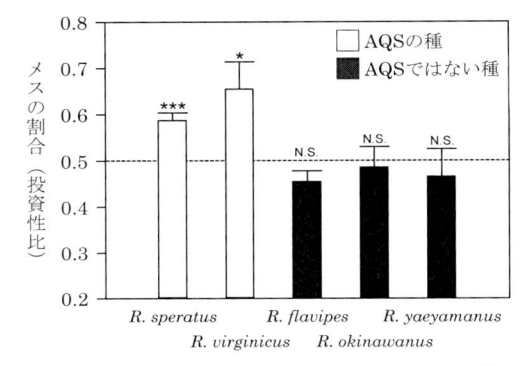

図 5.26 シロアリの性比を用いた血縁選択説の検証[35]
血縁選択説の予測通り、AQS の種では投資性比が有意にメスに偏っている。

5.6 ゲノムインプリンティングと社会行動

両性生殖を行う生物では、卵と精子の受精によって子がつくられ、子は父親と母親からそれぞれ受け継いだ2つの対立遺伝子をもっている。多くの遺伝子座では父親と母親由来の遺伝子の両方が発現するが、一方で父親由来の、あるいは母親由来の対立遺伝子のみが発現する遺伝子座もある。このように、その遺伝子が母親あるいは父親のどちらに由来するか（卵と精子のどちらを経由するか）によって子どもの遺伝子の発現が異なる現象を、ゲノムインプリンティング（ゲノム刷り込み, genomic imprinting）という（図5.27）。また遺伝子発現の違いは、DNA のメチル化（DNA 自体の化学的性質）やヒストンのアセチル化など DNA に結合するタンパク質の化学修飾に起因するもので、塩基配列の違いによるものではない。このような DNA 塩基配列の変化を伴わない遺伝子発現や表現型の変化を扱う学問分野はエピジェネティクス（epigenetics）と呼ばれ、ゲノムインプリンティングはエピジェネティクスの主要な研究対象となっている（例えば文献[55]を参照）。

ゲノムインプリンティングの進化の究極要因に関しては、D. Haig らによって理論

5.6 ゲノムインプリンティングと社会行動

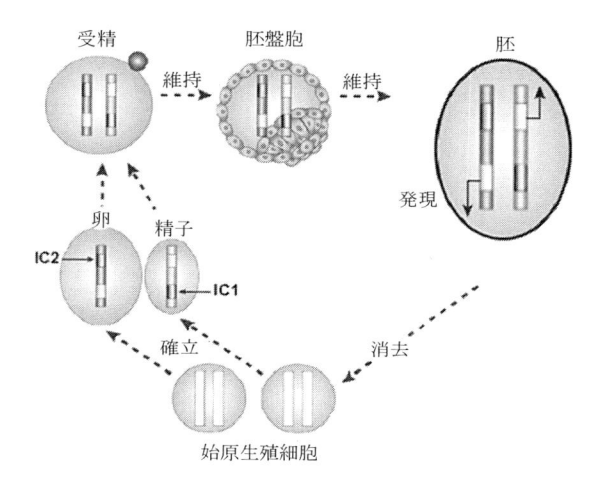

図 5.27 メチル化インプリントのサイクル（文献[55]を改変）
IC1 と IC2 はそれぞれ父系と母系のインプリンティング制御因子であり，メチル化されている．父系・母系特異的なメチル化は配偶子形成の前にいったん消去され，その後新たに確立される．

的枠組みが構築されている[19, 20]．母方遺伝子と父方遺伝子の対立の焦点は，親による子への投資にある．例えば哺乳類の母親の胎内で発達している胎仔を考えてみると，母親と胎仔は遺伝的に同一ではないので，母親からの投資をめぐって対立関係にあるともいえ，胎仔は母親にとっての最適投資量よりも多くの投資を得ようとする[62]．ここで胎仔内の母方遺伝子は，母親が次に別のオスと交配して産む子にも伝わるが，父方遺伝子が伝わることはない．このような場合，胎仔内の父方遺伝子は，母親のその後の生存や繁殖にかかわりなく，可能な限りの投資を得るよう進化する[18]．実際にハツカネズミのインプリント遺伝子のうち，父方遺伝子が発現するものには胎仔の成長促進にかかわる遺伝子が多く，逆に母方遺伝子が発現するものには成長抑制にかかわる遺伝子が多い．

社会性昆虫の行動の進化についても，近年ゲノムインプリンティングが焦点になっている[9, 53]．これまで利他行動や攻撃行動の進化を考える場合，ある個体から見て相手の血縁度がいくらか，という見方をしてきた．しかし，その個体内の母方遺伝子と父方遺伝子の立場を分けて考えてみると，両者の間で相手に対してとるべき行動が異なることもある．例えば，アリの単女王，1回交尾で創設されたコロニーにおいて，ワーカー（図 5.28 中の「自分」）の母方遺伝子から見ると，女王が産むオス卵（兄弟）への血縁度は 0.5 であるのに対し，自分以外のワーカーが産むオス卵（甥）への血縁度は 0.25 と低いので，他のワーカーが産卵するのを抑制するように作用する．一方ワー

カーの父方遺伝子から見ると，女王が産むオス卵への血縁度は 0 で，自分自身も含めワーカーが産むオス卵への血縁度は 0.5 と高くなるため，ワーカー産卵を促進するように作用する（表 5.3）．

これまで個体の血縁度として扱ってきたものは，その個体内の母方遺伝子と父方遺伝子から見た血縁度の「平均値」のことであり，その平均値から見てどう行動するべきかを予測していたといえよう．単に平均値として扱ってよいのであれば従来の血縁度による予測と大きな違いはないが，対立遺伝子間のせめぎ合いの結果は，どうやら必ずしも両者の利害の平均的な妥協点に落ち着くのではないようだ．個体レベルの生存やコロニーレベルの生産性を組み込んだシミュレーションでは，母系・父系遺伝子間の対立に負けた方が，むしろその遺伝子の適応度が高くなると予測されている．

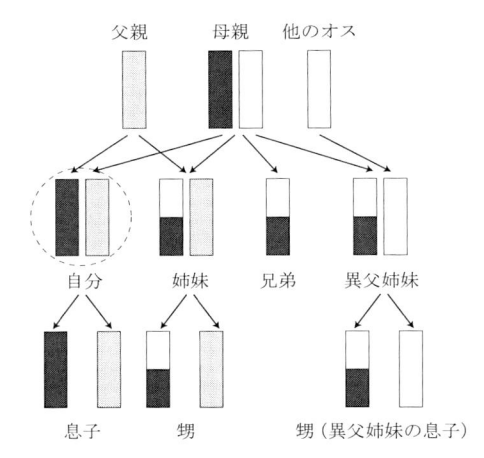

図 5.28 半倍数性生物における母系遺伝子と父系遺伝子から見た血縁度
「自分」の中の母系遺伝子と父系遺伝子からそれぞれ見た血縁度は，表 5.3 に示す．

個体の内部では，組織によって異なる母系・父系遺伝子間の対立がある．しかし，生きて行動しているのは「1 個の全体としての個体」であり，さらにその個体が構成するコロニーの繁殖を通じてのみ遺伝子は次世代へと伝えられる．したがって，ある父系遺伝子の利己的なインプリンティングが直近の適応度を高めるとしても（母系遺伝子よりも次世代に伝達されやすい状況を生んだとしても），インプリンティング自体が個体の生存や活動を損なう，あるいはコロニーレベルでの生産性を損なうならば，インプリンティングをあえて行わず，「負けて勝つ」ことが最適な選択肢となる．また，社会性昆虫が最終的に生き残って繁殖する単位はコロニーであり，個体の利己的行動

表 5.3 半倍数性の生物におけるメスの母系遺伝子と父系遺伝子から見た血縁度

	息子	兄弟	甥 （姉妹の息子）	甥 （異父姉妹の息子）	母親が n 匹のオスと交尾した場合の甥への平均血縁度
母系遺伝子	0.5	0.5	0.25	0.25	0.25
父系遺伝子	0.5	0	0.5	0	$0.5n$
平均	0.5	0.25	0.375	0.125	$0.125 + 0.25n$

がコロニーとしての生存や繁殖を害するならば，利己的行動を抑制する方向にコロニーレベルの選択が働く．つまり，ある階層の対立にとっては，その上の階層の選択が箍（たが）となっているのである．このように，遺伝子，個体，コロニー，個体群という複数レベルの選択をどうとらえ，理解していくかが，社会性昆虫学の難しいところでもあり，最大の醍醐味でもある．

5.7 自己組織化

社会性昆虫の研究で，近年特に注目されているのが自己組織化（self-organization）という概念である．

勤勉な人がしばしば働きアリにたとえられるように，人間活動が社会性昆虫のワーカーの労働に模されることがある．しかし集団で構造物をつくるような場合に，人間と社会性昆虫の間には合意形成のプロセスで決定的な違いがある．例えば，東京スカイツリーの建設にはのべ585000人がかかわったが，そこには綿密な設計図があり，総括をはじめ部門ごとにリーダーがいて，個々の作業者がトップダウンの指令に正確に従って作業していた．一方，巨大なシロアリ塚がつくられるとき，監督シロアリが設計図に基づいてワーカーに指示を出しているのでもなく，個々のワーカーが全体の進捗状況を把握しているわけでもない．単純な内部規則と局所的な情報に基づいて，それぞれのワーカーが行動を重ねた結果であるにもかかわらず，複雑で精密な塚や蟻道が見事にできあがる．これは，自己組織化システムと呼ばれる．

Camazine et al. (2001) によれば，「自己組織化とはシステムの下位レベルを構成している多くの要素間の相互作用のみに基づいて，システム全体レベルでのパタンが創発する過程である．さらに，全体パタンを参照することなしに，そのシステムの要素間で規定している相互関係の規則は，局所的な情報のみを用いて実行されている」[7]とされている．ここでの創発（emergency）とは，構成要素のもつ性質の単純な総和にとどまらない性質が全体として現れることである．局所的な構成要素間の相互作用がもつ非線形性（non-linearity：入力xと出力yの関係が直線で表せないような関係性）によって，個々の要素の性質からは単純に予測できないようなパタンが生み出される．

自己組織化によってパタンが生み出されるとき，まず集団の要素が時間的・空間的に均一ではないこと，つまりゆらぎ（fluctuation）があることが必要である．この初期のゆらぎが個体間相互作用における正のフィードバック（positive feedback）によって増幅され，個々の要素の特殊化が進む．例えばシロアリの塚形成においては，ある個体が土と唾液を混ぜてつくったセメントを塗ると，それが刺激となって次の個体にセメントを塗る行動を引き起こす．Grassé (1959) は，建設行動におけるこのような正のフィードバックメカニズムをスティグマジー（stigmergy）と呼んだ[17]．また，逆に

一定以上の情報の蓄積が次の行動を抑制するような負のフィードバック（negative feedback）が働くことにより，ゆらぎの増幅が抑制され，パタンが定常状態へと導かれる．コロニー内の労働分業など，社会性昆虫のコロニーレベルの現象は，自己組織化のプロセスと個体の不均一性の相互作用として理解される[11]．

従来の自己組織化の研究では，構成要素間の局所的な相互作用による創発のメカニズムを説明することに主眼が向けられており，適応進化について議論されることはほとんどなかった．これは，自己組織化と適応進化の概念が対立するためではなく，自己組織化の適応進化を研究するのにふさわしい材料が見つかっていないためである[11]．そのため自己組織化においては，行動アルゴリズムの種内変異は想定されていない．例えば，同じ環境条件であれば同種のコロニーは同じような巣を建設する，という前提が置かれることになる．

では，自己組織化システムの産物であり，かつ明確な種内変異（コロニー間の差）があるような，社会性昆虫の造形物はないのであろうか．近年，ヤマトシロアリが建設する蟻道に顕著なコロニー特異性があることが明らかになった（図5.29）．また，蟻道建設のコロニー間の差には，巣の内外の認識の違いが関与していることがわかっており，シロアリが揮発性のフェロモン濃度を用いて空間認識を行っていることも示唆されている．そのフェロモンに対する反応閾値のコロニー間差と，産み出される構造物のコロニー特異性の関係，さらにそのコロニー特異性の適応的意義が解明されることによって，自己組織化システムの適応進化について具体的に議論できるようになるだろう．

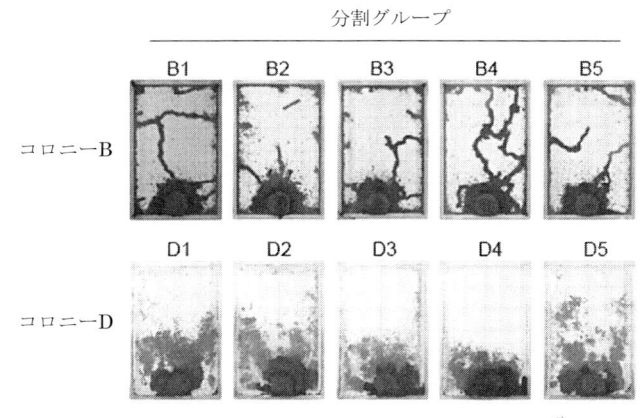

図5.29 シロアリの蟻道形成に見られるコロニー特異性（文献[47]を改変）野外で採集されたコロニー（BとD）をそれぞれ分割して400個体ずつのグループをつくって飼育し，1ヶ月後にできあがった蟻道を撮影したもの．

社会性昆虫の自己組織化は，自然現象から有用なシステムを学びとろうとする工学分野でも注目されている．鉄道や発電所など，多くの工学システムは集中管理型の運用形態をとっているが，巨大なシステムでは全体と部分の関係が見えにくくなり，一部の不具合でシステム全体がダウンする危険性や，原因の特定が困難になるという問題がある．社会性昆虫の自己組織化システムは，中枢的な意志決定機関をもつことなく，局所的な相互作用によって集団として柔軟な機能を発揮しており，その背後にあるメカニズムは，分散管理型の工学システムへの鍵となるだろう．

　自己組織化システムによって単純な構成要素が局所的相互作用によって複雑なパタンを生み出すような現象を，工学分野では群知能（swarm intelligence）と呼び，人工知能技術への応用が視野に入れられている．例えば，アリのコロニーは揮発性の道しるべフェロモンを利用して複数の餌場と巣の間をつないでいるが，より短い経路ほど道しるべフェロモンの濃度を高くすることで，より多くのアリがその経路を利用するようになり，最終的に経路の最適化が実現する．このようなアリの経路方法にならった最適化の手法はアリコロニー最適化法（ant colony optimization，ACO）と呼ばれ，フェロモン濃度や蒸発速度を変えて経路探索の集中化と多様化を強化することで，探索能力の向上が図られている．

　ロボット間の相互作用機能に群知能の考えを適用した，群ロボット（swarm robot）の研究も盛んに進められている[59]．アリの行動アルゴリズムにならったゴミ集め群ロボットや，アルコールセンサーを用いてアリの道しるべフェロモンを模したロボットシステムなどに活用が進んでいる．将来的には，群ロボットが資源探査や危険物除去作業，建設作業やレスキューなど，さまざまな場面で効果的に機能を発揮すると期待されている．

5.8　社会性昆虫学の展望

　Maynard-Smith and Szathmary（1995）は長い生物の歴史を俯瞰して，それを「階層の移行の歴史」だといった[46]．生命の誕生から，真核細胞の出現，性の分化，多細胞生物の出現，そして社会性の発達と，生物は新たな階層を獲得しながら進化してきた．これらの階層の移行は，遺伝情報が次の世代へと受け継がれていく方法の変化によってもたらされる．

　今，社会性昆虫の研究の焦点は，ゲノムインプリンティングをはじめとする遺伝子レベルのせめぎ合いと繁殖システムの進化の関係，遺伝的多様性とコロニーの存続性，あるいは自己組織化システムにおける「創発」といった複数の階層にまたがる複雑な動力学の問題に当てられている．生態学の中でも，社会性昆虫の研究はとりわけ階層性の学問といえる．それを難解さととらえるならば，これから社会性昆虫の研究はま

すます難解な領域へと突入する．しかし，その限りなく深い面白さが伝わるならば，これからがまさに隆盛期となるであろう．そういった意味では，社会性昆虫の研究の今後の発展は，研究者たちがその世界の面白さをわかりやすく発信していく力にかかっている．

■ 引用文献

1) Abbot, P. *et al.* (2001) *Proc. Natl. Acad. Sci. USA*, **98**: 12068-12071.
2) Alexander, R. D. (1974) *Annu. Rev. Ecol. Syst.*, **5**: 325-383.
3) Aoki, S. (1977) *Kontyu*, **45**: 276-282.
4) Bartz, S. H. (1979) *Proc. Natl. Acad. Sci. USA*, **76**: 5764-5768.
5) Beshers, S. N. and Fewell, J. H. (2001) *Annu. Rev. Entomol.*, **46**: 413-440.
6) Bourke, A. F. G. (1988) *Q. Rev. Biol.*, **63**: 291-311.
7) Camazine, S. *et al.* (2001) *Self-Organization in Biological Systems*, Princeton University Press.
8) Cruz, Y. P. (1981) *Nature*, **294**: 446-447.
9) Dobata, S. and Tsuji, K. (2012) *Proc. R. Soc. B*, **279**: 2553-2560.
10) Dobata, S. and Tsuji, K. (2009) *Commun. Integr. Biol.*, **2**: 67-70.
11) 土畑重人 (2011) 社会性昆虫の進化生物学（東 正剛・辻 和希 編），pp. 326-367, 海游舎.
12) Endler, A. *et al.* (2004) *Proc. Natl. Acad. Sci. USA*, **101**: 2945-2950.
13) Engel, M. S. *et al.* (2009) *Am. Mus. Novit.*, **3650**: 1-27.
14) Fournier, D. *et al.* (2005) *Nature*, **435**: 1230-1234.
15) 深津武馬 (1999) 生物科学, **51**: 29-42.
16) Giron, D. *et al.* (2004) *Nature*, **430**: 676-679.
17) Grassé, P. P. (1959) *Insect. Soc.*, **6**: 41-83.
18) Haig, D. (1993) *Q. Rev. Biol.*, **68**: 495-532.
19) Haig, D. and Westoby, M. (1989) *Am. Nat.*, **134**: 147-155.
20) Haig, D. and Graham, C. (1991) *Cell*, **64**: 1045-1046.
21) Hamilton, W. D. (1964) *J. Theor. Biol.*, **7**: 1-52.
22) Hamilton, W. D. (1987) *Animal Societies: Theories and Facts* (Ito, Y. *et al.* eds.), pp. 81-100, Japan Scientific Societies Press.
23) 長谷川英祐 (1996) 親子関係の進化生態学：節足動物の社会（斎藤 裕 編），pp. 3-27, 北海道大学図書刊行会.
24) Helanterä *et al.* (2013) *Biol. Lett.*, **9**: 20130125.
25) Holman, L. *et al.* (2010) *Proc. R. Soc. B*, **277**: 3793-3800.
26) Hughes, W. O. H. and Boomsma, J. J. (2004) *Evolution*, **58**: 1251-1260.
27) Hughes, W. O. H. and Boomsma, J. J. (2008) *Proc. Natl. Acad. Sci. USA*, **105**: 5150-5153.
28) Hughes, W. O. H. *et al.* (2003) *Proc. Natl. Acad. Sci. USA*, **100**: 9394-9397.
29) Hughes, W. O. H. *et al.* (2008) *Science*, **320**: 1213-1216.
30) Itow, T. *et al.* (1984) *Insect. Soc.*, **31**: 87-102.
31) Kamakura, M. (2011) *Nature*, **473**: 478-483.
32) Karlson, P. and Lüscher, M. (1959) *Nature*, **183**: 55-56.
33) Keller, L. and Nonacs, P. (1993) *Anim. Behav.*, **45**: 787-794.
34) Keller, L. and Ross, K. G. (1998) *Nature*, **394**: 573-575.
35) Kobayashi, K. *et al.* (2013) *Nat. Commun.*, **4**: 2048.
36) Kutsukake, M. *et al.* (2004) *Proc. Natl. Acad. Sci. USA*, **101**: 11338-11343.
37) Liang, D. and Silverman, J. (2000) *Naturwissenschaften*, **87**: 412-416.
38) Lo, N. *et al.* (2000) *Current Biol.*, **10**: 801-804.
39) Martin, S. J. *et al.* (2002) *Nature*, **415**: 163-165.

40) 松本忠夫 (1993) 社会性昆虫の進化生態学 (松本忠夫・東 正剛 編), pp. 246-297, 海游舎.
41) Matsuura, K. (2001) *Oikos*, **92**: 20-26.
42) Matsuura, K. and Nishida, T. (2001) *Insect. Soc.*, **48**: 378-383.
43) Matsuura, K. *et al.* (2009) *Science*, **323**: 1687.
44) Matsuura, K. *et al.* (2010) *Proc. Natl. Acad. Sci. USA*, **107**: 12963-12968.
45) 松浦健二 (2005) 日生態会誌, **55**: 227-241.
46) Maynard-Smith, J. and Szathmary, E. (1995) *The Major Transitions in Evolution*, W. H. Freeman.
47) Mizumoto, N. and Matsuura, K. (2013) *Insect. Soc.*, **60**: 525-530.
48) Myles, T. G. (1988) *The Ecology of Social Behavior* (Slobodchikoff, C. N. ed.), pp. 379-425, Academic Press.
49) Nakamaru, M. *et al.* (2007) *J. Theor. Biol.*, **248**: 288-300.
50) Ohkawara, K. *et al.* (2006) *Biol. Lett.*, **2**: 359-363.
51) Ohtsuki, H. and Tsuji, K. (2009) *Am. Nat.*, **173**: 747-758.
52) Pearcy, M. *et al.* (2004) *Science*, **306**: 1780-1783.
53) Queller, D. C. (2003) *BMC Evol. Biol.*, **3**: 15.
54) Ratnieks, F. L. W. (1988) *Am. Nat.*, **132**: 217-236.
55) Reik, W. and Walter, J. (2001) *Nat. Rev. Genet.*, **2**: 21-32.
56) Schmid-Hempel, P. (1998) *Parasites in Social Insects*, Princeton University Press.
57) 柴尾晴信 (2011) 社会性昆虫の進化生物学 (東 正剛・辻 和希 編), pp. 199-240, 海游舎.
58) Slessor, K. N. *et al.* (1988) *Nature*, **332**: 354-356.
59) 菅原 研 (2011) 社会性昆虫の進化生物学 (東 正剛・辻 和希 編), pp. 368-404, 海游舎.
60) Tarpy, D. R. (2003) *Proc. R. Soc. Lond. B*, **270**: 99-103.
61) Thorne, B. L. (1997) *Annu. Rev. Ecol. Syst.*, **28**: 27-54.
62) Trivers, R. L. (1974) *Am. Zool.*, **14**: 249-264.
63) Trivers, R. L. and Hare, H. (1976) *Science*, **191**: 249-263.
64) Tsuji, K. (1988) *Behav. Ecol. Sociobiol.*, **23**: 247-255.
65) Tsuji, K. and Tsuji, N. (1996) *Oikos*, **76**: 83-92.
66) 辻 和希 (2006) シリーズ進化学 6 行動・生態の進化 (石川 統ほか 編), pp. 55-120, 岩波書店.
67) Vargo, E. L. (1997) *Naturwissenschaften*, **84**: 507-510.
68) Vargo, E. L. (2003) *Evolution*, **57**: 2805-2818.
69) Wilson, E. O. (1971) *The Insect Societies*, Harvard University Press.
70) Wilson, E. O. and Hölldobler, B. (2005) *Proc. Natl. Acad. Sci. USA*, **102**: 13367-13371.
71) 山内克典 (1993) 社会性昆虫の進化生態学 (松本忠夫・東 正剛 編), pp. 107-145, 海游舎.

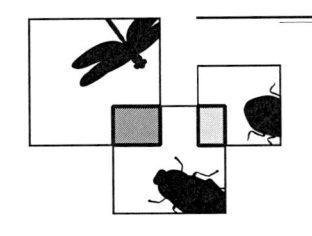

6 章
害虫の生態と管理

　昆虫の中には人類の生活と密接なかかわりをもつものが多く，このうち人類の生活に直接あるいは間接的にマイナスの影響を及ぼすものが害虫（insect pest）である．人類が生活していく上で害虫による影響をなくすためには，害虫を退治あるいは駆除することが必要であり，この行為を害虫防除（pest control）という．

　害虫防除というと，殺虫剤を使って害虫を一掃することが思い浮かぶが，実はそれほど簡単なことではない．多量の殺虫剤を使い続けると抵抗性が発達するなどの問題が起こるため，単に害虫を駆除するだけではなく，害虫とうまくつきあうための手法が考え出されている．これが本章で述べる害虫管理（insect pest management）である．

　図 6.1 に示したように，害虫管理は害虫の個体数推定に始まって，密度の変動を予測し，害虫の密度と作物の被害との関係を知った上で，被害が出そうなときにはいろいろな手段を使って防除する，という流れで進められる．害虫管理のそれぞれの段階では，これまで述べてきた昆虫生態学のさまざまな考え方や手法が使われる．とりわけ害虫の個体数推定や発生予察の際には，生活史戦略（2 章）や個体群動態（3 章）の理論が不可欠になる．また防除対策を立てる上で，天敵を使うときには生物群集の種間相互作用の知識（3 章）が，性フェロモンなどの化学成分を使うときには害虫の配偶行動に関する知識（4 章）が不可欠になる．

　以下本章では，まず害虫に特徴的な生態を紹介し，続いて害虫管理の考え方と具体的な手法，そしてこれからの害虫管理に向けた課題を紹介する．

6.1　害虫の生態

6.1.1　害虫とは

　人類は食糧生産のために作物を栽培するが，それらの作物（もともとは植物）は昆虫にとっても重要な餌資源である．昆虫が栽培作物を餌として利用することは，人間から見れば減収や品質低下につながり，その昆虫は害虫となる．農業生産物の他にも，家畜や林業生産物に損害を与える害虫もあり，それぞれ農業害虫，家畜害虫，森林害虫と呼ばれている．人類の生活自体に影響を及ぼす害虫としては，カやシラミをはじめとする吸血性昆虫や伝染病を媒介する昆虫があり，衛生害虫と呼ばれている．また，

6.1 害虫の生態

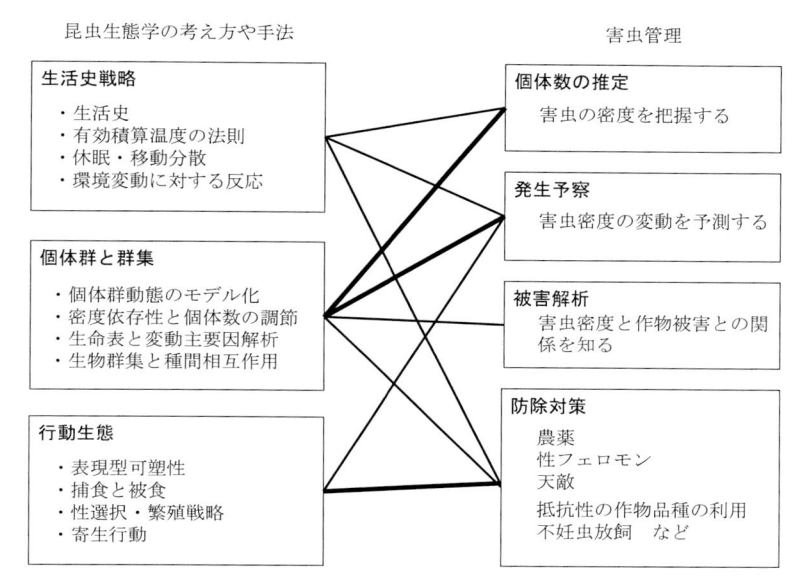

```
昆虫生態学の考え方や手法                    害虫管理

┌─────────────────────┐      ┌─────────────────────┐
│ 生活史戦略           │      │ 個体数の推定         │
│  ・生活史            │      │  害虫の密度を把握する │
│  ・有効積算温度の法則 │      └─────────────────────┘
│  ・休眠・移動分散     │
│  ・環境変動に対する反応│      ┌─────────────────────┐
└─────────────────────┘      │ 発生予察             │
                              │  害虫密度の変動を予測する│
┌─────────────────────┐      └─────────────────────┘
│ 個体群と群集         │
│  ・個体群動態のモデル化│      ┌─────────────────────┐
│  ・密度依存性と個体数の調節│   │ 被害解析             │
│  ・生命表と変動主要因解析│    │  害虫密度と作物被害との関│
│  ・生物群集と種間相互作用│    │  係を知る            │
└─────────────────────┘      └─────────────────────┘

┌─────────────────────┐      ┌─────────────────────┐
│ 行動生態             │      │ 防除対策             │
│  ・表現型可塑性       │      │  農薬                │
│  ・捕食と被食         │      │  性フェロモン         │
│  ・性選択・繁殖戦略    │      │  天敵                │
│  ・寄生行動           │      │  抵抗性の作物品種の利用│
└─────────────────────┘      │  不妊虫放飼   など   │
                              └─────────────────────┘
```

図 6.1 害虫管理と昆虫生態学の考え方や手法との関係を示す模式図
太線はかかわりがより強いことを示す.

人類の生活に実質的な損害は与えないものの,不快感を与えるような害虫は不快害虫とされている.

　害虫でない昆虫のうち,害虫に対する捕食者や捕食寄生者は天敵（natural enemy）あるいは益虫（beneficial insect）と呼ばれている.害虫でも益虫でもない昆虫については決まった呼び方はなかったが,それらの生態系の中での役割を認識するために,近年「ただの虫（neutral insect）」という呼び方が使われている[16,17]（6.3.2 項参照）.

　害虫,益虫,ただの虫という分け方は人間の立場から見たものである.生息密度の高低や栽培作物の変遷などによって,ただの虫であったものが害虫になったり,逆に害虫であったものがただの虫に戻ったり,極端な場合には絶滅が危惧されるほど減少する例もある.サンカメイガ *Scirpophaga incertulas* は,1950 年代前半までは水稲に大きな被害を及ぼす害虫であったが,高い効果を示す殺虫剤 BHC による防除で 1955 年以降は全国的に密度が低下し,今では日本全土で絶滅に近い状況にある.

6.1.2 害虫化とその要因
a. 害虫化とは
これまで害虫でなかった昆虫が害虫となることを害虫化という.また,密度が低く

大きな問題にならなかった害虫が，密度の増加によって被害を及ぼすようになる場合も同じく害虫化といい，この場合は潜在害虫（potential insect pest）の害虫化と呼ばれることもある．ただし，非害虫と害虫は密度の高低によって厳密に区別できるものではなく，人間の立場から見た相対的なものである．害虫化する要因は作物の栽培品種や栽培時期の変化によるもの，人為的なもの，気象要因の変化によるものなどさまざまである．また，植物や人間に病気を媒介するようになることも，広い意味での害虫化といえる（6.1.4 項参照）．

b. 栽培品種の変化に伴う害虫化

人類は，作物栽培の歴史の中で選抜や交配によって品種改良を進めてきた．品種改良の主な目標は，収量を高めること（多収性）や，収穫物の品質や食味を向上させること，栽培地の気候条件に適したものとすることである．近年こそ品種改良の目標として害虫に対する抵抗性が考慮されることが多いが，通常は多収性などが優先されるため，多収ではあるものの害虫が増えやすい品種が育成されることがある．育成された新しい品種を広域に栽培することによって，これまで問題にならなかった昆虫の密度が増加し，害虫化する例が数多く知られている．

水稲害虫のトビイロウンカとセジロウンカ *Sogatella furcifera* は，現在アジア地域の広い範囲でもっとも重要な害虫となっている．とりわけ，トビイロウンカは稲作後期に稲が坪状に枯れる坪枯れ（hopperburn）と呼ばれる大きな被害を引き起こす．しかし，これらの2種は太古の昔から害虫であったわけではなく，人類が品種改良を進めていく中で栽培品種の変化に伴って害虫化したものである．

トビイロウンカは，熱帯では1960年代前半までは大きな問題にならない害虫であった．契機となったのは，フィリピンにある国際イネ研究所（International Rice Research Institute，IRRI）によって，従来の約5倍という超多収の水稲品種IR8が1966年に育成されたことである．IR8は緑の革命（green revolution）を引き起こす奇跡のコメ，ミラクルライスとして一躍注目され，熱帯アジア各国に迅速に普及したが，その後各国でトビイロウンカの大発生が始まった．IR8は多収品種であると同時にトビイロウンカの増殖率が高く，栽培の拡大が密度の増加の引き金となった．

セジロウンカについても，温帯では古くから年によって多発生することもあったが，恒常的ではなかった．しかし，中国で1973年に多収性のハイブリッド米（hybrid rice）が開発され，1976年に栽培が始められたのを契機に，1970年代後半から日本を含む温帯や亜熱帯で多発生の頻度が高まった．ハイブリッド米でセジロウンカの密度が高くなる原因については文献[46]に詳しいが，交配親に使われた雄性不稔系統のイネで，セジロウンカが高い増殖率を示すことが原因とされている．

以上のように，トビイロウンカやセジロウンカが水稲栽培における重要害虫となった根本の原因には，栽培品種の変化が挙げられる．これらのウンカ類については，害

虫の多発生を抑えるために殺虫剤を多用することで抵抗性が発達してしまい，さらなる多発生が起こるという，いたちごっこのような事態に陥っている（6.2.5項参照）．

c. 栽培時期の変化に伴う害虫化

これまで潜在害虫であったものが，作物の作型（栽培時期）の変化に伴って新たに害虫化することがある．九州中南部で夏播きの飼料用トウモロコシに被害を起こす，フタテンチビヨコバイ *Cicadulina bipunctata* がその一例である．フタテンチビヨコバイ（図 6.2）はアフリカ北部からアジア・オセアニアの熱帯・亜熱帯にかけて広く分布する昆虫で，多くのイネ科雑草を寄主植物として生活している．日本では九州中南部から南西諸島にかけて古くから分布記録があったものの，1990 年代までは分布はきわめて局地的で個体数も非常に少なかった．ところが 1990 年代後半以降，九州中部を中心に個体数が増加した．

その要因としては，気候温暖化によって虫の発生時期が早期化して発生量が増加したこともあるが，作物に被害を及ぼすようになった原因として，作物の栽培時期の変化が大きく影響している．フタテンチビヨコバイは，飼料用トウモロコシにワラビー萎縮症（図 6.2）という生育障害を引き起こす．九州中南部では 1990 年代後半から飼料用トウモロコシの二期作栽培が始まったが，この栽培方法では春播きトウモロコシを 4 月に播種して 7 月中旬頃に収穫した後，7 月下旬から 8 月上旬に夏播きトウモロコシが播種される．フタテンチビヨコバイは成虫で越冬した後に，イネ科雑草の上で数世代にわたって増殖し，夏播きトウモロコシが播種される 7 月後半以降に密度が増

図 6.2 フタテンチビヨコバイの成虫（左）と加害によって萎縮した飼料用トウモロコシ（右）（写真提供：松村正哉）
体の大きさは約 3 mm．この虫の加害によって，葉脈がこぶ状に隆起して新しく出る葉の成長が抑制されるため，収量が著しく低下する．萎縮した葉が動物のワラビーの耳に似ていることから，ワラビー萎縮症と呼ばれている．

加する．そして，増加した虫が播種した直後の幼苗を加害する（図6.3）．つまり，トウモロコシの二期作栽培という新たな栽培方法の導入によって害虫化したのである[23]．

d. 生産物の等級化がつくり出した害虫

日本の水稲生産においては，玄米中の着色粒の混入率によってコメの等級が異なり，混入率が0.1%，つまり1000粒に1粒を超えると2等米，0.3%を超えると3等米，0.7%を超えると規格外にされ，販売価格が等級に応じて下落する．着色粒の大きな原因となるのがカメムシによる吸汁である．吸汁によって食害痕ができた玄米を斑点米（pecky rice）と呼び，斑点米の原因となるカメムシ類は斑点米カメムシと呼ばれている．主な種には，ホソハリカメムシ Cletus punctiger，クモヘリカメムシ Leptocorisa chinensis，ミナミアオカメムシ，アカヒゲホソミドリカスミカメ Trigonotylus caelestialium，アカスジカスミカメ Stenotus rubrovittatus がいる．日本では，コメの等級を下げないようにするため斑点米カメムシ類の発生予察を行うとともに，水田の周りにある餌となるイネ科雑草の除草や，殺虫剤によるカメムシ防除などの対策が講じられている．

e. 害虫化と遺伝的特性の変化

害虫防除によって，生き残った害虫個体群の遺伝的特性が変化することがあり，代表的なものには殺虫剤に対する抵抗性の発達や抵抗性品種に対する加害性の獲得がある（6.2.5，6.2.6項参照）．これらは，害虫個体群の中にもともと低い頻度で存在していた殺虫剤抵抗性遺伝子をもった突然変異個体が生き残り，その遺伝子が個体群中に広まることで引き起こされる．この場合には，同じ害虫種であるにもかかわらず地域によっては殺虫剤が効かないなどの問題が生じるため，従来に比べて害虫防除が困難である．そのような害虫は一般に難防除害虫と呼ばれ，施設野菜を加害するアブラムシ類，コナジラミ類，アザミウマ類，ハダニ類などが含まれる．殺虫剤抵抗性などの遺伝的特性が異なる個体群が発生したときには，害虫の個体数変動に加えて，どのような遺伝的特性をもつ個体群かを把握することも重要となる．

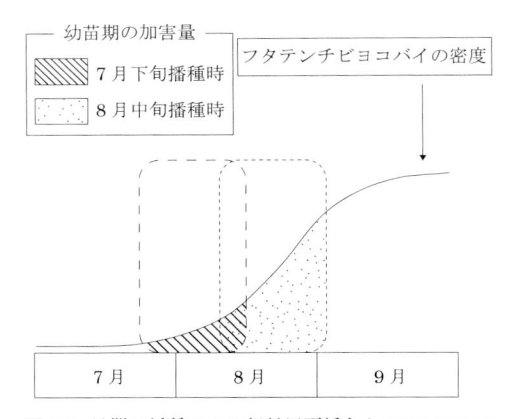

図6.3 早期の播種による飼料用夏播きトウモロコシのワラビー萎縮症の回避の概念図[23]
播種時期が早ければ幼苗期のフタテンチビヨコバイ密度は低いが，播種時期が遅くなるほど，より高密度のフタテンチビヨコバイによる加害を受ける．

6.1.3 害虫の分布拡大とその要因

a. 気候温暖化に伴う分布拡大

ミナミアオカメムシは熱帯から亜熱帯，温帯地方南部に広く分布しており，イネや大豆をはじめ多種の作物を加害する害虫である．2.6 節で述べたように，本種の分布域は近年大きく変化しており，その原因は気候温暖化によると推察されている[62]．日本におけるミナミアオカメムシの分布拡大の状況を詳しく見ると，1950 年代頃には鹿児島県や四国，和歌山県などの本州西部の南岸のみに分布していたが，1990 年までには九州のほとんどの地域で見つかるようになり，1990 年以降にはさらに分布が拡大した．2004 ～ 2005 年には海岸沿いを中心とした九州全域や，中国，四国地方，さらには関東から東海の太平洋側にかけても発生するようになった（図 6.4）．

ヤシオオオサゾウムシ *Rhynchophorus ferrugineus* は，中東から東南アジアにかけて広く分布するココヤシ，アブラヤシ，サゴヤシなどの重要害虫である．日本では 1975 年に沖縄本島で初めて発生が確認され，多くのカナリーヤシ（以下，フェニックス）が枯死する被害が起こっている．その後，1998 ～ 2000 年にかけて宮崎県，岡山県，鹿児島県，福岡県で発生が確認され[61]，このうち福岡県能古島では確認された時点よりも数年前から定着していたことがわかっている．本種はヤシ類のみを寄主植物とするため，ヤシ類が生息できない地域には定着できないが，ヤシ類さえあれば従来の分布域よりも北方まで侵入・定着できると考えられる．ヤシオオオサゾウムシの現在の分

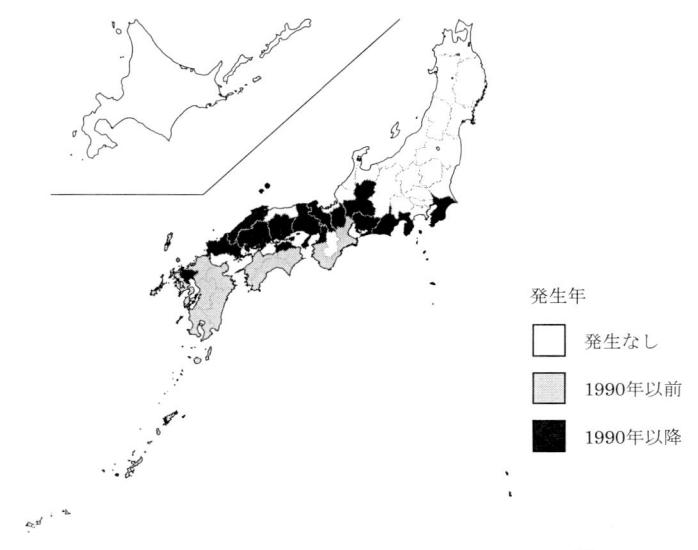

図 6.4 2011 年におけるミナミアオカメムシの分布状況（文献[28]を改変）

布北限地域の年平均気温が 15.8 〜 16.5℃ であることから，生息可能な地域は年平均気温 16.0℃ 以上になる房総半島を北限とした太平洋沿岸部と推定されており[61]，これは野外においてヤシを植栽できる地域ともほぼ一致する．こうした気候温暖化による分布拡大は，人為的な植栽を含めた植物の栽培の拡大に伴って起こることもある．

b. 人為的な持ち込みによるもの

国内に分布していない害虫が，人為的に持ち込まれる例は昔から知られている．これには，特定の目的で持ち込まれたものと，物流に伴って意図せずに偶然持ち込まれたものがある．

前者の代表例には，水稲の害貝であるスクミリンゴガイ（俗称ジャンボタニシ）*Pomacea canaliculata* がある．スクミリンゴガイは，1970 年代後半から 1980 年代に日本を含む東アジアや東南アジアに食用のために導入されたもので，原産地は南米のパラグアイ川やラプラタ川の流域と考えられている．導入されたものの，多くの国で消費者の嗜好に合わず放棄され，野生化して水田に定着した．日本では 1980 年代中頃から水田で見られるようになり，現在は関東以西の広い範囲に定着している．

後者の代表例には，街路樹の害虫であるアメリカシロヒトリがある．本種は 1945 年に東京で初めて発見されたが，アメリカ西海岸あたりからの貨物に付着して持ち込まれ，日本に定着したと考えられている．また，水稲害虫のイネミズゾウムシ *Lissorhoptrus oryzophilus* は 1976 年に日本で初めて発生が確認され，その後全国的に分布を広げた．本種はアメリカから輸入した乾草に紛れ込んで侵入したと考えられている．

アリモドキゾウムシ *Cylas formicarius* とイモゾウムシ *Euscepes postfasciatus* は熱帯から亜熱帯に分布し，サツマイモを加害して品質を著しく低下させる．これらの 2 種は日本では移動を規制する対象害虫に指定され，寄主植物のサツマイモや近縁野生植物の発生地からの移動が規制されている．本来分布していない鹿児島県などで何度か偶発的に発生したことがあるが，このような発生は虫が寄生したサツマイモが人為的に持ち込まれて起こったと考えられている．ただし，侵入のつど根絶防除がなされたため，その後の継続的な発生は見られていない．

近年は多くの作物で国際的な輸出入の機会が増えていることから，輸入農産物に付着して害虫が持ち込まれるリスクが高くなっており，植物検疫（plant quarantine）の際の重要な問題になっている．とりわけ，コナジラミ類やハダニ類などの微小害虫では，輸入された農作物に殺虫剤抵抗性が発達した害虫が付着して，抵抗性が未発達の地域に持ち込まれるリスクが高くなっている．このようなリスクを防ぐためには，微小害虫の簡易かつ正確な同定や診断手法が必要となる．DNA バーコーディング（DNA barcoding）は，特定の短い塩基配列（DNA バーコード）を用いて生物を同定する手法である[8]．微小害虫の同定はこれまでの形態分類ではきわめて難しかったが，このような手法の導入によって同定の作業を大幅に簡素化できるため，現在実用化が進め

られている.

6.1.4 害虫の特性
a. 個体群特性

害虫の個体群特性はさまざまで, 必ずしも決まった特性をもつものが害虫になるとは限らない. ハダニ類などでは, 内的自然増加率 (3.1.2 項参照) が高い種が多く, 発育期間がきわめて短いことが増殖率の高さに寄与している. 発育期間が短い害虫は栽培期間中の発生世代数が多くなることから, 個体群の増加が早期に起こりやすい. また, 害虫の食性は単食性のものから広食性までさまざまであるが, ハスモンヨトウ *Spodoptera litura* のように幅広い作物を加害できる広食性の種は害虫になりやすい. さらに, 侵入害虫イネミズゾウムシのように単為生殖する害虫は, 侵入先で早期に分布拡大するために有利である.

ウンカ類やコブノメイガ *Cnaphalocrosis medinalis* のように高い移動性をもつ害虫は, 気流に乗って国を越えて広域的に移動するため, 周年発生できない地域においても季節的に分布を広げることができる. ウンカ類とトビバッタ類には, それぞれ翅二型と相変異があり, 生息場所の個体群密度が高くなると移動型である長翅型や群生相が出現して, 新たな生息場所に移動する (2.4.5 項参照). 翅二型や相変異をもつ害虫には, 広域的な害虫になっているものが多いが, これは移動型が広域に移動するだけでなく, 増殖率が高い短翅型が好適な条件で出現して, 個体群密度をすばやく増加させることができるためである. このような害虫では, 翅二型の発現メカニズムや環境要因と短翅型の出現率との関係を明らかにすることが害虫管理の上で重要である.

b. 植物ウイルスの媒介

害虫の中には作物にウイルス病を媒介する種が多く, 主なものにはウンカ・ヨコバイ類, アブラムシ類, コナジラミ類, アザミウマ類がある.

アジア地域の水稲を加害するウンカ・ヨコバイ類は, 主要な種すべてが種によってそれぞれ異なるウイルス病を媒介する (表 6.1). トビイロウンカはイネラギットスタントウイルス (RRSV) とイネグラッシースタントウイルス (RGSV) を媒介し, ベトナム南部のメコンデルタでは 2000 年代後半にこの 2 種のウイルス病の多発生が起こった. RRSV と RGSV が重複感染すると病徴が激しくなり, イエローイング・シンドローム (yellowing syndrome) と呼ばれる状態になる.

ヒメトビウンカは, イネ縞葉枯ウイルス (RSV) とイネ黒すじ萎縮ウイルス (RBSDV) を媒介する. ヒメトビウンカとイネ縞葉枯病は, 2000 年代前半から中国・江蘇省のイネ・小麦二毛作地帯を中心に多発生しており, ウイルスをもったヒメトビウンカが小麦の収穫後に中国から日本や韓国に飛来している[39].

セジロウンカは上記の 2 種と異なり, これまでウイルス病を媒介しないとされてい

表 6.1 アジア地域のウンカ・ヨコバイ類が媒介するウイルス病

種	媒介ウイルス病とウイルス名
トビイロウンカ	イネラギットスタント病（Rice ragged stunt virus，RRSV） イネグラッシースタント病（Rice grassy stunt virus，RGSV）
セジロウンカ	イネ南方黒すじ萎縮病（Southern rice black streaked dwarf virus，SRBSDV）
ヒメトビウンカ	イネ縞葉枯病（Rice stripe virus，RSV） イネ黒すじ萎縮病（Rice black streaked dwarf virus，RBSDV）
ツマグロヨコバイ	イネ萎縮病（Rice dwarf virus，RDV）
クロスジツマグロヨコバイ	イネトランジトリーイエローイング病（Rice transitory yellowing virus，RTYV）
タイワンツマグロヨコバイ	イネツングロ病（Rice tungro bacilliform virus，RTBV；Rice tungro spherical virus，RTSV）
イナズマヨコバイ	イネ萎縮病（RDV） イネツングロ病（RTBV，RTSV）

図 6.5 セジロウンカが媒介するイネ南方黒すじ萎縮病の病徴（写真提供：酒井淳一）
左：イネ南方黒すじ萎縮病による萎縮株（左の株，右側は正常株），右：典型的な病徴（葉先のねじれ）．

たが，2008 年に新種のイネ南方黒すじ萎縮ウイルス（SRBSDV）を媒介することが報告された[63]（図 6.5）．このウイルス病は 2001 年頃に中国で最初に発見され，その後 2008 年以降に中国やベトナム北部に拡大し，2010 年には日本でも確認された．セジロウンカがなぜこのウイルスを新たに媒介するようになったかは不明であるが，イネ単食性でありながら多くのイネ科雑草の上で吸汁行動を示すため，この過程で雑草に感

染したウイルスが取り込まれた，あるいはウイルスそのものが変異してセジロウンカと親和性をもつようになったことが考えられる．

野菜害虫のタバココナジラミ *Bemisia tabaci* は世界的に広く分布している難防除害虫であり，野菜類のウイルス病の原因となるトマト黄化葉巻ウイルス（TYLCV）とウリ類退緑黄化ウイルス（CCYV）を媒介する．TYLCV は 1996 年に，CCYV は 2004 年に日本で初めて発生が認められ，西日本を中心に発生が急速に拡大した．ウイルスの系統解析から，現在日本には複数の TYLCV 系統が存在することがわかっている．このことは，タバココナジラミが，系統の異なるウイルスをもって複数回にわたって日本に侵入したことを意味している．

6.1.5 地域による害虫の生態の違い

同じ害虫種でも，地域によって個体群動態や遺伝的な特性が異なることがあり，害虫管理の方策を立てる際にはこのような地域特性をよく理解しておくことが重要である．3 章で述べた個体群生態学の手法を駆使して，温帯と熱帯の間で個体群動態や個体群特性を比較した研究が水稲害虫のトビイロウンカで行われている[44, 57]．以下その詳細を見てみよう．

a. 温帯と熱帯における個体群動態の違い

日本のような温帯では，トビイロウンカの寄主植物はイネに限られるため，冬にイネがなくなる日本では越冬することができない．また毎年の初期侵入密度は，海外からの飛来数に依存するため，一般に低くかつ年次変動が大きい．ところが，侵入後の個体群増殖率と平衡密度（最終的な密度）は高く，それらの年次変動も大きい（表6.2）．江戸時代の享保の大飢饉の原因はウンカの大発生であるとされているように，トビイロウンカは昔からときに温帯で大発生を引き起こし，稲作に大きな被害をもたらしてきた．一方，周年発生できる熱帯では初期の侵入密度は高いものの，その後は高密度で産卵数が減少し長翅型となって生息場所から移出するなど個体数の調節機構が強く働くため，増殖率と平衡密度は低く年次変動も小さい（表6.2）．これが 1970 年代

表6.2 熱帯と温帯におけるトビイロウンカの個体群動態の違い[26]

	熱帯	温帯
生活環	周年発生	越冬不可能
初期侵入密度	高い	低い（飛来に依存）
個体数調節機構	強い	弱い
年次変動	小さい	大きい
天敵相とその働き	豊富で強い（天敵が激減するとウンカ多発）	貧弱で弱い
増殖率と平衡密度	低い	高い

以前まで，熱帯ではトビイロウンカが重要害虫と認識されていなかった理由である．

　温帯と熱帯における個体群動態の違いの主な原因として，両地域の天敵の種類や密度の違いが挙げられている．熱帯では天敵の種類が多く密度も高く，後述するようにウンカ個体群を抑制する働きが強い．一方，温帯ではウンカが越冬できないため天敵相も熱帯に比べて貧弱であり，加えて田植え前の代かき作業で撹乱が起こるため，水田初期の天敵の密度は熱帯と比べてきわめて低い．このため，天敵による害虫密度の抑制効果は一般に弱いと考えられている．1980年代に，国際協力事業団（JICA）のプロジェクトによって，インドネシアやマレーシアの水田において詳細なトビイロウンカの個体群動態についての研究が進められ，このようなウンカの大発生がなぜ起こるのかが明らかにされた[44, 57]．

　インドネシアの周年栽培地帯（天水や小規模灌漑に頼り，生育段階の異なるイネが混在する地帯）では，同期栽培地帯（灌漑との関係で一斉に栽培する地帯）に比べてトビイロウンカの増殖率が低く抑えられている．その理由として，周年栽培地帯では同期栽培地帯に比べて天敵類の働きが強く，それが増殖率やピーク密度を低く抑えていることがわかっている．また，年二期作の同期栽培地帯では，第一作（雨期作）とそれに続く第二作（乾期作）でトビイロウンカの増殖パタンが大きく異なり，第一作では天敵の働きが弱く個体数変動が大きいこと，第二作では個体数の調節機構の働きが強いとともに天敵の効果も大きいこともわかっている．

　マレーシアの直播水田においても，イネの作付け体系と休閑期の設定がトビイロウンカとセジロウンカの個体群動態に大きく影響している．マレーシアでは第一作が乾期作となるが，乾期作の前に設定された休閑期後の播種時期の早い水田ほどウンカ類の密度が高い．つまり，乾期作の前に設定された休閑期がウンカ類のみならず天敵類にも壊滅的な打撃を与え，それがウンカ類の多発生の原因となっている．これに対して第二作では，イネの作期が多少なりとも第一作と重なるため天敵相が保存され，天敵の活動によってウンカ類の密度が抑制されていると考えられている．

b． 温帯と熱帯における遺伝的特性の違い

　害虫の遺伝的特性にも熱帯と温帯とで違いが見られ，トビイロウンカの抵抗性イネ品種に対する加害性の程度や殺虫剤に対する抵抗性の程度が異なることが知られている（6.2.5，6.2.6項参照）．これらの特性は両地域で栽培されるイネの品種特性の違いなどの影響を受けて変化する．

　さらに，熱帯と温帯ではウンカの翅型発現性（短翅型の出やすさ）が異なることが知られている．トビイロウンカとセジロウンカについては，密度が低いなどの好適な環境では，翅が短く飛翔できないものの増殖率の高い短翅型が出現する．短翅型の出現率は熱帯と温帯で大きく異なり，熱帯個体群では概して短翅率が高い[30]．翅型発現性の他にも，トビイロウンカの温帯個体群（ベトナム北部やベトナム北部から日本に

飛来した個体群）は熱帯個体群に比べて産卵前期間が長く，絶食耐性が高い[58, 59]．これらのことから，温帯では移動に適した個体群が，熱帯では短翅型の出現率が高く増殖に適した個体群が，それぞれ分布すると考えられる．

このような地域による特性の違いがどのように生じたのか，その進化的メカニズムはわかっていない．1つの可能性としては，亜熱帯から温帯にかけてはウンカ類の生息場所が季節的に不安定であるため，移動力の高い個体が長い年月をかけて選択され，その結果として熱帯と比べて長翅率が高い（短翅率が低い）ことが考えられる．

6.2 害虫管理

6.2.1 害虫管理の考え方と手順

a. 総合的害虫管理

有機合成殺虫剤は20世紀中頃に開発され，その後農業害虫や衛生害虫の防除に広く使われるようになった．戦後の有機合成殺虫剤の多用は，対象害虫に対する高い防除効果の反面，R. Carsonの代表的な著書『沈黙の春』で警告されているように，環境に対してさまざまな弊害をもたらした．また，殺虫剤抵抗性（insecticide resistance）や誘導多発生（リサージェンス，resurgence）なども多くの害虫で顕在化し（6.2.5項参照），殺虫剤に依存した害虫防除の見直しが迫られてきた．そこで1960年代後半から1970年代にかけて，国際連合食糧農業機関（FAO）を中心とした論議の中から総合防除（integrated control）の考え方が提唱され，その後この考え方は総合的害虫管理（integrated pest management, IPM）へと発展した．

総合的害虫管理は，「あらゆる適切な防除手段を相互に矛盾させないかたちで使用し，経済的被害を生じさせるレベル以下に害虫個体群を減少させ，かつ低いレベルに維持させるための害虫個体群の管理システム」と定義される[35]．この定義には3つの重要な考え方，すなわち複数の防除手段の合理的な組み合わせ，経済的被害許容水準（economic injury level, EIL），害虫個体群のシステム管理が含まれる．なお，IPMは害虫分野で先行して理論が構築されたため総合的害虫管理と呼ばれているが，現在では害虫のみならず，有害動物や病原微生物，雑草の防除をも含むため「総合的有害生物管理」と訳されることもある．

b. 害虫管理の手順

害虫管理は，ターゲットとなる害虫の選定から始まり，密度の把握から防除手段の選択と実際の防除までを含む1つのシステムとしてとらえることができる（図6.6）．まず最初に対象とする害虫（キーペスト，key pest）を設定し，密度を推定する．この理論的基盤となるのは個体数推定の理論であり，害虫個体群の分布様式の解析，必要標本数と目標精度を設定したサンプリング計画の決定，および効率的な個体数調査法

6章　害虫の生態と管理

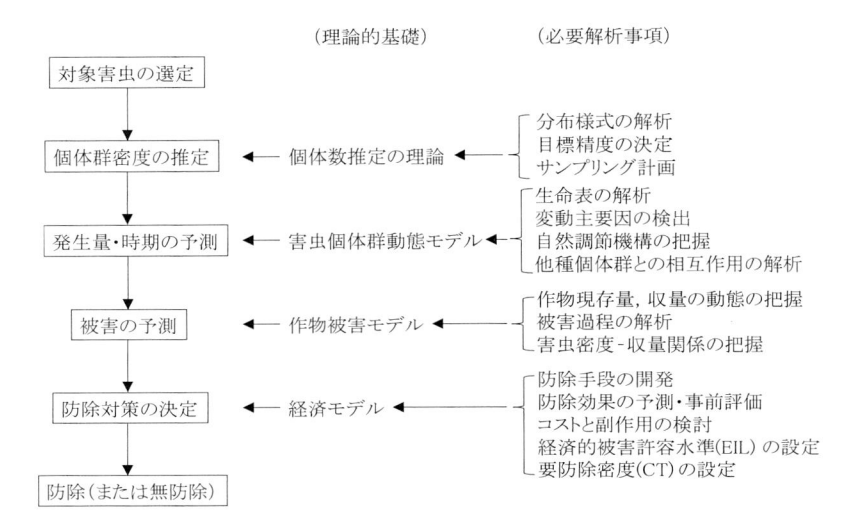

```
                    （理論的基礎）         （必要解析事項）
    ┌──────────┐
    │対象害虫の選定│
    └─────┬────┘
          ↓                              ┌─分布様式の解析
    ┌──────────┐                         │ 目標精度の決定
    │個体群密度の推定│ ← 個体数推定の理論 ←─┤ サンプリング計画
    └─────┬────┘                         └
          ↓                              ┌─生命表の解析
    ┌──────────┐                         │ 変動主要因の検出
    │発生量・時期の予測│ ← 害虫個体群動態モデル ←─┤ 自然調節機構の把握
    └─────┬────┘                         └ 他種個体群との相互作用の解析
          ↓                              ┌─作物現存量，収量の動態の把握
    ┌──────────┐                         │ 被害過程の解析
    │被害の予測   │ ← 作物被害モデル ←─────┤ 害虫密度-収量関係の把握
    └─────┬────┘                         └
          ↓                              ┌─防除手段の開発
    ┌──────────┐                         │ 防除効果の予測・事前評価
    │防除対策の決定│ ← 経済モデル ←─────────┤ コストと副作用の検討
    └─────┬────┘                         │ 経済的被害許容水準(EIL)の設定
          ↓                              └ 要防除密度(CT)の設定
    ┌──────────┐
    │防除(または無防除)│
    └──────────┘
```

図 6.6　害虫管理のシステム（文献[18]を改変）

の開発が必要である．なお，個体数推定の理論と解析法については文献[19]を参照されたい．

　続いて，得られたデータに基づいてその後の害虫の発生量と発生時期を的確に予測する必要がある．ここでは対象害虫を中心とした圃場での個体群動態モデルをつくり，個体数がどのように変動するのかを把握する必要がある．そのためには，3章で述べた個体群動態の理論が大いに役立つ．生命表の解析によって個体数の変動主要因を検出し（3.1.5, 3.1.6 項参照），天敵の害虫に対する密度調節の機能についても明らかにしておく必要がある．

　次の段階は被害の予測であり，作物被害モデルとして，害虫密度と作物収量および作物被害との関係を作物の生理状態や生育ステージを含む形で定式化する必要がある．害虫密度は時間とともに変化し，それに応じて作物の被害も変化するため，ここでも個体群動態の理論が重要となる．

　以上の情報に基づいて EIL が設定され，さらに害虫密度が EIL に達することを防ぐために，事前に防除を行う際の指標，すなわち要防除密度（および防除の適期）が設定される．EIL を決定する際には，害虫と作物との関係などの生物的な要因に加えて，防除のコストや副作用（殺虫剤抵抗性，人間や環境，生態系に対する影響）などの社会・経済的な要因を組み込むことが必要である．以上がシステムとしてとらえた害虫管理の概念であり，実際の防除現場での発生予察は，このうち個体群密度の推定から防除対策の決定までの考え方に沿って行われる．

6.2.2　害虫防除手段

総合的害虫管理においては，複数の害虫防除手段を合理的に組み合わせることが考え方の基本である．個々の害虫防除手段は働きかける対象によって，害虫に対する手段，害虫の寄主植物に対する手段，環境に対する手段の3つに分けられる．

害虫に対する手段には，化学的防除（chemical control），物理的防除（physical control），生物的防除（biological control），生殖制御による防除（reproductive control）などがある．化学的防除には，現在広く使われている有機合成殺虫剤の他，性フェロモン剤による大量誘殺（フェロモンの強い誘引性を利用して害虫を1ヶ所に集めて殺すこと）や交信撹乱（雌雄のフェロモン交信を合成フェロモンで妨害して交尾率を下げること）のように害虫の行動を制御する防除法も含まれる．物理的防除には，防虫ネット，光や音を利用した害虫の誘殺や忌避，資材を使った果実の袋かけ，紫外線除去フィルムの利用，熱水や太陽熱による土壌消毒などがある．生物的防除には，土着天敵の保護と活用，伝統的生物的防除，有用天敵の増殖と放飼などがある．生殖制御による防除には，不妊虫の放飼による根絶防除がある．この他，法的な規制によって移動が制限される害虫もあり，これは植物検疫によって防除が行われる．

害虫の寄主植物に対する手段には，耕種的防除（cultural control）があり，代表的なものには抵抗性品種の利用がある．また，作物の栽培時期の移動や輪作・混作，おとり作物や対抗植物の栽培もこれに含まれる．

環境に対する手段は，作物の栽培圃場の周辺で害虫の発生源となる雑草を除去する方法などがある．この場合には，斑点米カメムシ類の密度を減らすための畦畔除草のように，個々の農家だけでなく広域的に行うことが有効である．

これらの害虫防除手段は，その目的から見ると次の2つに分けられる．1つは，害虫が発生しにくい環境をつくるための手段で，害虫の発生量にかかわらず事前に講じる手段である．これには，耕種的防除としての栽培時期の移動や抵抗性品種の利用，土着天敵の保護と利用，日本の水稲栽培における育苗箱施用殺虫剤のような化学的防除などが含まれる．これらは予防的措置として行われることが多い．もう1つは6.2.1項で示したように害虫の発生量が経済的被害許容水準を超えると判断されるときの手段で，一般的な殺虫剤散布や天敵の放飼（この場合は生物農薬的な利用）などが含まれる．それぞれの防除法の特徴の詳細については文献[51]を，生物的防除の詳細については文献[31]を参照されたい．

これらの害虫防除手段をうまく利用するためには，本書で述べてきた昆虫生態学のさまざまな理論や手法が大いに役立つ．いくつかの例を挙げると，性フェロモンの利用や耕種的防除においておとり作物や対抗植物を利用する際には昆虫の配偶行動などの行動生態学の知見が欠かせない．また，生物的防除においては，捕食・寄生などの種間関係の理論のみならず生物群集の間接的な相互作用なども考慮する必要がある．

6.2.3 発生予察
a. 長距離移動性害虫の飛来予測と飛来源推定

トビイロウンカとセジロウンカは,毎年梅雨期に下層ジェット気流に乗って中国南部から日本に飛来し,日本の水田で増殖を繰り返す.このような害虫の発生予察では,いつ,どこに飛来するかを予測することが,その後の防除対策のために重要である.また,ウンカ類の殺虫剤抵抗性の発達程度には地域による違いがあるため（6.2.5項参照）,飛来源を予測することも重要である.このため,気象情報を利用したウンカ類の飛来予測モデルがつくられている.

ウンカ類の飛来予測モデルは,上空の風の動きを予測する数値予報モデルと,ウンカの大気中での動きを計算するシミュレーションモデルから構成されている.後者は放射能影響予測システム（SPEEDI）で使われる粒子分散モデルが原型となっており,日本原子力研究開発機構と農業・食品産業技術総合研究機構との共同研究によって開発された[37].飛来予測モデルには,ウンカの飛翔特性のパラメータ,すなわち飛来源で明け方や夕方に飛び立つことや,飛翔中は飛翔方向がランダムであること,ある温度より低い領域（それより上空の領域）には侵入しないことが組み込まれている（図6.7）.この飛来予測システムは植物防疫情報ネットワーク（JPP-NET）上で運用されており,梅雨時期を中心に毎日予測が行われ,病害虫防除研究者や指導担当者に活用されている.飛来があると予測されるときには,自動的に電子メールで通知される.

ヒメトビウンカはトビイロウンカと異なり日本でも越冬できるが,2000年代以降に中国東部の江蘇省を中心としたイネ・小麦二毛作地帯で大発生しており,麦刈りの時

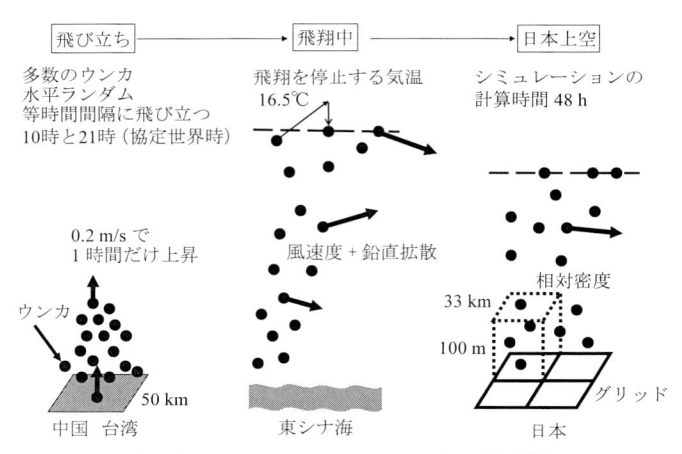

図 6.7 飛来予測シミュレーションモデルの概念図（文献[38]より作成）

期にあたる6月上旬に日本や韓国に飛来することがわかってきた．そのため，ヒメトビウンカの飛来予測システムについても作成が進められており，飛来源の江蘇省での年始めからの有効積算温度（2.2節参照）に基づくウンカの飛び立ち時期の推定が，従来のモデルに付け加えられている[40]．

　ウンカの飛来源の解析には，後退流跡線解析（backward trajectory analysis）という手法が使われる．ネットトラップなどでウンカの飛来があった日を起点として，飛来地点の上空から風のデータを利用して気流をさかのぼることで飛来源が推定できる．この解析には過去の気象データも利用することができ，アメリカ海洋大気庁（NOAA）のHYSPLITモデルを使って解析できる．ウンカの長距離移動説の契機となった，1967年7月17日に南方定点の気象観測船上で観察された歴史的なウンカの大量飛来のイベントを解析したところ，この日に気象観測船上に大量飛来したウンカの飛来源が，中国南部の福建省付近であったと推定されている（図6.8）．

　野菜害虫のハスモンヨトウは，従来は西南暖地の施設栽培ハウスなどで越冬し，その後の世代が関東以南で秋期に大発生を起こすと考えられていた．ところが，台湾，中国，韓国，日本での性フェロモントラップデータと後退流跡線解析によって，春から初夏に日本や韓国で捕獲されるオス成虫が，中国南部や台湾から気流に乗って長距離移動している可能性が強く示唆されている[54]．以上のように後退流跡線解析は，過去の事象であっても飛来した日がわかれば，あらゆる昆虫の飛来源推定に適用できる．

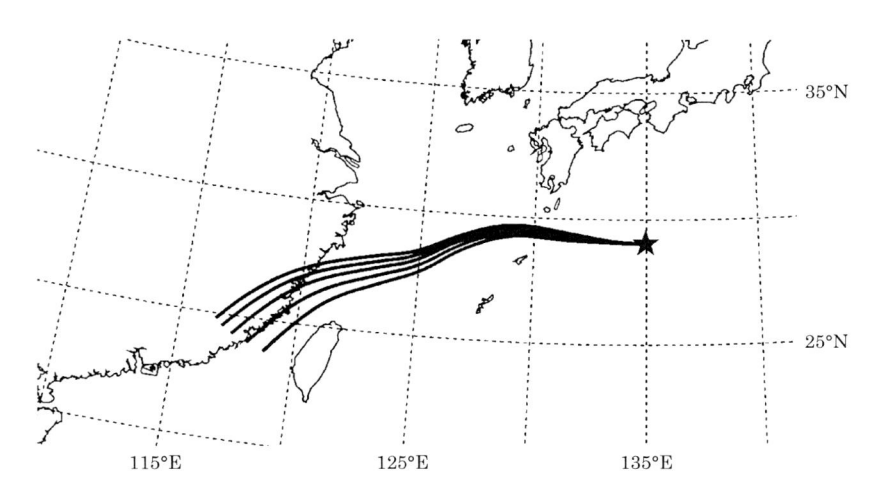

図6.8 後退流跡線解析の一例（文献[41]を改変）
★印は観測船の位置を示す．観測船の上空800〜1200 m（100 mおき）の地点を，飛来が起こった1967年7月17日午前0時に出発し，14日夕方まで2日間ほどさかのぼった結果である．ウンカは野外での観察から，明け方や夕方に水田から飛び立つことがわかっている．

b. JPP-NET を利用した果樹害虫の発生時期予測

カンキツの害虫チャノキイロアザミウマ *Scirtothrips dorsalis* は，静岡県などの中部日本では年7～8世代を経過する．また本種は寄主範囲が広く，周辺のいろいろな植物で増殖した後にカンキツ園に飛来する．本種は低密度でも果実に被害を及ぼすため，発生予察ではカンキツ園への飛来時期を予測することが重要である．昆虫の発育は有効積算温度の法則（2.2節参照）に従うため，各世代の発生ピークを気温データから有効積算温度を使って計算すれば，各世代の成虫羽化時期に活発となる移動分散の時期を予測できる．JPP-NET では現在，アメダス地点の実測値や平年値のデータを使って有効積算温度がリアルタイムで計算できるようになっており，地域ごとの成虫発生時期を予測し，インターネットや FAX で情報提供されている[21]．

チャの害虫クワシロカイガラムシ *Pseudaulacaspis pentagona* の防除適期は，幼虫の孵化・定着期のわずか3～4日間に限られ，それ以外では防除効果が著しく低下することから，チャの難防除害虫となっている．このため孵化時期を正確に予測することが重要で，これについても有効積算温度の法則を利用した孵化最盛期の予測手法が確立されており[42]，JPP-NET の病害虫発生予測システムに組み込まれている．

c. 合成性フェロモンを使った発生予察

斑点米カメムシ類やニカメイガに対しては，合成性フェロモンを使った発生予察が行われている．斑点米カメムシの一種であるアカヒゲホソミドリカスミカメは，メスが性フェロモンを出してオスを誘引するが，この性フェロモンの主な3つの成分が同定され合成性フェロモンがつくられている．合成した3成分の混合比率と誘引効率との検討から誘引性がもっとも高い混合比が明らかにされた他，野外での誘引試験によって1ヶ月間その効果が持続することがわかっている．斑点米カメムシ類の発生調査法は，従来は捕虫網を使ったすくい取り法が標準であったが，合成性フェロモントラップを使ってもすくい取り法と同様の精度で推定できる[10]．別の斑点米カメムシ類であるアカスジカスミカメや，長距離移動性の水稲害虫コブノメイガについても，発生予察に合成性フェロモンを利用することが検討されている．

合成性フェロモンは，水稲害虫に限らず多くの野菜害虫や果樹害虫で同定され，それを利用した発生予察が行われている．最近ではカキを加害するフジコナカイガラムシ *Planococcus kraunhiae*[52]，ナシを加害するナシマダラメイガ *Acrobasis pyrivorella*[27] の性フェロモンがそれぞれ同定され，合成性フェロモンを使った誘引剤が発生予察に使われている．

6.2.4 経済的被害許容水準と要防除密度

経済的被害許容水準（EIL）は総合的害虫管理の中心的な考え方の1つであるが，害虫密度と被害あるいは損害額との関係が単純ではないのに加えて，防除のための費用

（cost）やそれに見合う収益（benefit）の増加などの経済的な関係が含まれるため，厳密な定式化は難しい．中筋（1997）はこれまでの多くの定式化を整理し，害虫密度を防除が利益を生むか否かによって3つの領域に分け，その上でEILを定義している（図6.9）．第一領域は防除の必要がない領域，第二領域は最適な防除がある領域，第三領域はもはや防除できない領域である．この図から，EILは密度D_2，すなわち「ある密度の害虫をコスト・ベネフィット関係に基づいて最適に防除したとき，収益増加量＝防除費用となる密度の最大値」と定義することができ，そのときの防除の目標は害虫密度をD_1まで下げることである．

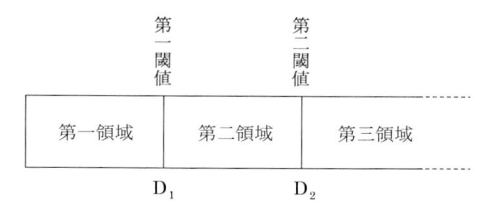

図6.9 害虫密度と経済的被害許容水準（EIL）の関係を示す概念図（文献[34]より作成）
害虫密度D_2がEILになり，防除の目標は害虫密度をD_1に下げることである．

EILがこのように定義できたとしても，実際の防除現場ではEILに達することを事前に予測して，密度を下げるための防除手段を講ずる必要がある．実際に防除を決断するときの害虫密度を要防除密度（control threshold, CT）と呼ぶ．CTを決めるためには，EILに至るまでの害虫密度の時間的な変動の予測が必要となる．

実際の作物栽培では，対象となる作物を加害する害虫は1種類とは限らないし，作物の生育段階に応じて加害種が異なることもあり，害虫密度と被害との関係は時間的に大きく変動すると考えられる．このため，EILも時間的に変動するもの（時間依存的EIL，または動的EIL）としてとらえる必要がある[14]．

以上のようにEILとCTはきわめて複雑な考え方であり，厳密なEILを決めるのは大変難しいが，実際の発生予察の現場では密度と被害との関係の過去の経験的なデータや被害解析試験に基づいて，いろいろな作物と害虫で暫定的なEILあるいはCTが定められている[35]．これは防除の目安などと呼ばれ，害虫密度が暫定的な基準を超えそうなときに防除指導の情報を流す，という手順で発生予察が進められている．

6.2.5 化学的防除と殺虫剤抵抗性
a. 殺虫剤の種類と作用特性

現在広く使われている殺虫剤の種類を作用別に分けると，有機リン系，カーバメート系，ピレスロイド系およびオキサジアニン系の殺虫剤は，昆虫のコリン作動性神経系に作用するもので，アセチルコリンエステラーゼの活性を阻害したり，ナトリウムイオンチャンネルの働きを阻害したりする．ネオニコチノイド系やネライストキシン関連化合物は，シナプス後膜にアセチルコリン受容体のアゴニスト（受容体分子に働

いて神経伝達物質と同様の機能を示す薬剤）として働く．マクロライドやフェニルピラゾール系の殺虫剤は，抑制性神経シナプスにある GABA 受容体の阻害剤である．

神経系に作用する殺虫剤とは全く別の働きをするものとして，昆虫成長制御物質（insect growth regulator, IGR）があり，昆虫の脱皮の際のキチン合成を阻害するものや，昆虫の脱皮ホルモンや幼若ホルモン（JH）の作用を有する化合物がある．近年開発された殺虫剤の中には，ピメトロジンのように詳細な作用機作が不明なものもあり，昆虫に対して致死作用はないものの摂食行動を阻害するものが多い．

b. ウンカ類の殺虫剤抵抗性

殺虫剤を使った化学的防除は広く行われているが，それに伴って殺虫剤抵抗性の問題が多くの害虫で起こっている．ここでは一例として，2000 年代後半に問題化したウンカ類の殺虫剤抵抗性について見てみよう．

害虫の殺虫剤抵抗性の発達は，散布した場所で殺虫剤に強い個体が生き残ることで生じる．ウンカ類の殺虫剤抵抗性の特徴は，飛来源地帯での殺虫剤の多用によって抵抗性を発達させた虫が多発生し，それがわが国に飛来することである（6.2.3 項参照）．このため，殺虫剤抵抗性に対する対策を考える上では，飛来源地帯を含めた抵抗性の動向を知ることが重要になる．

このような理由から，日本では 1960 年代後半からウンカ類の殺虫剤抵抗性について，微量局所施用法によって主な殺虫剤に対する半数致死薬量（LD_{50} 値）が継続的に調査されており，1967 年から現在までの長期的なデータがある（図 6.10）．それによれば，トビイロウンカは 1970 年代前半にマラソンなどの有機リン系殺虫剤に対して，1970 年代中頃にはカルバリルなどのカーバメート系殺虫剤に対して，それぞれ抵抗性

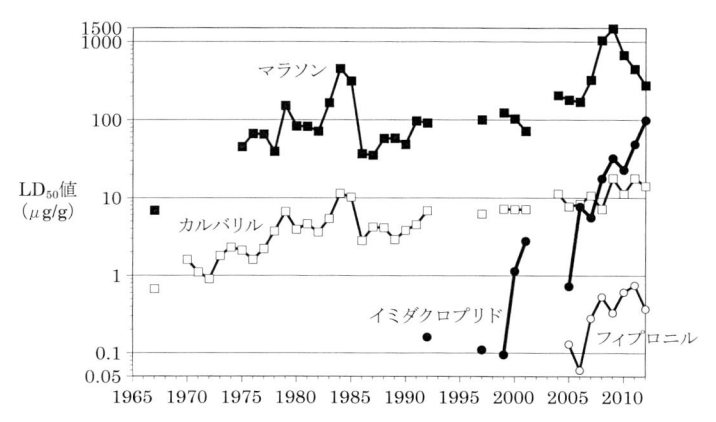

図 6.10 日本に飛来したトビイロウンカの主な殺虫剤に対する半数致死薬量（LD_{50} 値）の長期的推移[25]

を発達させた．1990年代中頃から，イミダクロプリドなどのネオニコチノイド系殺虫剤やフィプロニルなどのフェニルピラゾール系殺虫剤が新たに開発され，日本では苗箱施用の殺虫剤として広く使われるようになった．苗箱施用の普及に伴って，トビイロウンカの発生量は減少したが，2005年以降に再び多発生の頻度が高まった．この原因として，イミダクロプリドに対する抵抗性の発達が起こったことが挙げられている．イミダクロプリドに対する抵抗性は，これまでの他の殺虫剤に比べてきわめて早く発達し，その程度も大きく，1992年には$0.16\ \mu g/g$であったLD_{50}値が2012年には$98.5\ \mu g/g$となった．すなわち，この20年の間に600倍以上の抵抗性が発達している．

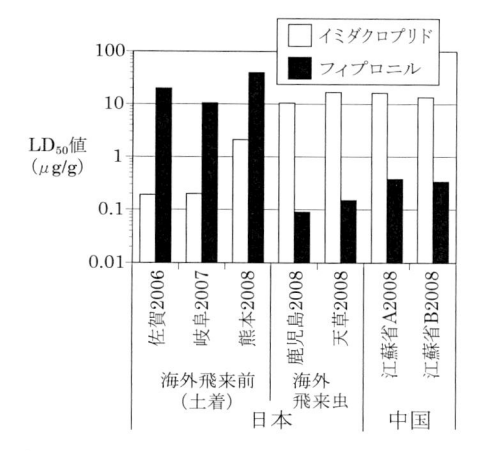

図6.11 ヒメトビウンカの日本，中国および海外飛来個体群の殺虫剤イミダクロプリドとフィプロニルに対する半数致死薬量（LD_{50}値）（文献[39]より作成）

一方，セジロウンカではイミダクロプリドに対する抵抗性の発達は見られず，フィプロニルに対してのみ抵抗性が発達している．このように2005年以降，トビイロウンカとセジロウンカに種特異的にイミダクロプリドとフィプロニルに対する感受性低下が起こったが，この状況は日本に限らず，東アジアやインドシナ半島の広い範囲で起こっている[24]．またベトナム南部のメコンデルタでは，トビイロウンカの殺虫剤抵抗性の発達程度がベトナム北部や東アジア地域に比べて大きいことがわかっている．

ヒメトビウンカでは，2000年代中頃から中国の浙江省と江蘇省でイミダクロプリドに対する抵抗性の発達が起こっている．この背景には，2000年以降に江蘇省を中心にヒメトビウンカとイネ縞葉枯病が多発して，イミダクロプリド剤を使った防除が広範囲に行われたことがある[45]．これに対して日本の九州地域では，2000年代中頃にフィプロニルに対する抵抗性の発達が確認された．つまり，ヒメトビウンカでは同じ種でありながら地域によって異なる殺虫剤に対して抵抗性を発達させている．

このような状況の中で，2008年6月に中国から日本にヒメトビウンカが大量に飛来した．飛来した虫は江蘇省のものと同様に，イミダクロプリドに抵抗性が発達していた（図6.11）．ヒメトビウンカは日本で越冬できるため，2008年に海外飛来が起こった地域では飛来虫と土着虫が混在・交雑して，2008年夏以降，イミダクロプリドとフ

ィプロニルの両剤に抵抗性を示す個体群が見つかっている[43]．このように，もともと土着性の害虫であるヒメトビウンカの殺虫剤抵抗性が，海外飛来による交雑によって変化するという新たな現象が起こっている．

c. タバココナジラミの薬剤抵抗性とバイオタイプ

タバココナジラミは世界中に広く分布し，野菜類に多くのウイルス病を媒介する重要害虫である．本種はその食性やウイルスの媒介のしかた，生息地域の違いなどによって多くのバイオタイプ（1.7 節参照）に分けられ，総数は 20 ～ 40 種類が報告されている．このうちバイオタイプ Q は 2004 年に日本で初めて発見されたが，他のバイオタイプに比べて多くの殺虫剤に対して抵抗性をもつ．そのため従来のバイオタイプ（バイオタイプ B）に効果があった殺虫剤がことごとく効かないという問題が生じ，日本におけるバイオタイプ Q の分布域も，初発生から 5 年後には東北から九州までの広い範囲に広がっている．

d. 殺虫剤抵抗性が発達するメカニズム

一般的に害虫の殺虫剤抵抗性が発達する原因としては，標的部位の感受性の低下と，解毒分解酵素の活性の増大のいずれかまたは両方が関与すると考えられている．標的部位の感受性の低下は，遺伝子変異によって神経伝達にかかわる標的部位の構造を変化させ，殺虫剤との相互作用が低下することによって起こる．昆虫の中枢神経系の興奮性シナプスによる神経伝達は，シナプス前膜から分泌されたアセチルコリンが，シナプス後膜のニコチン性アセチルコリン受容体（nicotinic acetylcholine receptor, nAChR）に結合することで起こる．イミダクロプリドなどのネオニコチノイド剤は，この nAChR の中のアセチルコリン受容部位に結合することでアセチルコリンと同様の作用を示すため，昆虫は反復興奮とそれに続く伝導遮断によって死に至る．解毒分解酵素の活性の増大では，抵抗性の個体の解毒分解にかかわる酵素，例えばチトクローム P450（cytochrome P450），カルボキシルエステラーゼ（carboxylesterase），グルタチオン転移酵素（glutathione S-transferase）などの活性が高まる．

ところが，これらの作用メカニズムとは全く異なる新たな殺虫剤抵抗性の原因として，共生細菌が宿主昆虫のカメムシ類の殺虫剤抵抗性に大きく関与することが実験室条件下で明らかにされた[15]．この事例では，殺虫剤散布によって増殖した土壌中の農薬分解菌を，カメムシが体内に取り込んで共生させることで殺虫剤抵抗性を獲得するものと考えられている．

トビイロウンカのイミダクロプリド抵抗性については，室内選択系統を使った実験結果から，nAChR にアミノ酸変異が生じており，それが受容体のイミダクロプリドとの結合性を低下させることが抵抗性の原因であると報告された[20]．ただし，野外のトビイロウンカ個体群ではこのような突然変異は見つかっていない．野外の個体群では，イミダクロプリド抵抗性に解毒分解酵素であるチトクローム P450 遺伝子

（*CYP6ER1*）の高い発現が関与している[2]．また，ヒメトビウンカとセジロウンカのフィプロニル抵抗性については，GABA受容体のRDLサブユニットの膜貫通領域M2におけるアミノ酸変異が関与している[32,33]．このような抵抗性のメカニズムの解明が，野外個体群の殺虫剤抵抗性を簡易に判別できる遺伝子診断の手法開発の糸口になると考えられる．

アザミウマやアブラムシなどの野菜の微小害虫では，殺虫剤抵抗性を判別するための生物検定には労力がかかる．これらについても，いくつかの殺虫剤の作用メカニズムがわかっており，それを利用した殺虫剤抵抗性遺伝子の診断技術が開発されている．詳細については文献[53]を参照されたい．

e. 誘導多発生

殺虫剤に対する害虫の直接的な抵抗性発達の他に，殺虫剤が間接的に害虫に作用してその効果が低下する現象に誘導多発生がある．誘導多発生とは，一般に殺虫剤の使用によって害虫が減るどころか，むしろ増加する現象をいい，それに至るメカニズムの違いによって，生態的誘導多発生（ecological resurgence）と生理的誘導多発生（physiological resurgence）に分けられる．

生態的誘導多発生とは，殺虫剤散布による天敵の激減によって，これまで天敵の働きで抑えられていた害虫の個体数が増加する現象をいう．よく知られている例としては，アカマルカイガラムシ *Aonidiella aurantii* がある．このカイガラムシは3種の天敵ツヤコバチの導入によって低密度に抑えられていたが，他の害虫防除のためにミカン園にDDTを散布したところ，これらの天敵が死亡してアカマルカイガラムシの密度が急上昇した．

一方，生理的誘導多発生には，殺虫剤が作物に作用して栄養状態を好転させるなどによって害虫の増殖率や発育速度が向上する場合と，致死濃度より低い濃度の殺虫剤が害虫に直接作用することで，卵巣発育が促されて産卵数が増える場合とがある．低濃度の殺虫剤によって産卵数が増える例は，野菜害虫のコナガをはじめ多くの害虫で知られている．

f. 殺虫剤抵抗性の管理

これまでに述べてきたように，殺虫剤の多用に伴って抵抗性の発達という弊害が多くの場面で噴出し，害虫管理を難しいものにしている．この弊害をいかに防ぐかは害虫管理上きわめて重要であり，昆虫生態学の理論を駆使した管理方策が望まれる．その方策として，近年，殺虫剤抵抗性管理（insecticide resistance management，IRM）という考え方が提唱されている．IRMとは殺虫剤の有効性を長く維持するために，殺虫剤抵抗性をなるべく発達させないような方策を立てることである．日本ではこれまで，殺虫剤の適正な使用，交差抵抗性（ある殺虫剤に対して抵抗性を発達させた害虫が，関連する別の殺虫剤にも抵抗性をもつ現象）のない殺虫剤によるローテーション防除

（作用機作が異なる薬剤を交互に使って防除すること），IPM手法に基づく殺虫剤の使用量の削減などが推奨されてきた．

鈴木（2012）は，遺伝子組換え作物（Bt 作物）の商業的栽培に向けた抵抗性管理の基幹に据えられている高薬量/保護区戦略（high dose-refuge strategy）を紹介するとともに，「殺虫剤の使用を削減することが抵抗性発達を抑制する」という広く受け入れられている理解は，場合によって危険を伴うことを警鐘している[47]．高薬量/保護区戦略は，高薬量を施用することによって個体群内の抵抗性遺伝子の頻度を大幅に減少させつつ，殺虫剤を使用しない保護区を設けることで感受性遺伝子を温存し，抵抗性の発達を遅らせようとする考え方である．この考え方に基づいた IRM は Bt 作物においては成功しているが，一般的な殺虫剤による防除に適用するのは容易ではない．なぜなら高薬量/保護区戦略には，殺虫剤の長期残効性や害虫の発生時期の幅が狭いなどさまざまな条件が必要であるため，すべての害虫に対して適用できるわけではないからである．さらに6.3節で述べるような，環境や生物多様性管理，生態系の保全を考えた場合には，適用はさらに難しい．

高薬量/保護区戦略に限らず，殺虫剤抵抗性の管理を進めていく上では，対象となる作物と栽培方法，発生する害虫の種類をふまえ，殺虫剤抵抗性の機構やそれに対する害虫の抵抗性の遺伝様式についての基礎的知見を反映させながら，個別の管理方策を立てることが重要である．殺虫剤抵抗性の遺伝的な背景は単一遺伝子から量的形質までさまざまであるが，2.5.5項で述べたような人為選択と応答に基づく量的遺伝学の理論が，今後の殺虫剤抵抗性の管理において重要となる．

6.2.6　抵抗性品種の利用とバイオタイプの発達
a. 抵抗性品種の利用

抵抗性品種とは，害虫に対する非選好性（non-preference）や抗生作用（antibiosis）をもっている品種，またはそれを導入して育成された品種をいう．非選好性は，害虫がその植物を寄主として選ばないことをいう．抗生作用には，明らかな致死作用を示すものから，幼虫期や成虫期の死亡率を高めるもの，発育期間を遅延させるもの，生体重を減少させるもの，成虫羽化率を下げるものなどがある．これらの作用のメカニズムもさまざまであり，防御物質や摂食阻害物質として働くような化学成分をもつものや，葉が堅いあるいは植物組織が複雑（例えばトリコームなど，3.2.6項参照），というような物理的な機作によるものもある．作用を引き起こす化学成分や作用を発現させる遺伝子が単離・同定されたものもあるが，遺伝的メカニズムについては不明なものも多い．

抵抗性品種を使う利点は，殺虫剤による化学的防除に比べて環境負荷が少ないこと，他の防除手段との併用が容易なこと，対象害虫のみに効果を示すこと，効果が永続的

なことである．抵抗性遺伝子が単離・同定されれば，複数の対象害虫に対する抵抗性遺伝子を累積的に作物に導入できること（ピラミッディング，pyramiding）も大きな利点である．欠点としては，選抜や育種に時間がかかること，抵抗性遺伝子が単離されていないと抵抗性形質と収量低下や不良形質との連鎖を断ち切るのが難しいこと，抵抗性品種を広範囲に栽培することでそれを加害できるバイオタイプが出現し，抵抗性が失われることなどがある．次項ではその代表例として，トビイロウンカの抵抗性品種の利用に伴う品種加害性の変化について見てみよう．

b. 抵抗性品種の利用と品種加害性の変化

トビイロウンカに対する抵抗性品種の利用の歴史は古く，1970年に最初の抵抗性遺伝子 *Bph1* が見つけられたのを皮切りに，現在までにイネでは21個の抵抗性遺伝子が同定されている．このうち，*Bph1* から *bph4* までの4つの抵抗性遺伝子をそれぞれ導入したトビイロウンカ抵抗性のイネ品種が IRRI で育成され，主として東南アジアで普及が進められてきた．しかし，これらの抵抗性品種の栽培開始に伴って，抵抗性品種を加害できるトビイロウンカが出現し，抵抗性が失われた事例が何度も見られている．

なお，バイオタイプにはそれぞれの遺伝子に対応した番号が付けられる．トビイロウンカでは従来，*Bph1* を加害できる虫はバイオタイプ2，*bph2* を加害できる虫はバイオタイプ3と呼ばれていたが，野外個体群では *Bph1* と *bph2* を両方加害できる個体群がほとんどであり，遺伝子との対応が曖昧である．このため，以下では抵抗性品種に対する加害性（virulence）の獲得という表現を用いる．

抵抗性遺伝子 *Bph1* を導入して育成されたイネ品種 IR26 は，1973年にフィリピンで，1974年にはインドネシアとベトナムで栽培が開始されたが，1976～1977年にはこれらの地域の IR26 上でトビイロウンカが大発生した．また抵抗性遺伝子 *bph2* を導入したイネ品種 IR36 は，1976年にフィリピンで栽培が開始され，1991年までは抵抗性が維持されていたものの，その後は IR36 上でトビイロウンカの大発生が起こった．同じ抵抗性遺伝子 *bph2* を導入したイネ品種 IR42 については，1977年に栽培が開始されたが，1982年にはインドネシアの IR42 上でトビイロウンカの大発生が起こった．これらの事例は，抵抗性遺伝子をもった品種を広域に栽培することによって，トビイロウンカが加害性を獲得したために起こったと考えられる．

一方，トビイロウンカ抵抗性遺伝子 *Bph3* を導入したイネ品種は，1982～1988年に IRRI によって多くの品種がつくられたが（IR56, IR60, IR62, IR68, IR70, IR72, IR74），これらの品種上ではトビイロウンカの目立った発生は見られていない．また，タイでは *Bph3* を導入した抵抗性イネ品種が数多く育成されているが，強い抵抗性を保っている[13]．理由としては，これらの抵抗性イネ品種が，主導遺伝子である *Bph3* の他にマイナーな抵抗性遺伝子をもつためだと考えられている．

日本を含む東アジアやベトナム北部のトビイロウンカは，1990年代初頭に抵抗性遺伝子 *Bph1* をもつ品種に対して，1997年頃には抵抗性遺伝子 *bph2* をもつ品種に対してそれぞれ加害性を獲得した[50]．これらの抵抗性遺伝子に対する加害性は，2000年代後半まで高いままであり[5]，2000年代後半からは，さらに抵抗性遺伝子 *bph4* に対する加害性が年次によって変化しており，加害性を獲得しつつあると考えられている．

c. 抵抗性品種の利用における今後の課題

　水稲良食味品種の関東 BPH1 号は，野生稲 *Oryza officinalis* 由来のトビイロウンカ抵抗性遺伝子 *bph11* を導入したインド型品種とヒノヒカリとの交配親を使って，戻し交雑（2つの親の交雑によってできた，F_1 あるいは後代にもとの親の一方を再び交雑すること）と DNA マーカー利用選抜（DNA marker assisted selection：選抜目標とする形質と密接に連鎖する DNA マーカーを使うことで，幼苗期の植物から DNA を抽出してマーカーの遺伝子型を調べることにより選抜個体を特定すること）によって育成され，2007年に日本初のトビイロウンカ抵抗性品種として品種登録された．しかし 2008 年以降には，日本に飛来するトビイロウンカの個体群に対し関東 BPH1 号の抵抗性レベルは以前に比べて中程度に低下した．トビイロウンカの飛来源であるベトナム北部や中国南部では *bph11* をもつ品種は栽培されていないので，日本に飛来するトビイロウンカの *bph11* に対する加害性の変化は，飛来源における別の抵抗性遺伝子に対する加害性の変化と相関している可能性がある．

　この点を明らかにするためには，それぞれの抵抗性遺伝子によって発現する抵抗性のメカニズムを明らかにする必要がある．しかしトビイロウンカの品種抵抗性のメカニズムについては，これまで多くの研究があるものの不明な点が多い．従来はイネ体内に吸汁阻害物質が含まれていることが抵抗性の要因であると考えられてきたが，近年ではトビイロウンカが吸汁のために口針を植物体に挿入することによって，植物体が誘導反応を起こして摂食阻害物質をつくるものと考えられている[7]．このようなメカニズムを明らかにした上で，品種加害性の獲得をいかに阻止するかの方策を立てることが重要である．そのためには，6.2.5項で述べた殺虫剤抵抗性の管理と同様の生態学的なアプローチが重要になる．

　抵抗性品種の利用では，前項で示したように選抜や品種育成に時間がかかることや，作物の優良形質と抵抗性形質の両立が難しいなどの欠点が指摘されてきた．しかし最近の DNA マーカー利用選抜によって，品種育成の時間の短縮や，交配育種においても抵抗性形質にかかわる遺伝子領域のみを残してそれ以外は優良形質をもった，近似同質遺伝子系統（near isogenic line，NIL）を育成できるようになった．このため，今後多くの作物で抵抗性品種の利用が増大していくと考えられる．

6.2.7 生物的防除における天敵の利用

生物的防除における天敵の利用法は，伝統的生物的防除（classical biological control），放飼増強法（augumentation）および土着天敵の保護（conservation）の3つに分けられる．伝統的生物的防除は，海外から新しい天敵を導入して永続的な防除効果を期待する方法で，日本では永続的利用法とも呼ばれている．放飼増強法は，温室や露地野菜作物などで，土着天敵が少なかったり密度が低く効果が期待できないときに，増殖した天敵を放飼して天敵の効果を強める方法で，日本では一般に生物農薬的な利用と呼ばれている．土着天敵の保護増強では，天敵の活動を妨げる殺虫剤の施用を極力抑え，あるいは天敵に影響の少ない殺虫剤を使うとともに，天敵の生息・増殖場所を農耕地の中につくり出すことで，土着天敵の効果を最大限に発揮させることを目的とする．これらの手法の詳細と具体例については文献[31]に詳しいが，近年のトピックのいくつかを見てみよう．

日本における伝統的生物的防除の最初の成功例は，カンキツの害虫イセリアカイガラムシ *Icerya purchasi* に対して，捕食性天敵ベダリアテントウ *Rodolia cardinalis* が1911年に導入されたことに始まる．近年では，1980年代に日本に侵入したレンゲ害虫のアルファルファタコゾウムシ *Hypera postica* に対して，1988と1989年にアメリカ合衆国から4種の寄生蜂が輸入され，そのうちヨーロッパトビチビアメバチ *Bathyplectes anurus* の定着が1996年に確認された[49]．ただし，定着したのは福岡県に限られ，今後この天敵を活用するためには広域に天敵放飼をする必要がある．

ここで問題になるのは，すでに日本に定着している天敵といえども，それを生物農薬資材として放飼するためには農薬登録が必要となることである．農薬登録は，これまで放飼増強法のための天敵利用のみを対象としていたが，伝統的生物的防除でも，定着を目指した放飼をするためには登録が必要となり，ヨーロッパトビチビアメバチも現在農薬登録の手続きが進められている[49]．また天敵といえども，伝統的生物的防除を目的として海外から導入するにあたっては，国内では植物防疫法，外来生物法，必要であれば国際法としてのワシントン条約や生物多様性条約を順守する必要がある．さらに，天敵を放飼することによる生態系に対するリスクの問題についても考慮する必要がある．

スワルスキーカブリダニ *Amblyseius swirskii* は多食性のカブリダニで，アザミウマ類，コナジラミ類およびチャノホコリダニ *Polyphagotarsonemus latus* などを主に捕食する．ミヤコカブリダニ *Neoseiulus californicus* は主にハダニ類を捕食する．この2種の天敵は，日本では2008年と2003年にそれぞれ生物農薬として登録され，前者は主にキュウリ，ピーマン，ナス，メロンなどで高い防除効果が確認されており，後者はイチゴのIPMにおける基幹剤として確立されつつある（表6.3）．

複数の天敵を補完的に組み合わせて防除効果を上げる体系づくりも始められてい

表 6.3 日本で生物農薬として登録されている天敵昆虫と適用害虫（2013 年 10 月 1 日現在）

最も早い登録年次	天敵名	適用害虫名	作物名*
1995	オンシツツヤコバチ チリカブリダニ	コナジラミ類 ハダニ類	野菜類，ポインセチア 野菜類，豆類，いも類，果樹類，花き類
1997	イサエアヒメコバチ ハモグリコマユバチ	ハモグリバエ類 ハモグリバエ類	野菜類 野菜類
1998	ショクガタマバエ コレマンアブラバチ ククメリスカブリダニ	アブラムシ類 アブラムシ類 アザミウマ類	野菜類 野菜類 野菜類
2001	ヤマトクサカゲロウ タイリクヒメハナカメムシ	アブラムシ類 アザミウマ類，ケナガコナダニ	野菜類 野菜類，シクラメン
2002	ナミテントウ	アブラムシ類	野菜類
2003	サバクツヤコバチ アリガタシマアザミウマ ミヤコカブリダニ	コナジラミ類 アザミウマ類 ハダニ類，カンザワハダニ	野菜類 野菜類 野菜類，豆類，いも類，果樹類，花き類，チャ
2005	ハモグリミドリヒメコバチ	ハモグリバエ類	野菜類
2007	チチュウカイツヤコバチ	タバココナジラミ類	野菜類
2008	スワルスキーカブリダニ	アザミウマ類，コナジラミ類，チャノホコリダニ，ミカンハダニ，チャノキイロアザミウマ	野菜類，豆類，いも類，果樹類
2009	チャバラアブラコバチ	アブラムシ類	野菜類
2013	キイカブリダニ	アザミウマ類	なす

*作物は，チャを除いてほとんどは施設栽培に限定されている．

る．タイリクヒメハナカメムシ *Orius strigicollis* は，施設果菜類の害虫アザミウマ類の生物的防除資材として2001年に生物農薬の登録がなされた．タイリクヒメハナカメムシは密度抑制の能力が高く，いったん定着すれば効果の持続性が高いものの，放飼直後の定着率にばらつきがあったり定着後の増殖に時間を要するなどの欠点がある．これを補うために，アザミウマ類の捕食性天敵でありながらタイリクヒメハナカメムシの餌になるアカメガシワクダアザミウマ *Haplothrips brevitubus* を栽培初期に継続的に放飼し，タイリクヒメハナカメムシの初期の増殖率を高める技術が考案された（図6.12）．タイリクヒメハナカメムシの補強資材という意味合いから，アカメガシワクダアザミウマは「ブースター天敵」と名づけられている[11]．一般に，捕食者どうしのギルド内捕食（3.2.4項参照）は生物的防除ではマイナスと考えられがちであるが，それぞれの天敵の生態的特性をうまく組み合わせることで，効果の増強につながる．

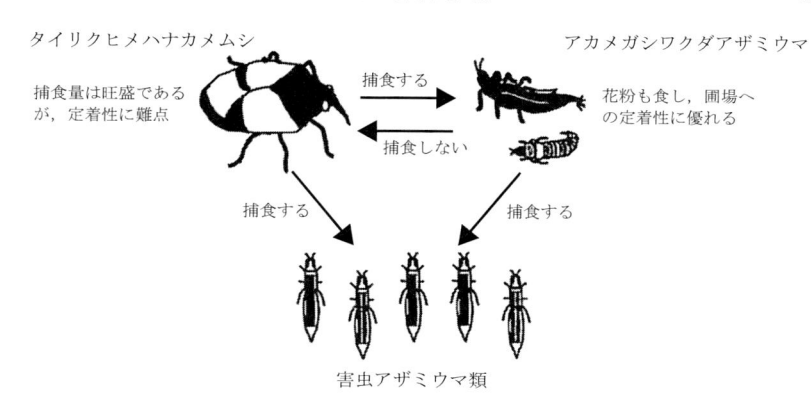

図 6.12 アカメガシワクダアザミウマ（ブースター天敵），タイリクヒメハナカメムシ，害虫アザミウマ類の関係（文献[11]を改変）

バンカー法（banker plant system）は，施設栽培や露地栽培において害虫防除のために天敵を供給する方法の1つであり，天敵の餌となる（害虫でない）昆虫を代替餌または代替寄主として植物（バンカー植物）上で増やし，餌が増えた時点で天敵を放して天敵を維持する方法である．海外では1970年代からこの方法が開発されており，日本では高知県の温室栽培ナスのアブラムシ類防除のために，コレマンアブラバチ *Aphidius colemani* のバンカー法が実用化された[29]．この方法ではバンカー植物としてムギ類が，代替寄主としてムギクビレアブラムシ *Rhopalosiphum padi* が使われている．

6.2.8 プッシュ・プル法による害虫管理

プッシュ・プル法（push-pull strategy）は，「定位・定着・摂食・産卵といった昆虫の行動を刺激する因子と抑制する因子を組み合わせることによって，圃場における昆虫個体群の分布と密度を意図的に調節する手法」と定義されている[3]．害虫をおびきよせるおとり作物と忌避作物あるいは忌避剤を組み合わせる手法が使われたため，耕種的防除の中に位置づけられることもあるが，昆虫の刺激因子（stimulant）と抑制因子（deterrent）を組み合わせた手法は広い意味ですべてプッシュ・プル法とされる．行動刺激因子や抑制因子として，植物由来のアロモンやカイロモン，昆虫由来のフェロモンなどの化学的因子や視覚刺激などの物理的因子を組み合わせることもできる．また，制御する対象には害虫のみならず天敵も含まれるため，害虫の加害によって植物体から発散される，植食者が誘導する植物の揮発成分（herbivore-induced plant volatiles，HIPV）を利用した天敵の誘引などもこの手法に含まれる（図6.13）．

プッシュ・プル法のめざましい成功例としては，ケニアの国際昆虫生理生態学研究

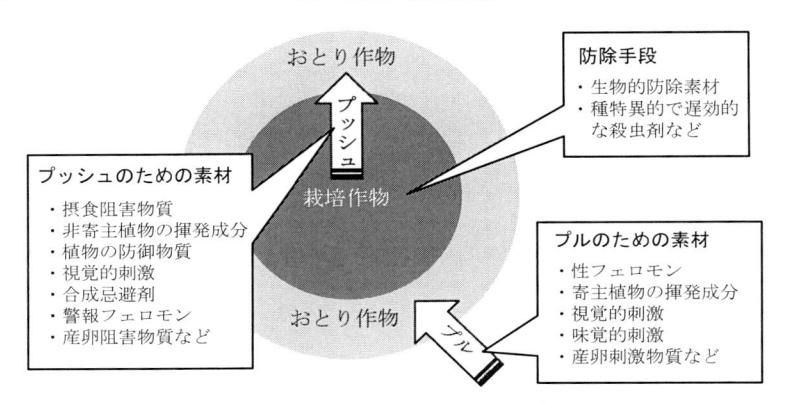

図6.13 プッシュ・プル法の概念図（文献[4]を改変）

おとり作物 / **栽培作物** / **おとり作物**

防除手段
- 生物的防除素材
- 種特異的で遅効的な殺虫剤など

プッシュのための素材
- 摂食阻害物質
- 非寄主植物の揮発成分
- 植物の防御物質
- 視覚的刺激
- 合成忌避剤
- 警報フェロモン
- 産卵阻害物質など

プルのための素材
- 性フェロモン
- 寄主植物の揮発成分
- 視覚的刺激
- 味覚的刺激
- 産卵刺激物質など

プッシュ・プルのための素材と害虫個体群の密度抑制のための防除手段．

センター（ICIPE）とイギリスのロザムステッド研究所が共同で開発した，ケニア西部のトウモロコシ栽培におけるズイムシ類（主にツトガ科の一種の *Chilo partellus* とヤガ科の一種の *Busseola fusca*）の防除がある（詳細は文献[1]を参照）．ズイムシ類の被害軽減のため，おとり作物としてネピアグラス（ズイムシ類が好んで産卵するものの，幼虫はうまく育たない）を圃場周辺に植え，忌避作物としてトウミツソウまたはデスモディウム（ズイムシ類に対する忌避作用に加えて難防除雑草ストリガに対する防除効果ももつマメ科牧草）をトウモロコシ畑に間作する手法が開発され，ケニア西部の農家に広く普及された．

プッシュ・プル法は，熱帯において古くから行われている耕種的防除としての混作や植生管理をベースにして，化学的因子や物理的因子などの手法を組み合わせて害虫密度の低減を図ろうとするものであり，まさに総合的有害生物管理の技術である．手段の組み合わせとその効果を検証するためには，情報化学物質などの化学生態学の知見，情報化学物質などへの害虫の反応にかかわる行動生態学の知見（4章参照），生物間相互作用などの群集生態学の知見（3章参照）がますます重要となる．

6.2.9 不妊虫放飼法による根絶防除

不妊虫放飼法（sterile insect technique，SIT）とは，対象の害虫を大量に増殖し，主にオスを放射線（コバルト60）の照射によって不妊化した上で対象地域に放飼して，野生メスと交尾させることで次世代の個体数を減少させる技術であり，島などの隔離された狭い地域における害虫の根絶防除に使われる．海外では1954年に南米ベネズエラ沿岸のキュラソー島において，家畜害虫のラセンウジバエ *Cochliomyia hominivorax* の根絶に最初に成功し，1963年にはマリアナ群島のロタ島でウリミバエの根絶が成功

した．日本では，1977 年に沖縄県久米島でウリミバエが根絶されたのを皮切りに，1993年には発生地域であった南西諸島全域においてウリミバエの根絶に成功した．ミカンコミバエについても，1985 年に根絶が達成された東京都小笠原諸島での根絶防除において，不妊虫放飼法が使われた．このミバエ類の根絶防除の成功には，2～4 章で述べたような個体群生態学，行動生態学，進化生態学，遺伝学に関する膨大な基礎研究の積み重ねが大きく貢献している（詳細は文献[12]を参照）．なお，ミカンコミバエとウリミバエの根絶後は，侵入防止事業によって再侵入に対する警戒調査が続けられている．

ナスミバエ *Bactrocera latifrons* は，1984 年に沖縄県与那国島で初めて確認された後，1990 年代後半までは目立った発生はなかったものの，2004 年以降に同島全域で発生が確認された．このため沖縄県は，2004 年からナスミバエ蔓延防止事業を開始し，プロテイン剤散布および寄生果実の除去による密度抑圧防除と不妊虫放飼を行った．その結果，2011 年 8 月に沖縄県与那国島でナスミバエの根絶が達成された．

また，コウチュウ目を対象とした不妊虫放飼法による根絶防除では，サツマイモの重要害虫であるアリモドキゾウムシとイモゾウムシについて，沖縄県と鹿児島県のいくつかの島で行われている．沖縄県久米島では，コウチュウ目では世界初となるアリモドキゾウムシの不妊虫放飼による根絶が 2013 年 1 月に確認された．久米島以外の沖縄県と鹿児島県では，引き続きアリモドキゾウムシとイモゾウムシの根絶に向けた事業が続けられている．

6.3 これからの害虫管理に向けて

6.3.1 広域的な害虫管理

これまで見てきた IPM は，性フェロモンを使った広域的な発生予察などを除いて，その多くが施設栽培ハウスや圃場単位での管理方策であった．これに対して近年，広域的害虫管理（area-wide integrated pest management，AW-IPM）[9]が提唱されている．この考え方は E. F. Knipling によって提唱された不妊虫放飼法[36]に端を発しているが，圃場単位で個々の農家が害虫防除を行うのではなく，県や国などの行政や営農団体が主体となって集落や農産物の産地全体で害虫管理を広域的に行うという意味で使われている．圃場単位の防除では対応しきれない害虫，とりわけ移動性の高い害虫では，広域的な視点に立った害虫管理が今後ますます必要になる．また近年は気候温暖化に伴って害虫の生息環境が時間的に変化していることから，空間的な広域性のみならず，1 作ごとの防除ではなく長期的な視点に立った害虫管理の方策を立てることも必要である．

果樹カメムシ類や斑点米カメムシ類には食性が広いものが多く，作物のみならず周

辺の雑草を寄主植物とするものも多い．このような害虫に対しては，農耕地だけではなくその周辺の土地利用をも考慮した広域的な害虫管理が有効となるだろう[48]．また，ウンカ類やミバエ類などのように国をまたいで長距離移動する害虫の管理では，個々の地域や国を超えた国際的な枠組みでの発生予察・管理システムの構築が必要となる．この中には，6.2.5 項で述べたような殺虫剤抵抗性を管理するためのモニタリングなども含める必要がある．

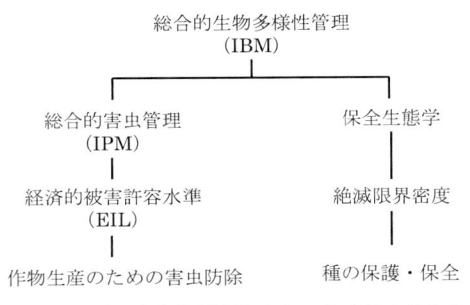

図 6.14 総合的生物多様性管理（IBM）と総合的害虫管理（IPM）および保全生態学の関係の概念図（文献[16]より作成）

6.3.2 総合的生物多様性管理

Kiritani（2000）は，IPM の考え方を一歩進めて，総合的生物多様性管理（integrated biodiversity management, IBM）の考え方を提唱した[16]．6.2.1 項で示した IPM には，天敵の働きを最大限に活用するために殺虫剤の環境への影響については配慮するものの，環境や生態系の保全は考えられていない．これに対して，IBM の考え方は，IPM に加えて害虫でも天敵でもないただの虫の管理と保全を含めている（図 6.14）．水田生態系を例にとるなら，害虫の管理とトンボやゲンゴロウなどの水生昆虫の管理や保全を両立させようというものである．現在日本の水田の多くでは，高い効果と省力性を兼ね備えた防除手段として，イネの播種時や移植時に殺虫剤を育苗箱に施用する手法が広く普及している．育苗箱に施用した殺虫剤の成分は稲に浸透移行して防除効果を発揮するが，田面水や水田土壌にも移行するため，水生昆虫の密度を減少させることもある．今後，害虫防除と水生昆虫の保全を両立させるには，水生昆虫への影響も考慮した殺虫剤の開発や施用法の検討が必要であろう．

6.3.3 エコロジカル・エンジニアリング

すでに示したように，熱帯の水田において殺虫剤散布の影響で天敵の働きが損なわれたために，トビイロウンカが大発生する現象が多くの地域で起こっており，殺虫剤の使用をできるだけ減らして生物多様性を高めることが強調されている[60]．これに加えて近年では，積極的な天敵の保護と働きの強化（enhancement）が進められている．

ベトナムなどのインドシナ半島のいくつかの国では，IRRI を中心にエコロジカル・エンジニアリング（ecological engineering）手法による水稲害虫の管理が進められてい

る[6]．この手法は，水田環境の周辺に天敵類，特に寄生蜂の蜜源になるような植物を積極的に栽培することで水田環境の多様性を高め，天敵類の働きを最大限に強化して病害虫の密度を低く抑えようとするものである．従来から行われている土着天敵の保護による生物的防除に加えて，生息場所の操作（habitat manipulation）を積極的に行って天敵の働きを増強することも含まれる．

6.3.4 生態系サービスと生態リスクの順応的管理

本章では生態系という言葉を農業生態系に限って使ってきたが，そもそも生態系とは自然界を生物と無生物のシステムとしてとらえる1つの見方である．生態系のもつ機能や，生態系を構成している生物から人間が得ているさまざまな便益は，生態系サービス（ecosystem services）と呼ばれている．この生態系サービスは，土壌の形成・植物による一次生産・養分循環などの支持サービス，食糧や水などの供給サービス，気候制御や病害虫の制御などの調整サービス，風景に感じる安らぎ・宗教や文化の精神的な背景を提供する文化的サービスの4つに分けられる（図6.15）．このうち，農業生産と本章の主題である害虫管理にかかわるものは，供給サービス，支持サービス，調整サービスである．EIL の考え方に基づいた IPM は，これら3つのサービスの価値を経済的に評価し，そのバランスを最適化する手法である．また 6.3.2 項で示した IBM には生態系の保全の考え方が加わっているが，生態系の保全がなぜ必要か，農業生産の経済性とのバランスをどのように保っていくかを考えるためには，文化的サービス

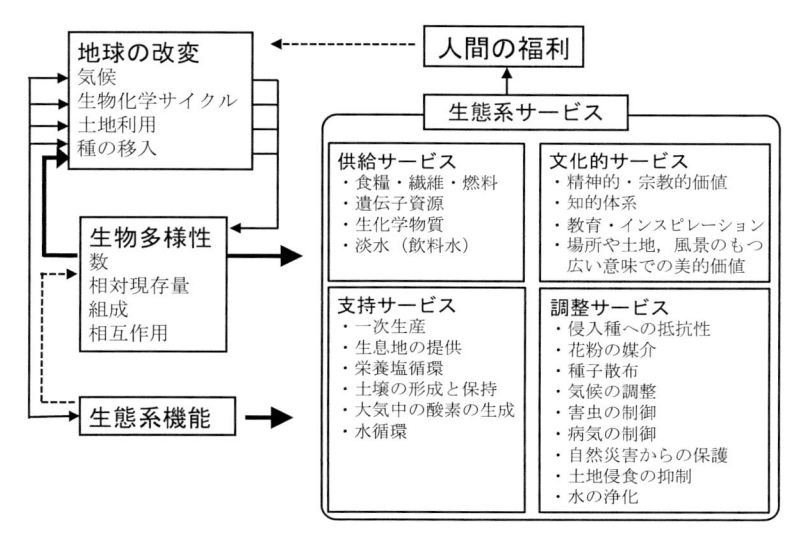

図 6.15 生物多様性と生態系機能，生態系サービス，人間の福利の関係（文献[22]より作成）

の価値についても認識し，経済的に評価することが重要である．

　これらの生態系サービスの価値を低下させるリスクを評価し，リスクを許容できる水準以下に維持するのがリスク管理の考え方である．例えば水産資源管理においては，リスク管理に基づく管理規則の適用が行われている．水産資源の量は不確実で年次変動が大きく，持続可能な捕獲量を決めることが重要であるため，不確実性と非定常性（特定の周期がなく不安定なこと）を前提とした順応的管理（adaptive management）という考え方が提唱されている．順応的管理とは，まだ検証されていない前提（理論的に計算された捕獲量などの値）に基づいて管理計画を実施し，監視を続けることでその前提の妥当性を絶えずチェックしながら，状態（資源量など）の変化に応じて方策を変えることで失敗のリスクを低減する管理のことである．対象とする系を管理しながら前提を検証し，必要ならば前提を修正する過程のことを順応学習（adaptive learning）といい，状態変化に応じて管理の方策を変えることはフィードバック制御と呼ばれる．この順応学習とフィードバック制御が順応的管理の2つの柱となっている[22]．

　このような順応的管理の考え方を害虫管理に取り込んだ事例はまだ少ないが，一年生作物の天敵放飼による生物的防除において，天敵の必要放飼数や放飼時期を決めるための事前評価と事後評価という考え方とその手順が提唱されている[55, 56]．具体的には，害虫個体群を抑制するために放飼する捕食性天敵の放飼数を理論式と個体群パラメータによって放飼試験をする前に決定し（事前評価），放飼試験の結果に基づいて次の実験のための放飼数を求める（事後評価）手法であり，順応的管理の流れに沿ったものといえる．6.2.4項で示したような，EILやCTの理論やモデルは数多くつくられているにもかかわらず，実際の防除現場でそれらの理論が十分に活用されていない現状を改善するためには，順応的管理の考え方を今後積極的に害虫管理に導入していくことが必要である．

6.3.5　応用科学としての昆虫生態学

　以上，本章で述べてきたように，農薬一辺倒の害虫防除に対する反省から生まれた総合防除の考え方は，個体群生態学をベースにした総合的害虫管理へと発展してきた．21世紀に入って，この考え方はさらに群集生態学や保全生態学を取り入れて，総合的生物多様性管理や生態リスクの順応的管理という幅広いものに発展してきている．本書で述べた昆虫の生活史戦略，個体群・群集生態学，行動生態学，昆虫の社会性についての深い理解とそれに基づく実証研究は，食料生産のための害虫管理にとどまらず，生物多様性や生態系の管理といった，人類の将来にとって重要な課題の解決に大きく役立っていくであろう．昆虫生態学の応用科学としての重要性はここにあり，これこそが，1章で述べたように昆虫生態学が未来の学問たるゆえんである．

■ 引用文献

1) 足達太郎・小路晋作（2008）植物防疫, **62**: 631-635.
2) Bass, C. et al.（2011）*Insect Mol. Biol.*, **20**: 763-773.
3) Cook, S. M. et al.（2007）*Annu. Rev. Entomol.*, **52**: 375-400.
4) de França, S. M. et al.（2013）*Insecticides: Development of Safer and More Effective Technologies*（Trdan, S. ed.）, pp. 177-196, Intech.
5) Fujita, D. et al.（2009）*Planthoppers: New Threats to the Sustainability of Intensive Rice Production Systems in Asia*（Heong, K. L. and Hardy, B. eds.）, pp. 389-400, International Rice Research Institute.
6) Gurr, G. M. et al. eds.（2004）*Ecological Engineering for Pest Management: Advances in Habitat Manipulation for Arthropods*, CSIRO Publishing.
7) 服部 誠（2006）農業技術, **61**: 153-157.
8) Hebert, P. D. N. et al.（2003）*Proc. R. Soc. Lond. B*, **270**: 313-321.
9) Hendrichs, J. et al.（2007）*Area-Wide Control of Insect Pests: From Research to Field*（Vreysen, M. J. B. et al. eds.）, pp. 3-33, Springer.
10) 樋口博也（2010）応動昆, **54**: 171-188.
11) 井上栄明ほか（2008）植物防疫, **62**: 601-606.
12) 伊藤嘉昭 編（2008）不妊虫放飼法：侵入害虫根絶の技術, 海游舎.
13) Jairin, J. et al.（2007）*Mol. Breeding*, **19**: 35-44.
14) 城所 隆・桐谷圭治（1982）植物防疫, **36**: 5-10.
15) Kikuchi, Y. et al.（2012）*Proc. Natl. Acad. Sci. USA*, **109**: 8618-8622.
16) Kiritani, K.（2000）*Integrated Pest Manag. Rev.*, **5**: 175-183.
17) 桐谷圭治（2004）「ただの虫」を無視しない農業：生物多様性管理, 築地書館.
18) 久野英二（1984）システム農学, **1**: 2-16.
19) 久野英二（1986）動物の個体群動態研究法 I ―個体数推定法―, 共立出版.
20) Liu, Z. et al.（2005）*Proc. Natl. Acad. Sci. USA*, **102**: 8420-8425.
21) 増井伸一（2009）植物防疫, **63**: 447-451.
22) 松田裕之（2008）生態リスク学入門：予防的順応の管理, 共立出版.
23) 松倉啓一郎・松村正哉（2009）植物防疫, **63**: 561-564.
24) Matsumura, M. et al.（2008）*Pest Manag. Sci.*, **64**: 1115-1121.
25) Matsumura, M. et al.（2014）*Pest Manag. Sci.*, **70**: 615-622.
26) 松村正哉（2004）月刊海洋, **36**: 720-725.
27) 南島 誠（2009）植物防疫, **63**: 353-356.
28) 水谷信夫（2013）植物防疫, **67**: 595-601.
29) 長坂幸吉ほか（2011）植物防疫, **65**: 690-696.
30) Nagata, T. and Masuda, T.（1980）*Appl. Entomol. Zool.*, **15**: 10-19.
31) 仲井まどかほか 編（2009）バイオロジカル・コントロール：害虫管理と天敵の生物学, 朝倉書店.
32) Nakao, T. et al.（2010）*Pestic. Biochem. Physiol.*, **97**: 262-266.
33) Nakao, T. et al.（2011）*J. Econ. Entomol.*, **104**: 646-652.
34) 中筋房夫（1997）総合的害虫管理学, 養賢堂.
35) 中筋房夫ほか（2000）応用昆虫学の基礎, 朝倉書店.
36) ニップリング, E. F.（1989）害虫総合防除の原理, 東海大学出版会.
37) Otuka, A. et al.（2005）*Appl. Entomol. Zool.*, **40**: 221-229.
38) Otuka, A. et al.（2006）*Agri. For. Entomol.*, **8**: 35-47.
39) Otuka, A. et al.（2010）*Appl. Entomol. Zool.*, **45**: 259-266.
40) Otuka, A. et al.（2012）*Appl. Entomol. Zool.*, **47**: 379-388.
41) 大塚 彰（2012）科学, **82**：901-905.
42) 小澤朗人・鈴木智子（2006）植物防疫, **60**: 369-373.

43） Sanada-Morimura, S. *et al.*（2011）*Appl. Entomol. Zool.*, **46**: 65-73.
44） Sawada, H. *et al.*（1992）*JARQ*, **26**: 88-97.
45） 寒川一成（2005）農業技術, **60**: 405-409.
46） 寒川一成（2010）緑の革命を脅かしたイネウンカ，ブイツーソリューション．
47） 鈴木芳人（2012）植物防疫, **66**: 380-384.
48） 田淵 研・滝 久智（2010）植物防疫, **64**: 251-255.
49） 高木正見（2013）植物防疫, **67**: 330-334.
50） Tanaka, K. and Matsumura, M.（2000）*Appl. Entomol. Zool.*, **35**: 529-533.
51） 田付貞洋ほか（2009）最新応用昆虫学（田付貞洋・河野義明 編），pp. 129-213，朝倉書店.
52） 手柴真弓ほか（2009）植物防疫, **63**: 341-344.
53） 土田 聡（2013）植物防疫, **67**: 416-422.
54） Tojo, S. *et al.*（2013）*Appl. Entomol. Zool.*, **48**: 131-140.
55） 浦野 知（2011）植物防疫, **65**: 654-658.
56） 浦野 知ほか（2003）植物防疫, **57**: 500-504.
57） Wada, T. *et al.*（1992）*JARQ*, **26**: 105-114.
58） Wada, T. *et al.*（2007）*J. Appl. Entomol.*, **131**: 698-703.
59） Wada, T. *et al.*（2009）*Entomol. Exp. Appl.*, **130**: 73-80.
60） Way, M. J. and Heong, K. L.（1994）*Bull. Entomol. Res.*, **84**: 567-587.
61） 吉武 啓ほか（2001）九病虫研会報, **47**: 145-150.
62） 湯川淳一・桐谷圭治（2008）植物防疫, **62**: 14-17.
63） Zhou, G. H. *et al.*（2008）*Chinese Sci. Bull.*, **53**: 3677-3685.

索　引

欧　文

Allee 効果　19, 57
AQS　159
Carson, R.　185
Darwin, C.　6, 102
Davies, N. B.　100
DNA バーコーディング　180
DNA バーコード　180
DNA マーカー利用選抜　198
Elton, C. S.　89
Erwin, T. L.　5
Fabre, J-H. C.　99
Fisher, R. A.　123
Frisch, K. von　100
Frost, S. W.　99
GABA 受容体　195
H-コラゾニン　24
Hamilton の 3/4 仮説　136, 151
HSS 仮説　77
Knipling, E. F.　203
Krebs, J. R.　100
K 害虫　31
K 種　31
K 選択　31
K 戦略　31
Lorenz, K.　100
Lotka-Volterra の種間競争モデル　65
Lotka-Volterra モデル　70, 71
MacArthur, R. H.　89
Majerus, M.　107
May, R. M.　90
Nicholson-Bailey モデル　70, 73
Odum, E. P.　89
r-K 選択説　30
r-K 連続体説　31
r 害虫　31
r 種　31
r 選択　31

r 戦略　31
SSI モデル　11
Tinbergen, N.　100
Wolbach, S. B.　124
Wilson, E. O.　5, 151

ア　行

赤の女王　113
亜寒帯　16
アクアポリン　16
亜社会性　6, 130
亜熱帯　17
アポミクシス　137, 141
アラタ体　19
アリコロニー最適化法　171
アリ植物　69
アルカロイド　79
安定性　90

イエローイング・シンドローム　181
閾値反応　27
育種価　35
意思決定　106
移出率　50
異性間選択　113
1 遺伝子座 2 対立遺伝子システム　29
1 化性　10
一次共生微生物　69
一次防衛　106
1 回往復券型　20
一夫一妻　121
一夫多妻　121
遺伝子型-環境相互作用　36
遺伝子組換え作物　196
遺伝子型値　35
遺伝相関　37
遺伝的多様性　93, 154, 160

遺伝的浮動　93, 101
遺伝分散　35
遺伝率　36
移動　19
移動形質群　22
移動性　8
移動-定着形質群　37
移動分散　20, 53
移入率　50
隠蔽　106
隠蔽擬態　107
隠蔽色　70, 107

ウサギ　84

エアープランクトン　26
衛生害虫　43
栄養循環　91
益虫　175
エクジステロイド　19
エクダイソン　19
エコロジカル・エンジニアリング　204
エピジェネティクス　166
エピスタシス　35
エピスタシス分散　35
エピスタシス偏差　35
エライオソーム　69
円盤方程式　75

応答　196
オクトパミン　126
遅れを伴う密度依存過程　56
オートミクシス　141
オリエンテーション　25
温帯　16, 183

カ　行

外因性休眠　12
外顎綱　2

索引

外交配 136
概日時計 14
概日リズム 14
害虫 174
害虫化 175
害虫管理 174, 185
害虫防除 174
開放血管系 4
外来昆虫 123
外来種の侵入 93
回廊 94
花外蜜腺 69
化学的防除 187, 192
夏休眠 16
撹乱 68
カースト 130
数の反応 74
化性 10
仮装 109
下層ジェット気流 21, 188
片道移動 20
片道券型 20
家畜害虫 174
過度の密度依存過程 56
花のう 69
花粉媒介者 1, 44, 99
夏眠 46
カモフラージュ 106, 107
カラシ油配糖体 79
カルボキシルエステラーゼ 194
環境汚染 1
環境シグナル 13
環境収容力 30, 52
環境分散 35
干渉型競争 65
眼状紋 108
間接効果 46, 81, 94
間接相互作用 83
間接相互作用網 88
間接防衛 79
感染症 7
完全変態類 3
カンブリア紀 4
幹母 9
乾眠 18
甘露 69, 78

気候温暖化 9, 39, 179
気候適応 4

気候変動 39
寄主転換 9
寄主特異性 5
寄主発見率 73
希少種 55
キーステージ 60
キーストン種 94
寄生者 70
寄生植物 84
季節移動 21
季節適応 14, 16
擬態 70
拮抗的多面発現 37
機能の反応 74
キーペスト 185
求愛 117
究極要因 100
吸収性昆虫 77
旧翅類 3
休眠 12
休眠覚醒 16
休眠深度 16
休眠性 4, 8
休眠発育 13
休眠卵 17
境界層 21
鋏角類 2
共進化 4, 120
共生 124
共生細菌 41, 124, 194
共生微生物 6, 69
競争 64
競争効果 68
競争者 8
共同育児 130
局所的配偶競争 123
ギルド内捕食 76
菌根菌 85, 92
近似同質遺伝子系統 198
近親交配 93, 94, 139
近親交配説 153
菌類 84

空間的エスケープ 19
空間的な断片化 30
組換え 141
組換え価 141
グリセロール 16
クリプトビオシス 18
グルタチオン転移酵素 194

クローン繁殖 136
食われる以外の関係 81
軍拡競走 79, 119, 157
群集 81
　──の構造化 90
群集・生態系遺伝学 89, 95
群集モジュール 90
群生相 21, 22, 181
群知能 171
群飛 21
群ロボット 171

警告擬態 107
警告色 70, 106
経済的被害許容水準 185, 190, 204
形質群 8
形質置換 68
形質の変化を介する効果 81
形態形成 12
血縁選択 6, 132
血縁度 132
血縁度非対称性 152
血縁認識 143
結虫下網 3
ゲノムインプリンティング 166

広域的害虫管理 203
高温障害 10, 41
高温パルス 14
甲殻類 2
交差抵抗性 195
光周性 14
光周反応 14
耕種的防除 187, 202
交信撹乱 187
抗生作用 196
後退流跡線解析 21, 189
行動シンドローム 126
行動生態 6
行動生態学 99
交尾行動 6
交尾プラグ 116
高薬量/保護区戦略 196
個体群 49
　──の増加率 52, 56
　──の調節 56, 58
個体群サイズ 49, 93
個体群動態 60, 174, 183, 186

個体群動態モデル 71, 186
個体群密度 49
個体数変動の周期 73
孤独相 22
婚姻給餌 117
昆虫成長制御物質 192

サ 行

再交尾 116
採餌（行動） 20, 99, 105
最適採餌 105
細胞内凍結 16
在来種 124
サクショントラップ 41
雑食 90
殺虫剤抵抗性 7, 185, 192, 194
殺虫剤抵抗性管理 195
蛹休眠 13
さび病菌 85
産雌単為生殖 156, 158
残存繁殖価 34
産卵数 8

ジェネラリスト 88
時間的エスケープ 19
至近要因 100
翅型発現性 184
刺激因子 201
自己組織化 169
糸状菌 85
指数成長式 51
自切 111
自然選択 7, 34, 101
自然選択説 131
実現遺伝率 36
質的物質 79
指標生物 39
死亡率 50, 58
社会寄生 158
社会性 130
社会性昆虫 129
社会生物学 5
収益 191
周期性 19
周期ゼミ 19
周期的変動 56
集合 20
集合性 23
集合フェロモン 24
種間関係 64

種間競争 68
種間交尾 46
縮合タンニン 92
宿主 124
種子散布者 69
出生率 50, 58
種の起源 131
種の絶滅 93
寿命 8
準新翅類 3
順応学習 206
順応的管理 206
消化共生 6, 69
消費型競争 65
消費効果 76
女王フェロモン 147
植食 77
植食者 58
——が誘導する植物の揮発成分 201
植食性昆虫 18, 57, 77
植物ウイルスの媒介 181
植物検疫 180, 187
植物防疫情報ネットワーク 188, 190
植物保護 99
食物供給 8
食物網 76, 81, 89, 105
初産齢 8
処理時間 75
シルル紀 3
シロアリ類 6
人為選択 36, 196
進化的安定戦略 29, 104
進化の軍拡競走 4, 6, 79
進化発生生物学 3
シンク個体群 55
神経ホルモン 12
真社会性 6, 130
新翅類 3
侵入生物 1
新葉選好性 89
森林害虫 174

スティグマジー 169
巣仲間認識 143
スニーク 115
スペシャリスト 79, 88

生活環 9

生活史形質 8
生活史戦略 4, 8, 174
青酸配糖体 79
精子競争 115
生殖核倍加型オートミクシス 141
生殖隔離 123
生殖カースト 130
生殖制御による防除 187
性選択 6, 113, 118
生息地の断片化 93
生息場所鋳型説 32
生息場所の操作 205
生息密度 8
生存曲線 63
生態系 1, 91, 205
生態系エンジニア 70, 86
生態系機能 91, 95
生態系サービス 205
生態進化ダイナミクス 89, 95
生態的誘導多発生 195
成虫休眠 13
成長率 53
性的対立 118
正のフィードバック 56
正の密度依存過程 56
性比 122
性フェロモン 99, 187, 190
生物間相互作用 47
生物間ネットワーク 81
生物季節 41
生物多様性 1, 7, 47, 81
生物的防除 187, 199
生物時計 26
生物農薬資材 199
生命表 59, 186
生理的誘導多発生 195
石炭紀 4
脊椎動物 1
赤道収斂域 22
世代重複 130
節足動物 1, 5
絶対共生 69
絶滅危惧種 45, 47
ゼロ成長のアイソクライン 66
前胸腺 19
前胸腺刺激ホルモン 19
穿孔性昆虫 63
潜在害虫 176

選択　101
選択圧　113
選択差　36
潜葉性昆虫　84
戦略と戦術　101
戦略モデル　101, 104
相加的遺伝子型値　35
相加的遺伝分散　35
双丘亜綱　3
総合的害虫管理　7, 43, 185, 190, 204
総合的生物多様性管理　7, 43, 95, 204
総合的有害生物管理　185, 202
総合防除　185
相互作用の強さ　90
相互作用のネットワーク　64
操作説　146
創始者効果　102
草食動物　84
相多型　22
創発　169
送粉者　69
相変異　22, 181
相補的性決定　153
相利共生　64
側方神経分泌細胞　19
ソース個体群　55

タ　行

耐寒性　4, 16
耐乾性　4
代謝活性　12
胎生　9
耐凍型昆虫　16
体表炭化水素　144, 148
対捕食回避行動　105
太陽コンパス　26
大量誘殺法　187
多回交尾　151
多化性　10
多型現象　9
多女王制　151
多新翅類　3
多数回往復券型　20
多足類　2, 3
ただの虫　175
脱皮ホルモン　19
多胚形成　138

打破要因　14
多様性　90
単為生殖　9, 111, 136, 181
単丘亜綱　3
単婚　151
探索時間　75
探索像　108
短翅型　21, 27, 181, 184
短日型　14
単純家族　139
単独性　130
地域個体群　49
チェイスアウェイ　119
置換生殖虫　139
地球温暖化　1, 39, 93
チーター　158
窒素　70, 78
チトクローム P450　194
中央融合型オートミクシス　141
中日型　14
中立作用　64
頂芽優性　81
長期休眠　33
長距離移動　21, 188
長翅型　21, 27, 58, 181
長日型　14
調節　50
鳥類　84
直接効果　46
直接防衛　79
貯穀害虫　18
貯精嚢　115
地理的勾配　14

坪枯れ　176

低温処理　13
抵抗性品種　7, 187, 196
定住遺伝子型　29
適応度　34, 100, 132
適応放散　4
デボン紀　3
転移相　22
天敵　8, 175
　──の働きの強化　204
　──の保護　204
伝統的生物的防除　199

凍結保護物質　16
同性内選択　113
同祖遺伝子　132
闘争行動　113
土壌微生物　91, 92
土地開発　1
土着天敵の保護　199
トップダウン　90
ドーパミン　126
トリコーム　79, 196
トレードオフ　38, 80, 101, 126
トレハロース　16, 18

ナ　行

内因性休眠　12
内顎綱　2
内生菌　79
内的自然増加率　30, 34, 51, 181
内的な発育最適温度　11, 44
内分泌機構　19
2化性　10
ニコチン性アセチルコリン受容体　194
二次共生微生物　69
二次代謝物質　79
二次的絶滅　94
二次防衛　106
二次利用者　86
ニッチ分化　68
日長感受期　13
ニンフ　139
ネオテニック生殖虫　139
熱帯　18, 183
熱帯降雨林　5
熱帯収束帯　22
熱帯熱マラリア原虫　44
農業害虫　7, 43, 174

ハ　行

羽アリ　139
バイオタイプ　7, 194, 197
バイオミメティクス　1
配偶子　112
配偶システム　6, 121
背景同調　107
ハイブリッド米　176

索　引

白亜紀　4
パーソナリティ　125
発育限界温度　10
発育零点　10
発生予察　188, 190
翅二型　27, 181
バンカー法　200
繁殖　8
繁殖価　33
繁殖干渉　46, 123
繁殖努力　34
繁殖分業　130
繁殖率　63
繁殖齢　34
半数致死薬量　192
ハンディキャップ　118
斑点米　178
斑点米カメムシ　178
反応　36
反応基準　38, 105
半倍数性　134, 136

被子植物　4
飛翔行動多型　28
非消費効果　76
被食者　6, 70
非生殖カースト　130
微生物　84
非選好性　196
非耐凍型昆虫　16
ヒートアイランド現象　40
費用　190
表現型可塑性　38, 94, 101, 104, 125
表現型分散　35
病原菌　85
表現型値　35
標識再捕法　59, 107
日和見休眠　14, 17
飛来予測モデル　188
ピラミッディング　197
品種加害性　197

不安定平衡点　59
フィードバック制御　206
フェノール　79
不完全変態　139
複雑性　90
ブースター天敵　200
付属肢　5

普通種　55
プッシュ・プル法　201
物理的防除　187
不適応　14
不動　106
不動化　92
不凍化物質　16
不妊カースト　130
不妊虫放飼法　99, 202, 203
不妊兵隊カースト　137
負のフィードバック　53
負の密度依存過程　56
冬休眠　13, 16
プライマーフェロモン　147
分解過程　91
分解速度　91
分散　19, 35
分散遺伝子型　29
分散多型　27
分断色　106, 108
噴霧法　5

平衡点　59, 73
平衡密度　50
ベイツ型擬態　107
ヘラジカ　84
変温動物　10, 39
片害作用　64
変動主要因　60, 186
変動主要因分析　61
片利作用　64

包括適応度　6, 34, 94, 132
放飼増強法　199
飽和曲線　75
補充女王　139
補充生殖虫　139
補償成長　81
捕食　70, 199
捕食回避行動　99
捕食寄生者　58, 70, 73, 175
捕食者　6, 58, 70, 175
保全　94, 204
ボトムアップ　90
ボトムアップ効果　43
ボトルネック効果　103
ポリジーンシステム　29
ポリジーン支配　27
ボルバキア　124, 125

マ　行

マスカレード　109
末端融合型オートミクシス　141, 160
マメ科植物　69

見かけの競争　65
密度依存的分散　20
密度依存要因　62
密度効果　53, 57
密度に依存しない過程　56
密度に依存する過程　56
密度の変化を介する効果　81
緑の革命　176
緑髭効果　146
ミュラー型擬態　108

無核精子　116
無翅型　27
虫こぶ昆虫　63, 84
無性生殖　112

メタ群集　56
メタ個体群　55
メンデル遺伝　27, 29

戻り移動　21

ヤ　行

役割分業　155

有核精子　116
有効積算温度　10, 189, 190
有翅下綱　3
有翅型　27, 58
有翅虫　9, 139
優性効果　35
有性生殖　112
優性分散　35
優性偏差　35
誘導多発生　185, 195
誘導防衛　80

幼形成熟　28
幼若ホルモン　19, 28
葉食性昆虫　70
幼虫休眠　13
要防除密度　191
抑制因子　201

予測可能な環境　32
予測不能な環境　22
弱い相互作用　90

ラ 行

落葉　91
ラチェット　113
卵休眠　13
卵形成-飛翔形質群　28
ランナウェイ　117, 120
卵保護　130

リグニン　91
リサージェンス　185
利他行動　132
両賭け戦略　17, 33
量的遺伝学　34, 102, 196
量的形質　35, 196
量的物質　79
リリーサーフェロモン　147
リン　91
臨界日長　14

齢別産子数　33
齢別生命表　59

ロイヤラクチン　148
ロジスティック（成長）式　51
ローテーション防除　195

ワ 行

ワーカーポリシング　163

昆虫名索引
（便宜上ダニや有害動物なども含める）

ア 行

アオクサカメムシ　*Nezara antennata*　16, 46
アカイエカ　*Culex pipiens pallens*　124
アカスジカスミカメ　*Stenotus rubrovittatus*　178, 190
アカヒゲホソミドリカスミカメ　*Trigonotylus caelestialium*　178, 190
アカマルカイガラムシ　*Aonidiella aurantii*　195
アカメガシワクダアザミウマ　*Haplothrips brevitubus*　200
アキアカネ　*Sympetrum frequens*　21
アゲノールサイカブト　*Podischnus agenor*　114
アズキゾウムシ　*Callosobruchus chinensis*　103
アブラムシ（タマワタムシ）の一種　*Pemphigus betae*　87
アブラムシの一種　*Euceraphis betulae*　85
アフリカシロナヨトウ　*Spodoptera exempta*　36
アフリカミツバチ　*Apis mellifera scutellata*　158
アミメアリ　*Pristomyrmex pungens*　158
アメリカシロヒトリ　*Hyphantria cunea*　14, 82
アリガタシマアザミウマ　*Franklinothrips vespiformis*　124
アリモドキゾウムシ　*Cylas formicarius*　180, 203
アルゼンチンアリ　*Linepithema humile*　144, 153
アルファルファタコゾウムシ　*Hypera postica*　199

イエシロアリ　*Coptotermes formosanus*　145
イセリアカイガラムシ　*Icerya purchasi*　199
イネミズゾウムシ　*Lissorhoptrus oryzophilus*　180
イモゾウムシ　*Euscepes postfasciatus*　180, 203

ウスチャコガネの一種　*Phyllopertha horticola*　84
ウスバツバメ　*Elcysma westwoodii*　16
ウメマツアリ　*Vollenhovia emeryi*　157
ウリミバエ　*Bactrocera cucurbitae*　116, 203
ウンカの一種　*Prokelisia dolus*　82
ウンカの一種　*Prokelisia marginata*　82

エゾクシケアリ　*Myrmica jessensis*　89
エゾスズ　*Pteronemobius yezoensis*　14
エンドウヒゲナガアブラムシ　*Acyrthosiphon pisum*　32

オオカバマダラ　*Danaus plexippus*　24, 25, 108
オオシモフリエダシャク　*Biston betularia*　107
オオタバコガ　*Helicoverpa armigera*　17
オオニジュウヤホシテントウ　*Epilachna vigintioctomaculata*　13
オオメカメムシ属のカメムシ　*Geocoris* spp.　76
オカダンゴムシ　*Armadillidium vulgare*　125
オドリバエの一種　*Empis borealis*　117
オンシツツヤコバチ　*Encarsia formosa*　124
オンブバッタ　*Atractomorpha lata*　70

カ 行

カイコガ　*Bombyx mori*　13
カバイロイチモンジ　*Limenitis archippus*　108
カバマダラ　*Danaus chrysippus*　108
カブトムシ　*Trypoxylus dichotomus*　114
カレハガの一種　*Malacosoma californicum pluviale*　54, 82
カンシャコバネナガカメムシ　*Caveleri us saccharivorus*　17

キイロショウジョウバエ　*Drosophila melanogaster*　118

昆 虫 名 索 引

キゴキブリ　*Cryptocercus punctulatus*　131
キタキチョウ　*Eurema mandarina*　125
キチャバネゴキブリ　*Symploce japonica*　17
キチョウ　*Eurema hecabe*　124
ギフチョウ　*Luehdorfia japonica*　12, 116
キンモンホソガの一種　*Phyllonorycter tremuloidiella*　54

クモヘリカメムシ　*Leptocorisa chinensis*　178
クリシギゾウムシ　*Curculio sikkimensis*　33
クロオオアリ　*Camponotus japonicus*　89
クロスズメバチ属の一種　*Vespula maculifrons*　155
クロツヤムシ　*Odontotaenius disjunctus*　131
クワシロカイガラムシ　*Pseudaulacaspis pentagona*　190

ケアリの一種　*Lasius niger*　148
ケープミツバチ　*Apis mellifera capensis*　158
ケブカアカチャコガネ　*Dasylepida ishigakiensis*　18

コウモリガ　*Endoclita excrescens*　81, 87
コオイムシ　*Appasus japonicus*　117
コカミアリ　*Wasmannia auropunctata*　157
コクヌストモドキ　*Tribolium castaneum*　111, 126
コドリンガ　*Cydia pomonella*　19
コナガ　*Plutella xylostella*　64, 195
コブノメイガ　*Cnaphalocrocis medinalis*　181, 190
コメツキムシの一種　*Agriotes* sp.　84
コレマンアブラバチ　*Aphidius colemani*　201

サ 行

ササウオタマバエ　*Hasegawaia sasacola*　33
サバクアリの一種　*Cataglyphis cursor*　156
サバクトビバッタ　*Schistocerca gregaria*　21
サンカメイガ　*Scirpophaga incertulas*　175

シナバーモス　*Tyria jacobaeae*　57
社会性アブラムシの一種　*Pemphigus obesinymphae*　155
シャチホコガの一種　*Phryganidia californica*　91
シュウカクアリの一種　*Pogonomyrmex occidentalis*　155
シュウカクシロアリ科の一種　*Hodotermes mossambicus*　145
シロオビアゲハ　*Papilio polytes*　108

スクミリンゴガイ　*Pomacea canaliculata*　180
スジコナマダラメイガ　*Ephestia kuehniella*　124
スズメガの一種　*Ceratomia catalpae*　80
スワルスキーカブリダニ　*Amblyseius swirskii*　199

セイヨウオオマルハナバチ　*Bombus terrestris*　154
セイヨウミツバチ　*Apis mellifera*　84, 153, 154
セジロウンカ　*Sogatella furcifera*　176, 181, 184, 188, 193, 195

タ 行

タイリクヒメハナカメムシ　*Orius strigicollis*　200
タガメ　*Lethocerus deyrollei*　117
タバコガ　*Helicoverpa assulta*　17
タバココナジラミ　*Bemisia tabaci*　183, 194

チャオビゴキブリ　*Supella longipalpa*　144
チャノキイロアザミウマ　*Scirtothrips dorsalis*　190
チャノホコリダニ　*Polyphagotarsonemus latus*　199
チャバネゴキブリ　*Blattella germanica*　144

ツトガ科の一種　*Chilo partellus*　202
ツマグロヒョウモン　*Argyreus hyperbius*　108
ツヤオオズアリ　*Pheidole megacephala*　153

テントウムシダマシの一種　*Stenotarsus subtilis*　18

トコジラミ　*Cimex lectularius*　120
トノサマバッタ　*Locusta migratoria*　22
トビイロウンカ　*Nilaparvata lugens*　21, 58, 176, 181, 183, 188, 192, 195, 197
トビコバチ科の一種　*Copidosoma floridanum*　138
トビコバチ科の一種　*Pentalitomastix* sp.　138

ナ 行

ナガカメムシの一種　*Oncopeltus fasciatus*　36
ナガサキアゲハ　*Papilio memnon*　42
ナガチャコガネ　*Heptophylla picea*　28
ナシマダラメイガ　*Acrobasis pyrivorella*　190
ナスミバエ　*Bactrocera latifrons*　203
ナミアゲハ　*Papilio xuthus*　108
ナミハダニ　*Tetranychus urticae*　124
ナンヨウクロコオロギ　*Teleogryllus oceanicus*

104
ニイニイゼミ　*Platypleura kaempferi*　103
ニカメイガ　*Chilo suppressalis*　13, 14, 19, 190
ニッポンコバネナガカメムシ　*Dimorphopterus Japonicus*　27

ネムリユスリカ　*Polypedilum vanderplanki*　18

ノシメマダラメイガ　*Plodia interpunctella*　116
ノミハムシの一種　*Phyllotreta* sp.　70

ハ 行

ハキリアリの一種　*Acromyrmex echinatior*　154, 155, 164
ハクウンボクハナフシアブラムシ　*Tuberaphis styraci*　137
ハスモンヨトウ　*Spodoptera litura*　181, 189
ハチノスツヅリガ　*Galleria mellonella*　137
バッタの一種　*Melanoplus sanguinipes*　91
ハバチ（*Phyllocolpa* 属の）　*Phyllocolpa* spp.　84
ハバチの一種　*Phyllocolpa* sp.　85
ハマベハサミムシ　*Anisolabis maritima*　131
ハムシの一種　*Chrysomela confluens*　85, 87
ハモグリバエの一種　*Chromatomyia syngensiae*　84
ハヤシケアリ　*Lasius hayashi*　89
ハリアリの一種　*Pachycondyla inversa*　155, 163
ハリアリの一種　*Platythyrea punctata*　163

ヒアリ　*Solenopsis invicta*　146, 148, 153
ヒトリガ　*Arctia caja*　111
ヒメトビウンカ　*Laodelphax striatellus*　125, 181, 189, 193, 195
ヒメハマキガの一種　*Zeiraphera diniana*　54, 57
ヒョウモンモドキの一種　*Euphydryas editha*　40
ヒラタコクヌストモドキ　*Tribolium confusum*　124

フジコナカイガラムシ　*Planococcus kraunhiae*　190
フタテンチビヨコバイ　*Cicadulina bipunctata*　177
フロリダオオアリ　*Camponotus floridanus*　148

ベダリアテントウ　*Rodolia cardinalis*　199
ベニモンアゲハ　*Pachiliopta aristrochiae*　108

ホオズキカメムシ　*Acanthocoris sordidus*　121
ホソアワフキ　*Philaenus spumarius*　79
ホソハリカメムシ　*Cletus punctiger*　178

ホソヒラタアブ　*Episyrphus balteatus*　32
ホソヘリカメムシ　*Riptortus pedestris*　13
ボタンヅルワタムシ　*Colophina clematis*　137

マ 行

マイマイカブリ　*Damaster blaptoides*　111
マエキアワフキ　*Aphrophora pectoralis*　88
マキバサシガメ属のカメムシ　*Nabis* spp.　76
マダラメイガの一種　*Acrobasis betulella*　86
マツモグリカイガラムシの一種　*Matsucoccus acalyptus*　91
マルカメムシ　*Megacopta punctatissima*　116

ミカンコミバエ　*Bactrocera dorsalis*　11, 203
ミナミアオカメムシ　*Nezara viridula*　14, 16, 40, 41, 44, 178, 179
ミナミマダラスズ　*Dianemobius fascipes*　17
ミヤコカブリダニ　*Neoseiulus californicus*　199

ムカシシロアリ　*Mastotermes darwiniensis*　153
ムギクビレアブラムシ　*Rhopalosiphum padi*　201

メイガの一種　*Diatraea grandiosella*　19
メスアカムラサキ　*Hypolimnas misippus*　108

モモアカアブラムシ　*Myzus persicae*　9, 42
モモノゴマダラノメイガ　*Conogethes punctiferalis*　11
モンシロチョウ　*Pieris rapae*　13, 64, 83

ヤ 行

ヤガ科の一種　*Busseola fusca*　202
ヤシオオオサゾウムシ　*Rhynchophorus ferrugineus*　179
ヤナギアブラムシ　*Aphis farinosa*　82
ヤナギクロケアブラムシ　*Chaitophorus saliniger*　70
ヤナギマルタマバエ　*Rabdophaga rigidae*　82
ヤナギルリハムシ　*Plagiodera versicolora*　82, 88
ヤマトアザミテントウ　*Epilachna niponica*　54, 60, 77
ヤマトクサカゲロウ　*Chrysoperla carnea*　32, 76
ヤマトシロアリ　*Reticulitermes speratus*　121, 145, 149, 159, 166
ヤマトシロアリ属の一種　*Reticulitermes flavipes*　153

ヨーロッパアワノメイガ　*Ostrinia nubilalis*　19
ヨーロッパトビチビアメバチ　*Bathyplectes*

anurus 199
ヨツボシケシキスイ　*Librodor japonicus*　115
ヨツモンマメゾウムシ　*Callosobruchus maculatus*　28

ラ 行

ラセンウジバエ　*Cochliomyia hominivorax*　202

ワ 行

ワタアブラムシ　*Aphis gossypii*　76

著者略歴（執筆順）

藤崎憲治（ふじさき けんじ）
- 1947年　福岡県に生まれる
- 1978年　京都大学大学院農学研究科博士課程単位取得退学
- 現　在　京都大学名誉教授　農学博士

大串隆之（おおぐし たかゆき）
- 1951年　大阪府に生まれる
- 1981年　京都大学大学院農学研究科博士課程研究指導認定
- 現　在　京都大学生態学研究センター教授　農学博士

宮竹貴久（みやたけ たかひさ）
- 1962年　大阪府に生まれる
- 1986年　琉球大学大学院農学研究科修士課程修了
- 現　在　岡山大学大学院環境生命科学研究科教授　理学博士

松浦健二（まつうら けんじ）
- 1974年　岡山県に生まれる
- 2002年　京都大学大学院農学研究科博士後期課程修了
- 現　在　京都大学大学院農学研究科教授　博士（農学）

松村正哉（まつむら まさや）
- 1961年　静岡県に生まれる
- 1986年　岡山大学大学院農学研究科修士課程修了
- 現　在　（独）農業・食品産業技術総合研究機構　九州沖縄農業研究センター　上席研究員　博士（農学）

昆虫生態学

定価はカバーに表示

2014年3月25日　初版第1刷
2015年3月25日　　　　第2刷

著　者	藤　崎　憲　治		
	大　串　隆　之		
	宮　竹　貴　久		
	松　浦　健　二		
	松　村　正　哉		
発行者	朝　倉　邦　造		
発行所	株式会社　朝倉書店		

東京都新宿区新小川町6-29
郵便番号　162-8707
電　話　03（3260）0141
FAX　03（3260）0180
http://www.asakura.co.jp

〈検印省略〉

© 2014〈無断複写・転載を禁ず〉

教文堂・渡辺製本

ISBN 978-4-254-42039-5　C 3061　　Printed in Japan

JCOPY　＜(社)出版者著作権管理機構　委託出版物＞

本書の無断複写は著作権法上での例外を除き禁じられています。複写される場合は，そのつど事前に，(社)出版者著作権管理機構（電話03-3513-6969, FAX 03-3513-6979, e-mail: info@jcopy.or.jp）の許諾を得てください。